高等职业教育大数据与人工智能专业群系列教材

人工智能基础

主　编　周永福　韩玉琪　王巧巧

副主编　陈永松　徐　伟　何达齐　曾文英

中国水利水电出版社
www.waterpub.com.cn

·北京·

内 容 提 要

本书致力于推动人工智能的普及教育，使用通俗易懂的语言深入浅出地介绍了人工智能相关知识，包括机器学习和深度学习的基本内容，配合人脸识别、图像分类、语音交互等人工智能体验案例，使读者能快速掌握人工智能的基本概念、基本知识体系，结合"波士顿房价预测"和"MNIST 手写数字识别"两个经典案例，使读者能快速掌握人工智能的开发框架，为进一步学习打下良好基础。

本书共分为 11 章，前 3 章主要介绍基础入门知识，包括人工智能的发展历程、人工智能的应用领域以及人工智能领域典型的应用和方法；第 4～8 章为人脸识别、图像分类、语音识别、语音交互、机器翻译，让读者感受人工智能的典型应用场景；第 9～11 章介绍人工智能的开发环境与框架，结合人工智能领域中经典的"波士顿房价预测"和"MNIST 手写数字识别"两个案例，让读者通过实践操作快速入门人工智能的开发框架。

本书强调实用性和可读性，并在章节中增加了课程思政的案例和内容，可作为高职高专院校的人工智能通识课程教材，也可作为人工智能技术人员和管理人员的入门参考书。

图书在版编目（CIP）数据

人工智能基础 / 周永福，韩玉琪，王巧巧主编. --
北京：中国水利水电出版社，2022.9
高等职业教育大数据与人工智能专业群系列教材
ISBN 978-7-5226-0970-6

Ⅰ．①人… Ⅱ．①周… ②韩… ③王… Ⅲ．①人工智
能－高等职业教育－教材 Ⅳ．①TP18

中国版本图书馆CIP数据核字(2022)第163580号

策划编辑：石永峰　责任编辑：石永峰　加工编辑：杜雨佳　封面设计：梁　燕

书　名	高等职业教育大数据与人工智能专业群系列教材 人工智能基础 RENGONG ZHINENG JICHU
作　者	主　编　周永福　韩玉琪　王巧巧 副主编　陈永松　徐　伟　何达齐　曾文英
出版发行	中国水利水电出版社 （北京市海淀区玉渊潭南路 1 号 D 座　100038） 网址：www.waterpub.com.cn E-mail：mchannel@263.net（万水） 　　　　sales@mwr.gov.cn 电话：（010）68545888（营销中心）、82562819（万水）
经　售	北京科水图书销售有限公司 电话：（010）68545874、63202643 全国各地新华书店和相关出版物销售网点
排　版	北京万水电子信息有限公司
印　刷	三河市鑫金马印装有限公司
规　格	184mm×260mm　16 开本　16.5 印张　412 千字
版　次	2022 年 9 月第 1 版　2022 年 9 月第 1 次印刷
印　数	0001—3000 册
定　价	48.00 元

编委会名单

（按姓氏笔画排名）

毛　亮	深圳职业技术学院
王巧巧	广东机电职业技术学院
石龙兴	广州龙创天地科技有限公司
阳晓霞	河源职业技术学院
时　锋	蓝盾信息安全技术股份有限公司
吴力挽	广州卫生职业技术学院
何达齐	广州华南商贸职业学院
张利华	河源职业技术学院
陈永松	广东松山职业技术学院
陈海郎	河源职业技术学院
周永福	河源职业技术学院
柯于勇	广东中人世纪网络技术有限公司
徐　伟	广州市机电技师学院
高　静	广东恒电信息科技股份有限公司
韩玉琪	广州航海学院
曾文英	广东科学技术职业学院
谭　卫	河源职业技术学院

前　　言

人工智能技术从发展到普及，经过了几个不同的阶段，如今已应用到了各个行业当中，使得产品技术与行业需求建立了有效的对接。国内外人工智能厂商也都推出了符合市场需求的解决方案，并以各自的技术优势迅速占领市场。智慧城市、智慧农业、智能制造、智慧财会等的应用都结合了人工智能技术来提高工作效率。

智能语音、人机交互、机器视觉等技术在医疗、教育、交通、金融等领域的应用突显出了人工智能的高效性和智能化。无人驾驶、人脸识别、智能机器人等应用与5G技术融合，新一代信息技术正在逐渐推动着产业的发展，促使我们的工作、生活等进入一个新的阶段。

在人工智能技术推动产业发展的同时，高校在人才培养方面也紧紧跟随市场的需求量，结合岗位的要求，进行人才培养的定位。因此，我国多所本科及高职院校近几年来先后开设了人工智能专业，并启动了"人工智能+传统专业"的跨学科人才培养模式，很多学校将人工智能作为全校的通识基础课。

本书主要结合了目前高校的专业建设及人才培养的状况，面向高职高专院校，在产教融合模式的合作下，由多所高校及企业共同参与编写。本书可以作为全校的通识基础课或专业群通识基础课的教材选用。

本书通过理论到实践的形式，由浅入深地讲解了人工智能的起源、发展及应用。本书特色如下：

（1）内容实用，循序渐进。本书采取模块化的课程设计，总共分为三个部分：初识人工智能－体验人工智能－实现人工智能。本书采用循序渐进的学习思维理念，方便初学者的入门学习。

（2）统筹兼顾，按需选取。本书的知识结构由易到难，适合于不同层次、不同专业的学生学习，非计算机专业的学生学习到本书的第8章即可，而计算机专业的学生则可以完成全书内容的学习。

（3）资源丰富，方便学习。本书配套了微课视频、电子课件、习题答案等立体化融媒体资源，可以通过扫二维码的方式获取微课视频，电子课件和习题答案可以访问出版社网站（www.waterpub.com.cn）或万水书苑网站（www.wsbookshow.com）获取。

本书由周永福、韩玉琪、王巧巧任主编，陈永松、徐伟、何达齐、曾文英任副主编，其中第1章、第10章由韩玉琪编写，第2章由王巧巧、徐伟、何达齐、曾文英编写，第3章、第6章、第7章、第8章由周永福编写，第4章由曾文英编写，第5章、第11章由陈永松编写，第9章由何达齐编写。

　　本书得到了广东恒电信息科技股份有限公司"恒电菁英智能教学系统平台"的支持，并获得广州市重点领域研发计划项目"人工智能驱动智慧教育关键技术与应用示范"（202007040006）的支持，以及蓝盾信息安全技术股份有限公司、广东中人世纪网络技术有限公司、广州龙创天地科技有限公司的大力支持，在此向各位同行和相关作者表示诚挚的感谢。同时感谢中国水利水电出版社给予的协助和支持。

　　由于编者水平有限，书中难免存在欠妥之处，由衷希望广大读者朋友和专家学者能够拨冗提出宝贵的改进意见。

编者

2022 年 5 月

目　　录

第1章　人工智能的前世今生

本章导读

当你听到人工智能时,脑海中浮现的是什么呢? 是 irobot 的智能叛变,是终结者的人机之战,还是黑客帝国中的控制与救赎。由机器人实现的幻境好像离我们很遥远,但是人工智能的确真的已经天天陪伴在我们身边。今天 80%的智能手机都已经可以完美实现人脸解锁,无论国家、不分性别,人脸解锁的速度远远超过你的想象;"小爱同学""Hi, Siri",这些智能语音助手早已成为生活中不可或缺的好伙伴; 智能家居产品不断用惊喜改变着我们的生活; App好像被施了魔法般,你的灵感刚一闪现,内容马上被推送到眼前。人工智能已经成为社会现象,渗透到我们生活的方方面面,改变了我们的生活方式。本章通过介绍人工智能的起源、发展历程,让读者理解人工智能的概念,掌握人工智能的构成要素,理解构建人工智能的基础设施、技术,理解人工智能的技术方向和应用场景。

本章要点

- 理解人工智能的概念
- 理解人工智能的起源
- 理解人工智能的发展

1.1　人工智能的定义

很多人真正对人工智能有切身感受应该是源自围棋界的那场世纪之战——谷歌(Google)DeepMind 研发的 AlphaGo 击败韩国职业九段棋手李世石。李世石的失利颠覆了人类对计算机智能的理解,从此以"深度学习"为特征的人工智能再次引发了研究浪潮。人工智能中所谓"人工"其实我们很熟悉,"人工"也就是人造的,例如人工光源、人工花卉等,那么智能究竟是什么呢?

1.1.1　智能

引用人工智能与认知学专家马文·闵斯基(Marvin Minsky)的观点,人工智能是使机器做那些人需要通过智能来做的事情。什么又是智能呢? 这里的智能是人的智能,而人的智能除了我们熟悉的语言、逻辑以外,还包括空间、肢体运作、音乐、人际甚至内省。智能这个概念并不好定义,也不仅仅局限于我们普通认知的逻辑、语言等能力。尝试图 1-1 的小测试,这是

一个数列，请补齐红框内的数字，其实我们可以很快得到正确答案 28。在这个过程里，我们会注意到这个数列是递增的，而且相邻的数字之间的差值依次为 2、3、4……于是，我们可以很快推测出红框内的数字为 28。这个问题中体现了我们在模式中识别特征，通过经验发现模式规律的智能。于是，罗伯特·J.斯滕伯格（Robert J.Sternberg）对于智能给出了这样的定义：智能是个人从经验中学习、理性思考、记忆重点、应付需求的认知能力。那么问题来了，如何来判定某一事物是否具有智能？动物可以有智能吗？如果物体或者动物有智能,如何对智能进行评估呢？

小测试

有一个数列: 1, 3, 6, 10, 15, 21, ⬜

图 1-1　智能的定义小测试

对于判定人是否有智能这件事情，相信大多数人可以很容易地回答，通常可以通过与其他人的交流来观察他们的反应，从而在一问一答中评估出对方的智力。如果用这种问答的方式来评估动物能够得到什么答案呢？接下来看一下图 1-2 中这个发生在 100 多年前的"聪明的汉斯"的故事。1900 年，德国柏林有一匹叫汉斯的神马，据说精通数学，可以做加法，甚至可以计算平方根。但是，后来人们发现，如果没有观众，汉斯的表现就会差强人意，事实上，汉斯的天才在于能够识别人的情感，而非精通数学。这是因为，马一般都具有敏锐的听觉，当汉斯接近正确答案时，人们会兴奋同时心跳加速，而汉斯能够察觉到这些变化，从而获得正确的答案。那么这是智能吗？其实除了汉斯以外，蚂蚁可以从巢穴到食物源之间找到最佳路径、海豚可以玩复杂的戏法等，其实智能不是人类独有的特性。

图 1-2　"聪明的汉斯"——马可以做演算？

那么机器能思考吗？不同于人、动物，没有生命的计算机能够拥有智能吗？其实很多人对待这个问题都怀有偏见，有人说："计算机是由电路板组成的，因此不能思考。"而另一些人说："计算机可以在几秒内就求得三角函数的泰勒级数近似结果，这是人类无法做到的，因此，计算机比人拥有更高的智商。"那么真相是什么呢？真相其实就在这两个极端的思想之间。实际上，不同的人、动物或计算机具有不同程度的智能。

其实，长久以来对于"智能"并没有一个确切的定义，英国心理学家查尔斯·爱德华·斯皮尔曼（Charles Edward Spearman）在 1927 年提出了智力的概念，但很快就遭到了批评；1983 年美国波士顿的心理学家霍华德·加德纳（Howard Gardner）提出了多元智能的理论。图灵测试中，将"智能"定义为"人类所做的事情"，实际上这里很难确认是用哪一个人作为智能的标准。虽然对于智能没有一个明确的定义，但是对于人工智能领域来说，却也不是坏事情，实际上，越不精确的定义越有利于理论突破标准的约束，获得成功。

1.1.2　人工智能

人工智能（Artificial Intelligence）是研究、开发用于模拟、延伸和扩展人的智能的理论、方法、技术及应用系统的一门新的技术科学。人工智能的概念于 1956 年由 LISP 语言创始人约翰·麦卡锡（John McCarthy）首次提出，当时的定义为"制造智能机器的科学与工程"。人工智能的目的就是让机器能够像人一样思考，让机器拥有智能。时至今日，人工智能的内涵已经大大扩展，成为一门交叉学科。

算法、数据、算力以及场景是构成 AI 不可或缺的要素，然而人工智能作为一门交叉学科，向下需要基础硬件、芯片、云计算提供算力支撑，需要互联网、物联网、5G 网络提供海量数据原料，向上需要成熟的深度学习算法渗透到各行各业的应用场景，才能达到人工智能的功能应用，如图 1-3 所示。

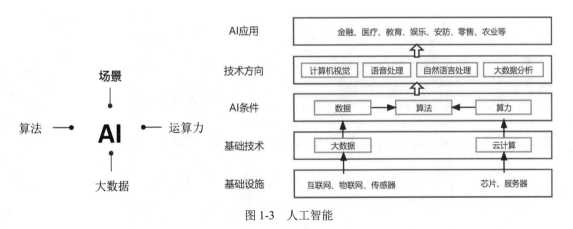

图 1-3　人工智能

1.2　人工智能的起源

1936 年，英国科学家艾伦·麦席森·图灵（Alan Mathison Turing）提出"通用机器"的概念，其通过操纵电路开关产生逻辑信号。事实上今天的电脑和智能手机都是建立在"是与否"的二进制逻辑上，因此，可以认为"通用机器"的概念是人工智能，或者说是机器智能的起点。

1.2.1 人工智能之父

人工智能的诞生可以追溯到 1950 年，被誉为"计算机科学之父"的图灵发表了一篇划时代的论文"Computing Machinery and Intelligence"（《计算机与智能》），文中提出了著名的"图灵测试"构想，即如何判断机器是否具有智能；随后，图灵又发表了论文"Can Machines Think?"（《机器能思考吗？》）。两篇划时代的论文及后来的图灵测试强有力地证明了一个判断，那就是机器具有智能的可能性，并对其后的机器智能发展做了大胆预测。正因如此，图灵被称为"人工智能之父"。

1956 年 8 月，在美国达特茅斯学院，约翰·麦卡锡、马文·闵斯基、克劳德·艾尔伍德·香农（Claude Elwood Shannon，信息论创始人）、艾伦·纽厄尔（Allen Newell，计算机科学家）、赫伯特·亚历山大·西蒙（Herbert Alexander Simon，诺贝尔经济学奖得主）等科学家聚在一起，讨论用机器来模仿人类学习以及其他方面的智能等问题，并为会议内容起了一个名字：人工智能。因此，1956 年被公认为人工智能的元年，马文·闵斯基等科学家亦被誉为"人工智能之父"。

1.2.2 图灵测试

图灵在 1950 年利用一个游戏提出了"图灵测试"（The Turing Test）（图 1-4）：如果一台机器能够与人类展开对话（通过电传设备）而不能被辨别出其机器身份，那么称这台机器具有智能。

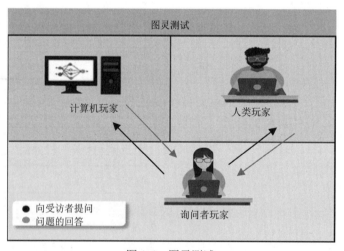

图 1-4 图灵测试

在这个测试中，计算机是会撒谎的，而人是诚实的，询问者提问，然后评估答案，从而确定和他交流的是人还是计算机。那么作为询问者，你会提出什么问题呢？例如进行一个复杂的算术运算时，计算机可以故意花费更长的时间得到结果，从而欺骗询问者；那么尝试问一下与感观有关的题目，例如今天天气如何？如今的大多数计算机都可以连接互联网，在你看一眼窗外时，互联网也已经告知计算机天气情况了；那问一些和人的情绪感受相关的题目吧，但是人类的感受往往并不能作为智能的判断依据。

图灵不断尝试，希望能够实现将功能（智能能做的事情）与实现（如何实现智能）分离开来，图灵测试能够令人信服地说明"思考的机器"是可能的。但是，图灵测试自诞生之日起其实也一直存在着争议。因此，如何判断甚至评估智能始终是一个不容易回答的问题。

1.2.3 达特茅斯会议

1950 年，图灵发出了世纪一问"机器能否表现出人的智能？"从此，拉开了人工智能的帷幕。

1956 年的达特茅斯会议被公认为是人工智能的起源，这次大会标志着"人工智能"这一概念的诞生。参与这次大会的关键学者如图 1-5 所示。达特茅斯会议的主要发起人是计算科学家及认知科学家约翰·麦卡锡，他提出了"人工智能"的概念。麦卡锡对于人工智能的兴趣始于 1948 年参加的一个名为"脑行为机制"的讨论会，会上约翰·冯·诺伊曼（John von Neumann）提出的自复制自动机激起麦卡锡的好奇，自此他开始尝试在计算机上模拟智能。达特茅斯会议前后，麦卡锡的主要研究方向是计算机下棋。会议的另一位积极参与者是当时在哈佛大学的马文·闵斯基（1969 年图灵奖获得者）。1951 年，闵斯基建造了世界上第一个神经网络模拟器 Snare。在 Snare 的基础上，闵斯基解决了"使机器能基于对过去行为的知识，预测当前行为的结果"这一问题，并完成了他的博士论文"Neural Nets and the Brain Model Problem"（《神经网络和脑模型问题》）。模式识别的奠基人奥利弗·塞弗里奇（Oliver Selfridge）领导了计算机科学实验室与人工智能实验室项目，该项目后来合并为麻省理工学院最大的实验室 MIT CSAIL。另外两位重量级参与者是艾伦·纽厄尔（Allen Newell）和赫伯特·西蒙（Herbert Simon），这两位学者后来共享了 1975 年的图灵奖。纽厄尔从普林斯顿大学数学系硕士毕业后，加入了美国著名的兰德公司，并结识了西蒙，开始了他们一生的合作。纽厄尔和西蒙提出了物理符号系统假设，简单来说就是智能是对符号的操作，最原始的符号对应于物理客体。这一假设与西蒙提出的有限合理性原理成为人工智能三大学派之一——符号主义的主要依据。后来，他们与艾伦·佩利（Alan Perlis，第一届图灵奖获得者）共创了卡内基梅隆大学的计算机系。信息论的创始人香农是贝尔实验室的灵魂人物，1950 年香农发表论文"Programming a computer for playing chess"（《计算机象棋博弈》），为计算机下棋奠定了理论基础。除上述学者外，IBM 的亚瑟·塞缪尔（Arthur Samuel），达特茅斯的教授特伦查德·摩尔（Trenchard More）、算法概率论的创始人雷·所罗门诺夫（Ray Solomonoff）等学者也参与了这次会议。

1953 年夏天，麦卡锡和闵斯基都在贝尔实验室为香农打工，香农当时在研究图灵机及是否可以用图灵机作为智能活动的理论基础，但是麦卡锡只对计算机实现智能感兴趣。由于与香农研究方向上的不同加上麦卡锡认为香农在一些时候过于理论，麦卡锡与 IBM 第一代通用机 701 的主设计师纳撒尼尔·罗切斯特（Nathaniel Rochester）计划了一次活动，主要讨论机器模拟智能，并说动香农与闵斯基共同写了一个项目建议书以寻求活动资助。麦卡锡给这个活动起了一个名字：人工智能夏季研讨会（Summer Research Project on Artificial Intelligence），这也就是达特茅斯会议的由来。

约翰·麦卡锡　　马文·闵斯基　　克劳德·香农　　雷·所罗门诺夫　　艾伦·纽厄尔

赫伯特·西蒙　　亚瑟·塞缪尔　奥利弗·塞弗里奇 纳撒尼尔·罗彻斯特　特伦查德·摩尔

图 1-5　达特茅斯会议关键学者

　　1956 年达特茅斯研讨会进行了两个月，其中纽厄尔和西蒙公布的程序"逻辑理论家"（Logic Theorist）引起参会者极大的兴趣，这个程序模拟人证明符号逻辑定理的思维活动，并成功证明了 *Principia Mathematica*（《数学原理》）第 2 章 52 个定理中的 38 个定理，被认为是用计算机探讨人类智力活动的第一个真正成果，也是图灵关于机器可以具有智能这一论断的第一个实际证明。

　　在达特茅斯会议期间，"人工智能"概念被首次提出，但是其真正被学界接受是在 1965 年，休伯特·德雷弗斯（Hubert Dreyfus）发表了著名的"Alchemy and Artificial Intelligence"《炼金术与人工智能》报告，这一报告对当时人工智能的研究提出质疑，意图说明这些研究是没有基础的无用功。由于报告标题与内容过于大胆，最初兰德公司仅以备忘录的方式发布了油印版。直至 1967 年兰德公司才正式发布了这一报告的印刷版。该报告后来成为兰德公司销量最高的报告之一，在人工智能学者领域中广为流传。

人工智能起源

1.3　人工智能的兴衰往事

1.3.1　人工智能的第一次兴衰

　　1956 年的夏天，麦卡锡、闵斯基、香农等 6 位科学家在达特茅斯会议上第一次提出了人工智能的概念。他们中有许多人预言，经过一代人的努力，与人类具有同等智能水平的机器将会出现；同时，上千万美元被投入人工智能的研究中，以期实现这一目标；之后陆续发明了第一款感知人工神经网络和聊天软件，验证了数学定理。那时人们认为机器人很快就可以代替人类了，但是到了 20 世纪 70 年代后期，人们发现当时人工智能的模型只能够解决一些简单问题，而对于广泛存在于人类生活中的 XOR（异或）这样的问题即束手无策，即使是最杰出的人工智能程序也只能尝试解决问题中最简单的一部分，也就是说所有的人工智能程序看起来都只像是"玩具"。至此，研究人员发现自己大大低估了用机器代替人类这一工程的难度。1973 年，以"Lighthill Report"（《莱特希尔报告》）的推出为代表，象征着人工智能正式进入寒冬。这篇报告宣称"人工智能领域的任何一部分都没有能产出人们当初承诺的有主要影响力进步"。美国和英国政府都于该年停止向没有明确目标的人工智能研究项目拨款。随后，各国政府纷纷大规模削减人工智能方面的投入。这之后的十年间，人工智能鲜有被人提起。

1.3.2　人工智能的第二次兴衰

20 世纪 70 年代出现的专家系统模拟人类专家的知识和经验解决特定领域的问题，实现了人工智能从理论研究走向实际应用、从一般推理策略探讨转向运用专门知识的重大突破。专家系统在医疗、化学、地质等领域取得成功，推动人工智能走入应用发展的新高潮。1978 年，卡耐基梅隆大学开始开发一款能够帮助顾客自动选配计算机配件的软件程序 XCON，并且在 1980 年投入工厂使用。这是个完善的专家系统，包含了设定好的超过 2500 条规则，在后续几年处理了超过 80000 条订单，准确度超过 95%，每年节省超过 2500 万美元。到了 20 世纪 80 年代，"专家系统"的人工智能程序开始为全世界的公司所追捧，"知识处理"成为了主流人工智能研究的焦点。日本政府在同一年代积极投资人工智能以促进其第五代计算机工程。从 20 世纪 80 年代到 20 世纪 90 年代中期，随着人工智能的应用规模不断扩大，专家系统存在的应用领域狭窄、缺乏常识性知识、知识获取困难、推理方法单一、缺乏分布式功能、难以与现有数据库兼容等问题也逐渐暴露出来。

20 世纪 80 年代，人工智能发展史上另一个令人振奋的事件出现了，杰弗里·辛顿（Geoffrey Hinton）将反向传播算法引入多层神经网络训练，使得多层人工神经元网络的学习变成可能，由此人工智能被广泛以应用于语音识别和语音翻译，在 20 世纪 90 年代神经网络获得了商业上的成功，人工智能重获新生。但是，由于当时的计算机硬件无法满足神经网络需要的计算量，也没有大体量的可供分析的数据，人工智能无法得到充分实践。同时伴随世界经济泡沫的破裂，从 20 世纪 80 年代末到 20 世纪 90 年代初，人工智能遭遇了一系列财政问题，AI 之冬再次到来。

1.3.3　人工智能的第三次浪潮

进入 21 世纪，得益于大数据和计算机技术的快速发展，许多先进的机器学习技术成功应用于经济社会中的许多问题。2006 年，杰弗里·辛顿发表了论文"Learning Multiple Layers of Representation"奠定了后来神经网络的全新的架构，至今仍然是人工智能深度学习的核心技术。2007 年，计算机科学教授李飞飞及其同事组建了 ImageNet，这是一个注释图像数据库，其目的是帮助研究者进行物体识别软件研究。2009 年，谷歌秘密开发了一款无人驾驶汽车，到 2014 年，它通过了内华达州的自驾车测试。华裔科学家吴恩达及其团队在 2009 年开始研究使用图形处理器（GPU）进行大规模无监督式机器学习工作，尝试让人工智能程序完全自主地识别图形中的内容。2012 年，吴恩达（Andrew Ng）取得了惊人的成就，向世人展示了一个超强的神经网络，它能够在自主观看数千万张图片之后，识别包含有小猫的图像内容。这是历史上在没有人工干预下，机器自主学习的里程碑式事件。

到 2016 年，人工智能相关产品、硬件、软件等的市场规模已经超过 80 亿美元，纽约时报评价人工智能已经到达了一个热潮。深度学习，特别是深度卷积神经网络和循环网络，更是极大地推动了图像和视频处理、文本分析、语音识别等问题的研究进程。目前，最先进的神经网络结构在某些领域已经能够达到甚至超过人类平均准确率，例如计算机视觉领域的一些具体的任务，如 MNIST 数据集（一个手写数字识别数据集）识别、交通信号灯识别等。再如游戏领域，Google 的 DeepMind 团队研发的 AlphaGo 在问题搜索复杂度极高的围棋上，已经打遍天下无敌手。人工智能的起落如图 1-6 所示。

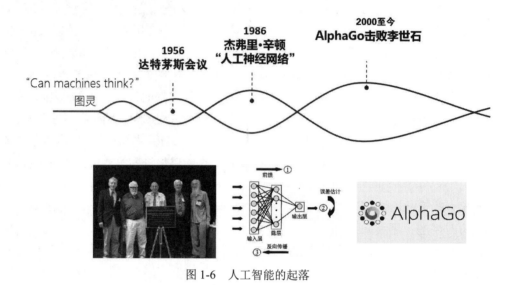

图 1-6　人工智能的起落

1.4　人工智能的发展

人工智能早期经历了博弈、专家系统、神经计算、进化计算等技术方向的发展，在 21 世纪得益于算法的优化、大数据和计算机技术的快速发展，许多先进的机器学习技术成功应用于经济社会中的许多问题。

1.4.1　人工智能教父

在人工智能研究领域，有"三驾马车"之说，包括杰弗里·辛顿、杨立昆（Yann LeCun）和约书亚·本吉奥（Yoshua Bengio）。杰弗里·辛顿是其中的长者，人称"深度学习"之父、人工智能教父。他将"深度学习"从边缘课题变成了谷歌等互联网巨头仰赖的核心技术，引发了人工智能的第三次浪潮。实际上，21 世纪以来几乎每一个关于人工智能技术的进步都与杰弗里·辛顿息息相关，他为人工智能在最近十年的发展奠定了基础。

最早的神经网络概念诞生于 20 世纪 60 年代，被誉为迈向类人机器智能的第一步。1969 年，马文·闵斯基和西摩·帕尔特（Seymour Parpert）发表了著作《Perceptrons》，用数学的方法证明只有两层神经元的网络（即一个输入层和一个输出层网络）只能实现最基本的功能。如果在输入层和输出层之间加上更多的网络，理论上可以解决大量不同的问题，但是当时没人知道如何训练它们，所以这些神经网络在应用领域毫无作用，大多数人看过这本书后就完全放弃了神经网络的研究，除了辛顿。

1986 年，辛顿联合同事大卫·鲁姆哈特（David Rumelhart）和罗纳德·威廉姆斯（Ronald Williams）发表了一篇突破性的论文，详细介绍了一种叫作"反向传播"的技术。通过推导人工神经网络的计算方式，反向传播可以纠正很多深度学习模型在训练时产生的计算错误。然而提出反向传播算法之后，辛顿并没有迎来事业的蓬勃发展，1987 年全球金融危机爆发，伴随个人计算机的发展，人工智能不再是资本关注的焦点。同时，当时的计算机硬件无法满足神经网络需要的算力要求，也没有那么多可供分析的数据，辛顿的理论始终无法得到充分实践。到 20 世纪 90 年代中期，神经网络研究一度被打入"冷宫"，辛顿的团队在难以获得赞助的情况下挣扎。这期间，加拿大高级研究所（CIFAR）资助了辛顿的团队。

2012 年以后，计算机硬件的性能大幅提高，计算资源也越来越多，辛顿的理论终于能在实践中充分发展。他带领两个学生利用卷积神经网络（CNN）参加了名为"ImageNet 大规模视觉识别挑战"的比赛，比赛的其中一项是让机器辨认每张图像中的狗是什么类型，从而对 100 多种狗进行分类。在比赛中，辛顿团队以 16% 的错误率获胜——这个错误率甚至低于人眼识别的错误率（18%），并且远低于前一年的获胜成绩：25% 的错误率，这让人们见识了深度学习的潜力，从此深度学习一炮而红。

1.4.2 从"深蓝"到"AlphaGo"

1997 年，当超级电脑深蓝挑战国际象棋棋手卡斯帕罗夫获胜时，人们已经感受到了机器智能的强大，然而人们深信因为国际象棋有套路可循，机器容易实现学习，而代表人类智慧之冠的围棋领域一定不会被机器染指。但是，2016 年李世石的失利颠覆了人类对计算机算力的理解，从此以"深度学习"为特征的人工智能再次进入了人们的视线。

AlphaGo 的成功再次引发了关于"机器是否会取代人类"的争论，人工智能与深度学习再次进入普通公众的视野。同样是战胜了棋类世界冠军，两代人工智能最重要的差别在于：深蓝仍然是专注于国际象棋的、以暴力穷举法为基础的特定用途人工智能，而 AlphaGo 是几乎没有特定领域知识的、基于机器学习的、高度通用的人工智能。这一区别决定了深蓝只是一个象征性的里程碑，而 AlphaGo 则更具实用意义。

深蓝是一套专用于国际象棋的硬件，大部分逻辑是以"象棋芯片"（Chess Chip）的形式用电路实现的。在象棋芯片之上，有较少量的软件负责调度与一些高阶功能。深蓝算法的核心基于暴力穷举法：生成所有可能的走法，然后执行尽可能深的搜索，并不断对局面进行评估，尝试找出最佳走法。深蓝的象棋芯片包含三个主要的组件：走棋产生器（Move Generator），评估模块（Evaluation Function）以及搜索控制器（Search Controller）。各个组件的设计都服务于"优化搜索速度"这一目标。

AlphaGo 是一个能够运行在通用硬件之上的纯软件程序，其中部分程序使用了 TensorFlow 框架。AlphaGo 的核心算法基于机器学习，在训练的第一阶段，AlphaGo 仅仅根据彼此无关的盘面信息模仿专家棋手的走法。通过 3000 万个盘面数据训练一个 13 层的监督

式策略网络，这个神经网络随后就能以超过 50%的精度预测人类专家的落子位置。值得注意的是，在这一阶段，AlphaGo 对于围棋规则一无所知，只是毫无目的地模仿而已。尽管如此，由于棋手不会走出违反规则的走法，所以 AlphaGo 也相当于学会了遵守围棋规则。在训练的第二阶段，AlphaGo 开始与自己下棋，将过往训练迭代中的策略网络与当前的策略网络对弈，并将对弈过程用于自我强化训练。在这一阶段引入了唯一的围棋规则：对获胜的棋局加以奖励。经过这一阶段的训练，AlphaGo 已经超过所有围棋软件，对弈当时最强的开源围棋软件 Pachi 可以达到 85%胜率。在训练的第三阶段，AlphaGo 在自我对弈中，从不同棋局中采样不同位置生成 3000 万个新的训练数据，用以训练局面评估函数。经过三阶段训练的策略网络被混合进蒙特卡洛树搜索算法，从而在比赛进行过程中预测棋局未来可能的发展方式，并对各种可能的未来局面进行评估。在整个算法中，只有"获胜"这个概念作为围棋规则被输入训练过程，除此之外 AlphaGo 对于围棋规则一无所知，更没有高级围棋专门概念。仅是第一阶段的训练，即完全基于简单的盘面信息训练就达到相当可观的预测效果，这一过程在很多需要"预测"功能的领域具有显著的意义。

1.4.3　人工智能的黄金时代

人工智能经历了早期的博弈、专家系统、神经计算、进化计算等技术方向的发展，2000年之后，随着深度学习技术在图像、语音识别等领域内的成功，人工智能又开启了第三次浪潮。人工智能的再次回归离不开数据量的上涨、运算力的提升和深度学习算法的出现。随着大数据的成熟，海量数据为人工智能发展提供了充足的原料，云计算、芯片、基础硬件等运算力的提升为人工智能的发展提供强劲的动力，越来越成熟的深度学习算法为人工智能的发展提供了优秀的发动引擎。同时伴随着移动互联、物联网以及 5G 等技术的发展，各大公司纷纷推动人工智能项目，极大地促进了这一轮人工智能行业的发展。现在人工智能应用的技术方向主要聚焦在"看""听""说"，也就是计算机视觉、语音处理以及自然语音处理。计算机视觉是目前最成熟的人工智能技术，主要包括图像分类、目标检测、图像分割、目标跟踪、文字识别、人脸识别等，例如，在智能手机中的智能相册可以帮助我们对拍摄的图片进行自动分类，而不需要手工挑拣图片；淘宝、京东等购物网站能够在无法用语言描述图片内容的时候实现以图搜图；在新冠肺炎疫情中，使用健康码等小程序时可通过人脸识别验证身份。人工智能的语音处理研究主要包括语音识别、语音合成、语音唤醒、声纹识别、音频事件检测等，人工智能在语音处理方面的应用，特别是语音识别技术在日常生活中也比较常见，例如 Siri、小度、小爱这一类智能语音助手；运营商平台的机器客服；另外，还有一些口语测评 App、问诊机器人、会议记录机器人等。自然语言处理的研究目前在人工智能的学术研究领域中是非常热门的，但是相比较于计算机视觉和语言处理，自然语言处理需要的技术难度更高，因此技术的成熟度要低一些，这是因为语义的复杂度高，特别像中文的语义更加博大精深，仅仅依靠目前基于大数据以及深度学习技术想要让计算机完美地达到人类的理解层次是非常困难的。目前相对成熟的自然语言处理场景主要有机器翻译、文本分类，更高级的场景有舆情分析、挖掘主题、热点事件的分析、情绪分析、趋势分析等，还有在购物平台进行交易时，可利用自然语言处理分析评论的感情色彩，进行评价分析等。目前各个行业都面临数字化转型，人工智能的应用在各行各业都将进一步深化。

人工智能先后经历了计算智能、感知智能，未来将进入认知智能的新阶段，所谓计算智能就是机器能够实现能存会算，例如分布式计算、神经网络等；感知智能即能听会看，也就是目前人工智能所处的阶段，以计算机视觉、语音处理技术为代表；伴随着人工智能硬件、深度学习算法以及大数据技术的发展，未来人工智能将能够实现让机器去理解思考，即认知智能阶段，达到认知智能阶段的人工智能技术可以实现全面辅助或替代人类的部分工作。

本章小结

本章通过介绍人工智能的起源、发展历程，让读者理解人工智能的概念，掌握人工智能的构成要素，理解构建人工智能的基础设施、技术，理解人工智能的技术方向和应用场景，总结如下。

（1）人工智能是研究、开发用于模拟、延伸和扩展人的智能的理论、方法、技术及应用系统的一门新的技术科学。算法、数据、算力以及场景是构成人工智能不可或缺的要素，然而人工智能作为一门交叉学科，向下需要基础硬件、芯片、云计算提供算力支撑，需要互联网、物联网、5G 网络提供海量数据原料，向上需要成熟的深度学习算法渗透到各行各业的应用场景，才能达到人工智能应用的要求。

（2）人工智能的诞生可以追溯到 1950 年，被誉为"计算机科学之父"的图灵发表了两篇划时代的论文《计算机与智能》《机器能思考吗》，强有力地证明了机器具有智能的可能性。1956 年 8 月，美国达特茅斯会议探讨了用机器来模仿人类学习以及其他方面的智能，首次提出了"人工智能"概念。因此，图灵与闵斯基等科学家被称为"人工智能之父"。

（3）在提出了人工智能概念之后，第一款感知人工神经网络和聊天软件相继问世，人工智能迎来了第一次发展热潮。到了 20 世纪 70 年代，当时的人工智能模型对于广泛存在于人类生活中的 XOR（异或）问题束手无策，1973 年，以《莱特希尔报告》的推出为代表，象征着人工智能第一次正式进入寒冬。到了 20 世纪 80 年代，以"专家系统"为代表的人工智能开始被全世界追捧，"知识处理"成为了主流人工智能研究的焦点。20 世纪 80 年代，人工智能发展史上另一个令人振奋的事件是杰弗里·辛顿将反向传播算法引入多层神经网络训练，使得多层人工神经元网络的学习变成可能。但是，由于当时的计算机硬件无法满足神经网络需要的计算量，也没有大体量的可供分析的数据，人工智能无法得到充分实践。同时伴随世界经济泡沫的破裂，从 20 世纪 80 年代末到 20 世纪 90 年代初，人工智能遭遇了一系列财政问题，人工智能之冬再次到来。进入 21 世纪，得益于大数据和计算机技术的快速发展，许多先进的机器学习技术成功应用于经济社会中的许多问题。2006 年，杰弗里·辛顿发表了论文"Learning Multiple Layers of Representation"奠定了后来神经网络的全新的架构。到 2016 年，人工智能相关产品、硬件、软件等的市场规模已经超过 80 亿美元，深度学习，特别是深度卷积神经网络和循环网络更是极大地推动了图像和视频处理、文本分析、语音识别等问题的研究进程，人工智能迎来了第三次发展高潮。

练习 1

一、选择题

1. 下面不属于人工智能研究基本内容的是（　　）。

    A. 机器感知　　　　B. 机器学习　　　C. 自动化　　　　　D. 机器思维

2. 下面不是人工智能的研究领域的是（　　）。

    A. 机器证明　　　　B. 模式识别　　　C. 人工生命　　　　D. 编译原理

3. 机器智能目前还无法达到人类智能，主要原因是（　　）。

    A. 机器智能占有的数据量还不够大

    B. 机器智能的支持设备的计算能力不足

    C. 机器智能的推理规则不全面

    D. 机器智能缺乏直觉和顿悟能力

4. 人工智能在图像识别上已经超越了人类，支持这些图像识别技术的通常是（　　）。

    A. 云计算　　　　　B. 因特网　　　　C. 神经计算　　　　D. 深度神经网络

5. 利用计算机来模拟人类的某些思维活动，如医疗诊断、定理证明等，这些应用属于
（　　）。

    A. 数值计算　　　　B. 自动控制　　　C. 人工智能　　　　D. 模拟仿真

二、简答题

1. 请简述何为图灵测试。
2. 请简述智能与智能机器。
3. 请简述人工智能的发展历程。

第2章　人工智能的应用领域

本章导读

随着智能家居、智能驾驶、智能金融等行业的不断兴起，人工智能应用领域在不断扩大，应用场景在不断增加，各行业应用产生的数据非常庞大，对这些数据进行管理和良好应用需要数据服务的支持，数据服务是数据采集、数据传输、数据存储、数据处理（包括计算、分析、可视化等）、数据交换、数据销毁等数据各种生存形态演变的一种信息技术驱动的服务。

本章将介绍人工智能的分类以及人工智能在应用领域里的相关内容，讲解关于人工智能的概念知识以及人工智能的应用。

本章要点

- 了解人工智能的分类
- 熟知人工智能的三个阶段
- 认识人工智能的技术领域
- 了解人工智能的应用与应用场景
- 认识人工智能的展望

2.1　人工智能的分类

智能的层级分为弱人工智能、强人工智能、超人工智能，关系如图 2-1 所示，反映了人工智能的等级区分。弱人工智能可以代替人力处理某一领域的工作，目前全球的大部分人工智能技术处于这一阶段。强人工智能是拥有和人类一样的智能水平，可以代替一般人完成生活中的大部分工作。超人工智能是当人工智能发展到强人工智能的时候，人工智能就会像人类一样可以通过各种采集器、网络进行学习，并且每天会自动进行多次升级迭代。

这里主要对弱人工智能和强人工智能能进行介绍。

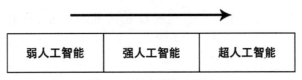

图 2-1　人工智能关系图

2.1.1 弱人工智能

弱人工智能（Artificial Narrow Intelligence）如图 2-2 所示，简称为 ANI，弱人工智能是指不能真正推理（Reasoning）和解决问题（Problem Solving）的智能机器，这些机器只不过看起来像是智能的，但是并不真正拥有智能，也不会有自主意识。

图 2-2　弱人工智能

目前，主流科研集中在弱人工智能上，并且一般认为这一研究领域已经取得可观的成就。弱人工智能是擅长于单个方面的人工智能，主要应用于语音识别、图像识别、图像审核、图像效果增强、文字识别、人脸识别、人体分析、语音合成、文本审核、智能写作、博弈及自动驾驶等。

弱人工智能具备"数据处理""自主学习""快速改进"三大基本能力，能够将大量数据进行"存储－学习－应用－改进"的循环处理，但其局限在于无法进行推理或通用学习，并需要大量的数据样本进行归纳与不断的试错练习。因此，"人"对实现弱人工智能的应用非常重要：需要"人"设计解决问题的方法，需要"人"寻找、识别并分享有用的数据，也需要"人"对机器的行动进行反馈。

大量高质量且有意义的数据样本是弱人工智能成功进行商业应用的关键要素，也是拥有海量数据的互联网巨头得以取得不俗成绩的原因之一。

未来 3～5 年，弱人工智能会继续在商业流程简单重复、不受外部复杂环境影响并可具备数字化输入和输出的领域进行大量应用，并取代人类的部分工作。从功能性分析，弱人工智能的商业应用主要有六大功能，且在各行业都有相应的应用场景：战略优化/资源配置、静态个性化建议、预测及分析、发现新问题/趋势、处理无规则数据以及产品价格优化。

2.1.2 强人工智能

强人工智能也称为通用人工智能（Artificial General Intelligence），如图 2-3 所示，简称 AGI。这是一种类似于人类级别的人工智能。强人工智能是指在各方面都能和人类比肩的人工智能，人类能干的脑力活它也能干。强人工智能是一种宽泛的心理能力，能够进行思考、计划、解决问题、抽象思维、理解复杂理念、快速学习和从经验中的学习等操作。强人工智能需要结合情感、认知和推理等人脑高阶智能，并能通用到各种场景中，是未来人工智能的主要发展方向。由于技术壁垒非常高，强人工智能目前仍处于早起探索阶段，但未来的发展空间不可估量。

在弱人工智能三大基础能力的基础上，强人工智能还具有如人脑一样的完整推理能力（Robust Reasoning），即掌握学习的方法，减少对"人"的依赖。此能力有多种不同的技术实现路径，例如迁移学习（Transfer Learning）、小数据推理等，甚至不只是一种技术，而是多种技术的叠加。

图 2-3　强人工智能

2.2　人工智能的三个阶段

人工智能技术和产品经过过去几年的实践检验，其应用已较为成熟，推动着人工智能与各行各业的加速融合。从技术层面来看，业界广泛认为，人工智能的核心能力可以分为三个阶段，分别是计算智能、感知智能、认知智能，如图 2-4 所示。

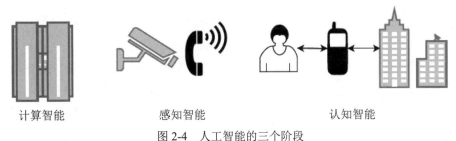

计算智能　　　　　　感知智能　　　　　　认知智能

图 2-4　人工智能的三个阶段

2.2.1　人工智能的"计算智能"阶段

计算智能即机器具备超强的存储能力和超快的计算能力，可以基于海量数据进行深度学习，利用历史经验指导当前环境。随着计算力的不断发展，储存手段的不断升级，计算智能已经实现。例如 AlphaGo 利用增强学习技术完胜世界围棋冠军，App 基于对用户浏览习惯的深度学习，进行内容推荐等。

计算智能的三大基本领域包括神经计算、进化计算、模糊计算。

1. 神经计算

神经计算亦称神经网络（Neural Network，NN），是一种对人类智能的结构模拟方法。它是通过对大量人工神经元的广泛并行互联，构造人工神经网络系统去模拟生物神经系统的智能机理。神经计算的主要研究内容包括人工神经元的结构和模型，人工神经网络的互连结构和系统模型，基于神经网络的联结学习机制等

2. 进化计算

进化计算是基于自然选择和自然遗传等生物进化机制的一种随机搜索算法。它以达尔文进化论的"物竞天择、适者生存"作为算法的进化规则，并结合孟德尔的遗传变异理论，将生物进化过程中的繁殖、变异、竞争和选择引入算法中，是一种对人类智能的演化模拟方法。

进化计算的主要分支：遗传算法（Genetic Algorithms）、进化规划（Evolutionary Programming）、进化策略（Evolution Strategy）和遗传编程（Genetic Programming）四大分支。其中，遗传算法是进化计算中最初形成的一种具有普遍影响的模拟进化优化算法。

3. 模糊计算

模糊计算亦称模糊系统，通过对人类处理模糊现象的认知能力的认识，用模糊集合和模糊逻辑去模拟人类的智能行为。

模糊概念的定义：通常，人们种因没有严格边界划分而无法精确刻画的现象称为模糊现象，并把反映模糊现象的各种概念称为模糊概念，例如"高与矮""多与少""冷与热"等。

模糊概念的表示：模糊概念通常是用模糊集合来表示的，而模糊集合又是用隶属函数来刻画的。一个隶属函数描述一个模糊概念，其函数值为[0,1]区间的实数，用来描述函数自变量所代表的模糊事件隶属于该模糊概念的程度。

2.2.2　人工智能的"感知智能"阶段

感知智能是指将物理世界的信号通过摄像头、麦克风或者其他传感器的硬件设备，借助语音识别、图像识别等前沿技术，映射到数字世界，再将这些数字信息进一步提升至可认知的层次，例如记忆、理解、规划、决策等。而在这个过程中，人机界面的交互至关重要。

感知智能的核心在于模拟人的视觉、听觉和触觉等感知能力。感知智能目前用于完成人可以简单完成的重复度较高的工作，例如人脸识别、语音识别等。感知智能的核心业务目标是提高效率且降低成本。但是，感知智能在产业落地方面面临诸如成本高昂、智能能力有限、业务突破性价值局限等众多挑战。在成本方面，图像识别的机器成本、样本标注成本都非常高；在智能能力方面，感知智能主要集中在模式识别层面，重在提升视觉、语音等单一场景中的效率，不具备理解和推理能力；在业务突破性价值方面，人工智能在产业中落地时只有集合领域的专业知识，提升对业务场景的认知与决策能力，才能创造核心价值。

2.2.3　人工智能的"认知智能"阶段

认知智能具有人类思维理解、知识共享、行动协同或博弈等核心特征。首先，认知智能需要具有对采集的信息进行处理、存储和转化的能力，在这一阶段需要运用计算智能、感知智能的数据清洗、图像识别能力。其次，认知智能需要拥有对业务需求的理解及对分散数据、知

识的治理能力。最后，认知智能需要能够针对业务场景进行策略构建和决策，提升人与机器、人与人、人与业务的协同、共享和博弈等能力。

认知智能的三大技术体系为认知维度、类脑模型、万维图谱，而人工智能的三大技术体系为机器学习、深度学习、知识图谱。从技术体系上来说，知识图谱包含在万维图谱之内，和万维图谱的分支图谱属性图谱是对应的，有学者提出的事理图谱和万维图谱的分支图谱、行为图谱也是基本类似的。

人工智能发展

相较于计算智能和感知智能，认知智能更为复杂，是指机器像人一样有理解能力、归纳能力、推理能力和运用知识的能力。目前认知智能技术还在研究探索阶段，如在公共安全领域，对犯罪者的微观行为和宏观行为的特征提取和模式分析，开发犯罪预测、资金穿透、城市犯罪演化模拟等人工智能模型和系统；在金融行业，用于识别可疑交易、预测宏观经济波动等。

2.3 人工智能的技术领域

人工智能技术应用有很多细分领域，如深度学习、计算机视觉、智能机器人、虚拟个人助理、自然语言处理—语音识别、自然语言处理—通用、实时语音翻译、情境感知计算、手势控制、视觉内容自动识别、推荐引擎等，主要可分为"看""听""想"三大部分。

2.3.1 人工智能的"看"——计算机视觉

人类认识、了解世界的信息中有 80%以上来自视觉。同样，计算机视觉（Computer Vision，CV）是机器认知世界的基础，最终的目的是使得计算机能够像人类一样"看懂世界"。计算机视觉是从图像或视频中提出符号或数值信息，分析计算该信息以进行目标的识别、检测和跟踪等。更形象地说，计算机视觉就是让计算机像人类一样能看到并理解图像。

1. 计算机视觉简介

计算机视觉是一门涉及图像处理、图像分析、模式识别和人工智能等多种技术的新兴交叉学科，具有快速、实时、经济、一致、客观、无损等特点。

2. 计算机视觉的概念

计算机视觉是研究如何让机器"看"的科学，其可以模拟、扩展和延伸人类智能，从而帮助人类解决大规模的复杂问题。因此，计算机视觉是人工智能主要应用领域之一，它通过使用光学系统和图像处理工具等来模拟人的视觉捕捉能力及处理场景的三维信息，理解并通过指挥特定的装置执行决策。目前，计算机视觉技术应用相当广泛，如人脸识别、车辆或行人检测、目标跟踪图像生成等，其在科学、工业、农业、医疗、交通、军事等领域都有着广泛的应用前景。计算机视觉技术的基本原理是利用图像传感器获得目标对象的图像信号，并传输给专用的图像处理系统，将像素分布、颜色、亮度等图像信息转换成数字信号，并对这些信号进行多种运算与处理，提取出目标的特征信息进行分析和理解，最终实现对目标的识别、检测和控制等。

计算机视觉技术先由电荷耦合器件（Charge Coupled Devices，CCD）摄像头采集高质量图像，实现高精度测量，再通过图像数字化模块、数字图像处理模块、智能判断决策模块等软

件模块的精确统计、运算和分析，包括参数经过线性回归、主成分分析方法（Principal Component Analysis，PCA）、学习型矢量法、贝叶斯决策、支持向量机、遗传算法、BP 神经网络、人工神经网络等构建判别模型，为对图像目标做出某一方面的判断提供依据。

3. 计算机视觉的特点

计算机视觉与其他人工智能技术有所不同。首先，计算机视觉是一个全新的应用方向，而非像预测分析那样只是对原有解决方案的一种改进。其次，计算机视觉能够以无障碍的方式改善人类的感知能力。当算法从图像当中推断出信息时，它并不像其他人工智能方案那样在对本质上充满不确定性的未来做出预测；相反，它们只是判断关于图像或图像集中当前内容的分类。这意味着计算机视觉将随着时间推移而变得愈发准确，直到其达到甚至超越人类的图像识别能力。最后计算机视觉能够以远超其他人工智能工具的速度收集训练数据。大数据集的主要成本体现在训练数据的收集层面，但计算机视觉只需要由人类对图片及视频内容进行准确标记——这项工作的难度明显很低，正因如此，近年来计算机视觉技术的采用率才得到迅猛提升。

4. 计算机视觉的发展历史

1966 年，人工智能学家马文·闵斯基在给学生布置的作业中，要求学生通过编写一个程序让计算机描述它通过摄像头看到了什么，这被认为是计算机视觉领域最早的任务描述。20 世纪 70 年代至 20 世纪 80 年代，随着现代电子计算机的出现，计算机视觉技术初步萌芽。MIT 的人工智能实验室首次开设计算机视觉课程，由著名的伯特霍尔德·霍恩（Berthold Horn）教授主讲，同实验室的大卫·马尔（David Marr）教授首次提出表示形式（Representation）并成为视觉研究最重要的问题。人们开始尝试让计算机"看到"东西，于是首先想到的是从人类的视觉机制中获得借鉴。

借鉴之一是当时人们普遍认为人类能看到并理解事物是因为人类通过两只眼睛可以立体地观察事物。因此；要想让计算机理解它所看到的图像，必须先将事物的三维结构从二维的图像中恢复出来，这就是所谓的"三维重构"的方法。

借鉴之二是人们认为人类之所以能识别出一个苹果，是因为已经拥有了苹果的先验知识，如苹果是圆的、表面光滑的，如果给机器建立一个这样的知识库，让机器将看到的图像与知识库中的储备知识进行匹配，就有可能使机器识别乃至理解它所看到的东西，这是所谓的"先验知识库"的方法。

这一阶段的应用场景主要是光学字符识别、工件识别、显微/航空图片的识别等。

20 世纪 90 年代，计算机视觉技术取得了更大的进步，开始广泛应用于工业领域。一方面是因为 CPU、数字信号处理等硬件技术有了飞速进步；另一方面是得益于不同算法的引入，包括统计方法和局部特征描述符等。

进入 21 世纪，得益于互联网的兴起和数码相机的出现带来的海量数据以及机器学习方法被广泛应用，计算机视觉发展迅速。以往许多基于规则的处理方式都被机器学习所替代，计算机能够自动从海量数据中总结、归纳物体的特征，并进行识别和判断。这一阶段涌现出了非常多的应用场景，包括典型的相机人脸检测、安防人脸识别、车牌识别等。

2010 年以后，借助于深度学习的力量，计算机视觉技术得到了爆发式增长和产业化发展。通过深度神经网络，各类视觉相关任务的识别精度都得到了大幅提升。计算机视觉技术的应用场景也快速扩展，拥有了更广阔的应用前景，除了在比较成熟的安防领域的应用外，也应用在金融领域的人脸识别身份验证、电商领域的商品拍照搜索、医疗领域的智能影像诊断等。

5. 计算机视觉研究的意义

视觉是人类最重要的一种感觉，在人类认识世界和改造世界的过程中，它给人类提供了认识世界总信息量的 80%以上，人类可以通过视觉认识客观环境中各种物体的形状、大小、颜色、空间位置以及它们之间的相对位置，从而使人类通过大脑的活动下达指令去完成生存所需的任务和行动，最终实现人类认识世界、改造世界的目的。因此，视觉对人类来说无疑是十分重要的。

但是，人类的视觉由于生理条件的限制，只能在一定的条件下才能发挥作用。视觉还与人类在观察过程中的主观因素和精神状态有关。所以人类的视觉系统虽然极其重要，但是存在生理条件的限制，有一定的局限性。人们渴望着利用科学技术手段研制出能克服人类视觉的局限性，拓宽人类视觉边界的系统，为人类社会服务。

在采集图像、分析图像、处理图像的过程中，计算机视觉的灵敏度、精确度、快速性都是人类视觉所无法比拟的，它克服了人类视觉的局限性。计算机视觉系统的独特性质使得其在各个域的应用中显示出了强大生命力。目前，计算机视觉系统的应用已遍及航天、工业、农业、科研、军事、气象、医学等领域。因此，研究及利用计算机视觉系统对当今世界来说十分重要，它将推动科学和社会更快地向前发展，为人类做出日益重要的贡献。

6. 计算机视觉的应用及面临的挑战

人工智能是现今的一大研究热点，而机器要想变得更加智能，必然少不了对外界环境的感知。环境中的大多数的信息包含在图像中，因此人工智能的发展少不了计算机视觉。目前，计算机视觉在智慧医疗领域、公共安全领域、无人机与自动驾驶领域、工业领域等得到了广泛应用的同时也面临着一些挑战。计算机视觉技术发展面临的挑战主要来自以下三个方面。

（1）有标注的图像和视频数据较少。机器在模拟人类智能进行认知或感知的过程中，需要大量有标注的图像或视频数据指导机器学习其中的一般模式。当前，海量的图像视频数据主要依赖人工标注，不仅费时费力，还没有统一的标准，可用的有标注的数据有限，导致机器的学习能力受限。

（2）计算机视觉技术的精度有待提高。

（3）计算机视觉技术的处理速度有待提高，图像和视频信息需要借助高维度的数据进行表示，这是让机器看懂图像或视频的基础，对机器的计算能力和算法的效率要求很高。

2.3.2 人工智能的"听"——语音处理

语音信号是人类进行交流的主要途径之一。语音处理是以心理、语言和声学等为基础，以信息论、控制论和系统论等作为指导，通过应用信号处理、统计分析和模式识别等技术手段发展成的新学科。语音处理包括语音识别、语音合成、语音增强、语音转换、情感语言等。

1. 语音识别定义

语音识别通常被称为自动语音识别（Automatic Speech Recognition，ASR），主要是将人类语音中的词汇内容转换为计算机可读的输入，一般为可以理解的文本内容或者字符序列。语音识别就好比机器的听觉系统，它使机器通过识别和理解将语音信号转换为相应的文本或命令。

语音识别是一项融合多学科知识的前沿技术，覆盖了数学与统计学、声学、语言学、模式识别理论以及神经生物学等学科。自 2009 年深度学习技术兴起之后，语言识别技术的发展已经取得了长足的进步。语音识别的精度和速度取决于实际应用环境，在安静环境、标准口音、常见词汇场景下的语音识别准确率已经超过 97%，具备了与人类相仿的语言识别能力。

2. 语音识别的发展历程

20 世纪 50 年代初，贝尔实验室就研制出了世界上第一个能够识别十个英文数字的识别系统。

20 世纪 60 年代开始，卡耐基梅隆大学的雷伊·雷蒂（Raj Reddy）等开展了连续语音识别的研究，但是进展很缓慢。1969 年，贝尔实验室的约翰·皮尔斯（John Pierce）甚至在一封公开信中将语音识别比作近几年不可能实现的事情。

20 世纪 80 年代，基于隐马尔可夫模型的统计建模方法逐渐取代了基于模板匹配的方法。基于高斯混合模型-隐马尔可夫模型的混合声学建模技术推动了语音识别技术的蓬勃发展。

2011 年深度神经网络在大词汇量连续语音识别上获得成功，取得了近 10 年来最大的突破。从此，基于深度神经网络的建模方式正式取代隐马尔可夫模型，成为主流的语音识别模型。

3. 语音识别的基本原理

对于不同的语音识别过程，人们采用的识别方法和技术都不尽相同，但其基本原理大致相同，即将经过预处理后的语音信号送入特征提取模块进行特征处理，并利用声学模型和语言模型对语音信号进行解码后输出识别结果。语音识别的基本原理如图 2-5 所示。

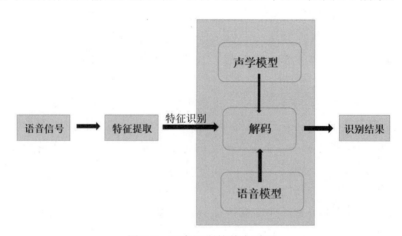

图 2-5 语音识别的基本原理

4. 语音识别的应用

语音识别技术作为近年来最热门的一种先进的技术，涉及信号处理、语言、心理和计算机等多门学科。大量的语音识别产品已经进入市场和服务领域，被广泛地应用于智能终端、移动互联网应用、金融、电信、汽车、家居、教育等行业，推动了车载语音、智能客服、智能家居、语音课件等产品的迅猛发展。近年来，国内外智能语音厂商纷纷进行市场布局，提供了语音识别、语音合成、语音集成化产品、智能语音云平台等多样化能力服务，如手机端的语音助手 Siri、微软小娜、电话机器人硅语、高德地图导航、智能音箱天猫精灵等，引发了汽车、家电、银行、家居、电信等多领域传统行业的应用创新。语音识别的使用场景如图 2-6 所示。

语音识别应用场景

这将帮助 Siri 在您说出"嘿 Siri"时识别出您的声音

手机

音响

汽车

图 2-6 语音识别的使用场景

2.3.3 人工智能的"想"——自然语言处理

语言是人类智慧的结晶，它经历了漫长而缓慢的发展过程，是人类交际、思维和传递信息的重要工具。在人类进入信息化社会的今天，计算机自动处理的语言文字信息水平已成为衡量一个国家是否步入信息社会的重要标准之一。从 20 世纪 80 年代开始至今，中文语言处理技术在字处理、词处理等领域均取得了重大进展，不仅使中文这一世界最古老的语言之一顺利地搭上了信息时代的火车，还使中文在文字识别、语音识别、机器翻译等语言处理技术方面与其他语言相比毫不逊色，在排版印刷等应用方面也达到了世界领先水平。

1. 自然语言处理的定义

自然语言是指人们日常使用的语言，它是随着人类社会不断发展演变而来的，是人类沟通、交流的重要工具，也是人类区别于其他动物的根本标志，没有语言，人类的思维无从谈起。在整个人类历史中，以语言文字形式记载和流传的知识占到知识总量的 80%以上。据统计，就计算机应用于信息处理而言，用于数学计算的信息处理仅占 10%，用于过程控制的信息处理不到 5%，其余 85%都用于语言文字的信息处理。

自然语言处理是指利用计算机对自然语言的形、音、义等信息进行处理，即对字、词、句、篇章的输入、输出、识别、分析、理解、生成等的操作和加工。它是计算机科学领域和人工智能领域的一个重要的研究方向，研究用计算机来处理、理解以及运用人类语言，可以实现人与计算机的有效交流。

实现人机间的信息交流是人工智能界、计算机科学界和语言学界共同关注的重要问题。在一般情况下，用户可能不熟悉机器语言，所以自然语言处理技术可以帮助用户根据自身需要使用自然语言和机器进行交流。从建模的角度看，为方便计算机处理，自然语言可以被定义为一组规则或符号的集合，通过组合集合中的符号就可以传递各种信息。自然语言处理是研究语

言能力和语言应用的模型，通过建立计算机的算法框架来实现某个语言模型，并完善、评测，最终用于设计各种实用的自然语言应用系统。

自然语言处理的具体表现形式包括机器翻译、文本摘要、文本分类、文本校对、信息抽取、语音合成、语音识别等。可以说，自然语言处理的目的是让计算机理解自然语言。发展至今，自然语言处理研究已经取得了长足的进步，逐渐发展成为一门独立的学科。

2. 自然语言处理的发展历程

自然语言处理的发展大致经历了四个阶段。

（1）1956 年以前的萌芽期。计算机的诞生为机器翻译和随后的自然语言处理提供了基础。由于来自社会的机器翻译的需求，这一时期进行了许多自然语言处理的基础研究。1948 年，克劳德·香农把离散马尔可夫过程的概率模型应用于描述语言的自动机，并把热力学中"熵"的概念引用到语言处理的概率算法中。1956 年，艾弗拉姆·诺姆·乔姆斯基（Avram Noam Chomsky）提出了上下文无关语法，并把它运用到自然语言处理中。他们的工作直接开创了基于规则和基于概率这两种不同的自然语语言处理技术。1952 年，贝尔实验室开始了语音识别系统的研究。1956 年，人工智能的诞生为自然语言处理翻开了新的篇章。

（2）1957—1970 年的快速发展期。由于基于规则和基于概率这两种不同方法的存在，自然语言处理的研究在这一时期分为了两大阵营。一个是基于规则方法的符号派，另一个是采用概率方法的随机派。从 20 世纪 50 年代中期开始到 20 世纪 60 年代中期，以艾弗拉姆·诺姆·乔姆斯基为代表的符号派学者开始了形式语言理论和生成句法的研究，20 世纪 60 年代末又进行了形式逻辑系统的研究，而随机派学者采用基于贝叶斯方法的统计学研究方法，在这一时期，基于规则方法的研究势头明显强于基于概率方法的研究势头。这一时期的重要研究成果包括 1959 年宾夕法尼亚大学研制成功的转换与话语分析系统，布朗美国英语语料库的建立等。1967 年，美国心理学家乌尔里希·奈瑟尔（Ulrich Neisser）提出认知心理学的概念，直接将自然语言处理与人类的认知联系起来。

（3）1971—1993 年的低谷发展期。随着研究的深入，很多基于自然语言处理的应用并不能在短时间内得到实现，而新问题又不断地涌现，社会对自然语言处理的研究丧失了信心。从 20 世纪 70 年代开始，对自然语言处理的研究进入了低谷时期。即便如此，在 20 世纪 70 年代，基于隐马尔可夫模型的统计方法在语音识别领域获得成功，到 20 世纪 80 年代初，话语分析也取得了重大进展。

（4）1994 年至今的复苏融合期。20 世纪 90 年代中期以后，计算机的运算速度和存储量大幅提升，使得语音和语言处理的商品化开发成为可能。1994 年互联网商业化和网络技术的发展使得基于自然语言的信息检索和信息抽取的需求变得更加突出，这两件事从根本上促进了自然语言处理研究的复苏与发展，自然语言处理的应用面渐渐不再局限于机器翻译、语音控制等早期研究领域。从 20 世纪 90 年代末到 21 世纪初，人们逐渐认识到仅用基于规则的方法或仅用基于统计的方法都是无法成功进行自然语言处理的。基于统计、基于实例和基于规则的语料库技术在这一时期开始蓬勃发展，各种处理技术开始融合，对自然语言处理的研究又开始兴旺起来。

3. 自然语言处理的研究方向

自然语言处理可以应用于很多领域，因此有多种研究方向，主要如下。

（1）文字识别。文字识别借助计算机系统自动识别印刷体或者手写体文字，将其转换为可供计算机处理的电子文本。普通的文字识别系统主要研究字符的图像识别；而高性能的文字识别系统往往需要同时研究语言理解技术。

（2）语音识别。语音识别又称自动语音识别，目标是将人类语音中的词汇内容转换为计算机可读的输入。语音识别技术的应用包括语音拨号、语音导航、室内设备控制、语音文档检索、简单的听写数据录入等。

（3）机器翻译。机器翻译研究借助计算机程序把文字或演讲从一种自然语言自动翻译成另一种自然语言，即把一种自然语言的输入转换为另一种自然语言的输出，使用语料库技术可实现更加复杂的自动翻译。

（4）自动文摘。自动文摘是应用计算机对指定的文章做摘要的过程，即把原文档的主要内容和含义自动归纳、提炼并形成摘要或缩写。常用的自动文摘是机械文摘，根据文章的外在特征提取能够表达其中心思想的部分原文句子，并把它们组成连贯的摘要。

（5）句法分析。句法分析又称自然语言文法分析，它是运用自然语言的句法和其他相关知识来确定输入句各成分的功能，以建立一种数据结构并用于获取输入语句意义的技术。

（6）文本分类。文本分类又称文档分类，是在给定的分类系统和分类标准下，根据文本内容利用计算机自动判别文本类别，并实现文本自动归类的过程，它包括学习和分类两个过程。

（7）信息检索。信息检索又称情报检索，是利用计算机从海量文档中查找用户需要的相关文档的查询方法和查询过程。

（8）信息获取。信息获取主要是指利用计算机从大量的结构化或半结构化的文本中自动抽取特定的一类信息并使其形成结构化数据，填入数据库供用户查询使用的过程，目标是允许计算非结构化的资料。

（9）信息过滤。信息过滤是指应用计算机自动识别和过滤满足特定条件的文档信息。其一般指根据某些特定要求，自动识别、过滤和删除互联网中某些特定信息的过程，主要用于信息安全和防护等。

（10）自然语言生成。自然语言生成是指将句法或语义信息的内部表示转换为自然语言字符组成的字符串的过程，是一种从深层结构到表层结构的转换技术，是自然语言理解的逆过程。

（11）中文自动分词。中文自动分词是指使用计算机自动对中文文本进行词语的切分，中文自动分词是中文自然语言处理中一个最基本的环节。

（12）语音合成。语音合成又称文语转换，是将书面文本自动转换成对应的语音表征的过程。

（13）问答系统。问答系统是指借助计算机系统对人提出问题的理解，通过自动推理等方法，在相关知识库中自动求解答案，并对问题做出相应的回答。回答技术与语音技术、多模态输入/输出技术、人机交互技术相结合，构成问答系统。

此外，自然语言处理的研究方向还有语言教学、词性标注、自动校对以及讲话者识别、验证等。

4. 自然语言处理的组成

从自然语言的角度出发，自然语言处理大致可以分为以下两个部分。

（1）自然语言理解。自然语言理解是指让计算机能够理解自然语言文本的意义。语言被表示成一连串的文字符号或者一串声流，其内部是一个层次化的结构。由文字表达的句子的构成层次是词素→词或词形→词组→句子，由声音表达的句子的构成层次则是音素→音节→音词→音句，其中的每个层次都受到语法规则的约束，因此语言的处理过程也应当是一个层次化的过程。

语言学是以人类语言为研究对象的学科，它的研究范围包括语言的结构、语言的运用、语言的社会功能和历史发展以及其他与语言有关的问题。自然语言理解不仅需要语言学方面的知识，还需要与所要理解的话题相关的背景知识。它是一个综合的系统工程，又包含了很多细分的学科，如代表声音的音系学、代表构词法的词态学、代表语句结构的句法学、代表理解的语义学和语用学。

（2）自然语言生成。自然语言生成与自然语言理解恰恰相反，它是按照一定的语法和语义规则生成自然语言文本，即对语义信息以人类可读的自然语言形式进行表达。该过程主要包含了三个阶段：文本规划，即完成结构化数据中的基础内容规划；语句规划，即从结构化数据中组合语句来表达信息流；实现，即产生语法通顺的语句来表达文本。

2.4 人工智能的技术领域

2.4.1 数据服务

物联网时代正在到来，万物互联正在变为现实，各类传感器和物联网（IOT）终端设备正在形成海量数据，这是大数据的基础。

大数据具有 Volume（大量）、Velocity（高速）、Variety（多样）、Value（低价值密度）、Veracity（真实性）等特性，大数据形成后需要对其进行存储和分类处理，将原本低价值的海量信息进行初步筛选和分类。这一过程需要云计算的相关技术来支持，云计算是集计算、存储、通讯于一体的工具，物联网、大数据和人工智能必须依托云计算的分布式处理、分布式数据库和云存储、虚拟化技术才能形成行业级应用，这就产生了为智能物流、智能金融、智能交通、智能家居等行业精准服务的数据服务。

1. 数据服务的概念

数据服务就是指提供数据采集、数据传输、数据存储、数据处理（包括计算、分析、可视化等）、数据交换、数据销毁等数据各种生存形态演变的一种信息技术驱动的服务，以数字化手段为客户提供便利、舒适、提升效率或环保健康等各种形式附加值的经济活动。

广义的数据服务是以数字技术为支持提供的服务，如 VR 技术、5G 技术、机器人技术等数字技术的应用产生的服务。狭义的数据服务指纯数字服务，顾客能感受到的价值创造几乎都借助于数字化方式，例如云储存、在线授课、在线娱乐等。

目前数据服务的覆盖范围十分广泛，主要包括数据采集、数据存储和数据处理等方面。其中数据采集就是利用各类传感器收集各类数据，例如温湿度传感器探测温湿度数据，摄像头类的图像采集设备采集脸部特征或者车牌信息，并进行简单整合交由数据库进行存储。

数据存储就是将信息以各种不同的形式存储起来，在存储数据的过程中，涉及的数据表数量是十分庞大的，组成也是非常复杂的。

数据处理就是通过数据清洗、数据可视化等手段和方法将数据进行处理和加工，其中数据清洗是通过训练和数据关联的方法，去掉无用的信息，提炼关联度较高的信息，对数据进行有效删选；数据可视化就是将分析得到的数据进行可视化，用于指导决策服务。

2. 数据服务的应用

不论是实体物品还是虚拟环境都在不断产生数据，用好这些数据，产生更大的价值是各行业都在追求的目标。

在医疗健康行业，各类物联网产品如智能手环会收集用户身体情况信息，包括心跳速率、血氧饱和度、睡眠状态、呼吸状态、运动步数等，形成可衡量的数据，并且对形成的数据进行分析和处理，与用户年龄段正常身体指标进行比较，判断用户身体健康情况，如图2-7所示。

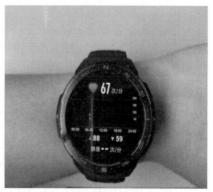

图2-7　数据服务在智慧医疗中的应用

数据服务在城市管理中的应用更加广泛，主要有交通、环境监测、城市安全等方面。通过对各区域道路行车情况的检测和分析，可以为交通部门的道路规划和通行规则优化提供依据，有效提高车辆在市区的通行效率；通过各区域无死角的摄像头安防监控，实时收集城市不同角落的动态数据，利用预定行为处理手段，对发生的不良事件进行报警和提示，可以帮助人民警察及时出警或者抓捕，极大地威慑犯罪分子的犯罪心理，减少犯罪案件的产生，保护人民安全。

数据服务的应用范围非常广泛，除了上述应用外，数据服务还在智能制造业有深入应用。利用数据服务可提升制造业水平，如通过实时监测产品次品率分析产品故障原因与预测故障发生概率，对工艺流程进行分析优化，对生产流程进行优化改进，对企业供应链进行分析与优化。在节约能源大背景下，利用数据服务对生产过程能耗优化显得非常有必要。

另外，数据服务还在智能驾驶、互联网产品精准投放、智能电网应用监测、智慧物流等多个领域有着广泛应用，极大地推动了社会生产和生活的改善，相信数据服务在未来各行业会

得到更加深入的应用。

2.4.2　数据智能

依据互联网数据中心（Internet Data Center，IDC）发布的《数据时代 2025》报告，全球数据量呈现出快速增长的态势，到 2025 年，全球数据量将达到 175ZB，接近 2020 年数据量的 3 倍，如图 2-8 所示。

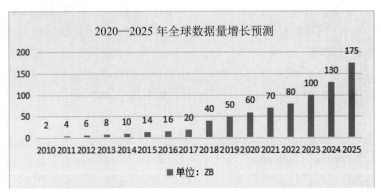

图 2-8　《数据时代 2025》报告

从上图可以看出，目前的数据量非常庞大。但是数据的分配仍存在严重的问题，其中最为重要的就是数据被高度垄断在政府、互联网巨头、电信运营商和金融机构等少部分组织手中。政府数据因为技术原因开放程度较低，但是数据开放意愿最强。互联网巨头、电信运营商和金融机构由于其自身的商业利益诉求，开放数据的意愿不强。尤其是随着大家对数据价值的认知提高，这些企业将其积累的数据看作其核心资产，进一步降低数据分享的意愿。

为了解决这一问题，亟须推动数据共享，具体方法包括建立企业之间的数据联盟，厘清利益关系，在充分尊重各自数据权益和利益诉求的前提下，协商可交易、共享的数据范围，规范交易、共享的方式和流程。同时，建立统一的数据标准，尤其是数据接口标准，构建数据共享 API，方便进行数据调用，最终实现能根据客户的需求和偏好进行个性化产品和服务匹配的能力，这就是数据智能。

1.　数据智能概念

数据智能（Data Intelligence）是指基于大数据，通过人工智能技术对海量数据进行处理、分析和挖掘，提取数据中所包含的有价值的信息和知识，将数据进行分类、聚集、规划、决策等既定动作，并通过建立模型寻求现有问题的解决方案以及实现预测等，数据智能技术体系图如图 2-9 所示。

数据智能（Data Intelligence）是数据化与智能化的融合，是数字化时代的核心，与传统的信息化有根本的不同。

信息化是一种对物理世界的信息描述，本质是一种管理手段，侧重于业务信息的搭建与管理。例如，OA 办公自动化系统、CRM 系统、MES 系统等，利用信息系统将管理信息化，可助力企业高效管理。

图 2-9　数据智能技术体系图

与信息化相比，数字化除了记录数据外，更侧重于对于数据的分析和智能应用，通过应用来赋能业务，进而发挥出数据作为生产要素的价值。

此外，数字化比信息化涵盖的范围更广。互联网的普及，加速了整个社会的数字化进程。人们在网上"冲浪"的时候，会留下大量的"痕迹"，移动互联网的出现，对人们生活的"入侵"更进了一步，人们日益依赖手机。同时，手机也成了一个数据收集器，互联网平台上往往汇总数亿人的行为数据。我们目前正从移动互联网时代快速进入万物互联时代，届时，整个物理世界的数字化会更进一步。随着智能驾驶、智能家居、工业互联网、智慧城市、可穿戴硬件、AR、VR 等一系列应用的成熟，收集的数据将越来越多，也越来越全面。

2. 数据智能的应用

依据相关专业网站调研显示，不同行业的数据智能应用成熟度存在很大差距，在不同行业中具体应用也各不相同，如图 2-10 所示。

数据智能在不同行业中的应用							
互联网服务	智能推荐	图片/视频处理	翻译	语音助手	安全防护	旅行规划	内容生产与审核
医疗	智能影像诊疗	医学数据挖掘	智能问诊	健康管理	药物挖掘	语音电子病历	
教育	自适应学习	智能评测	智能排课	语音学习	分级阅读	视频分析	
零售	顾客行为分析	商品识别	自主结算	物流管理	客群识别	数字供应商	
企业服务	智能营销	商业决策	智能客服	数据标注	智能招聘	智能管理系统	
金融	智能风控	智能投顾	智能投研	保险科技	安全防护		
工业制造	缺陷监测	生产优化	安全防护	机器人			
安防	身份认证系统	视频分析	家庭安防	智能摄像头			
汽车	ADAS系统	自动驾驶算法	车载交互				

图 2-10　数据智能在不同行业中的应用

目前数据智能在互联网的创新应用探索衍生出电商千人千面、精准定向广告、AI 视频生成等多样化的互联网创新应用，成为目前互联网创新的重要方向。

（1）电商千人千面。传统电商主要基于商品搜索技术，是人主动找商品。随着用户画像、

智能推荐等技术发展，电商平台可以依据用户过往浏览、购买记录，分析出用户的购物偏好，主动推荐用户可能感兴趣、需要的商品。"千人千面"的电商平台设计，实现了更精细化的用户分层，这将支持电商平台更精细化的广告位设计，提升了其广告位数量和广告效果。

（2）精准定向广告。精准定向广告交易模式让广告主从购买广告位转变成购买人群。当广告主锁定了自己的目标受众后，展示广告就会追随每一个目标受众出现在他们登录的页面上，因此，即便他们出现在三四级页面，依然可以看到这个广告，这样既能节省营销成本，又能起到良好的营销效果。

（3）AI视频生成。AI视频生成借助AI技术，自动合成人物形象和人物视频，自动生成图片、视频、直播内容，例如淘宝的虚拟模特，斗鱼直播、B站直播的虚拟主播等。借助AI技术，可以生成更多炫酷的视频效果，提升视频、直播的趣味性。

2.4.3　智能控制

1.　智能控制的概念

随着近年来人工智能爆发式崛起，智能控制也被频繁地提及，人工智能与智能控制到底是什么关系？其实人工智能与智能控制既相互区别又彼此联系，简单来说，智能控制是人工智能的关键技术和具体应用。

随着人工智能和计算机技术的发展，自动控制和人工智能以及系统科学中一些有关学科分支（如系统工程、系统学、运筹学、信息论）已经被结合起来，建立一种适用于复杂系统的控制理论和技术，这就是智能控制技术，它是自动控制技术的最新发展阶段，是用计算机模拟人类智能进行控制的研究领域，也是当今国内外自动化学科中的一个十分活跃和具有挑战性的领域，代表着当今科学和技术发展的最新方向之一。它不仅包含了自动控制、人工智能、系统理论和计算机科学的内容，而且还从生物学等学科汲取丰富的营养，正在成为自动化领域中最兴旺和发展最迅速的一个分支学科。

智能控制的核心是以人工智能的方法来实现的控制算法。人工智能的飞速发展使越来越多的具有智能的机器进入了人类的生活，并且在人类生活中扮演着重要的角色，如机器宠物、智能电脑游戏、深海机器人、汉字识别系统、语音识别系统。它们比血肉之躯的人类更灵活，甚至在智力的某些方面，它们已经超过了我们。未来人工智能技术将进一步推动关联技术和新兴科技、新兴产业的深度融合，推动新一轮的信息技术革命，人工智能技术将成为我国经济结构转型升级崭新的支撑点。

智能机器人（图2-11）就是人工智能技术与智能控制技术融合的经典产物之一，其中人工智能关键技术之一的机器视觉技术对机器人识别障碍物起到关键性作用，而智能控制技术能够很好地控制机器人的手脚移动，规避障碍物，所以人工智能与智能控制是有着紧密关系的，但是两者之间同样存在明显区别。

人工智能主要是用计算机去做原来只有人才能做的具有智能的工作，如符号、语言和知识表达、状态特征的识别、精确与模糊的信息处理、分析推理、判断决策等，形成问题求解、逻辑推理与定理证明、自然语言处理、智能信息检索技术和专家控制系统等多种应用技术。人工智能从诞生以来，理论和技术日益成熟，应用领域也不断扩大，可以预见未来几年将会进入

"人工智能时代"。将这一拟人思维的技术通过计算机来弥补传统控制方法的不足，促进了智能控制的迅猛发展。

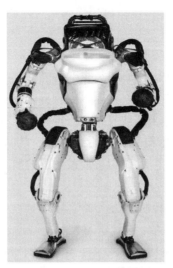

图 2-11　智能机器人

智能控制（Intelligent Controls）是在人工智能及自动控制等多学科之上发展起来的一门新兴、交叉学科，其一般按照实际结果进行控制，不依靠所控制对象的数学模型，传承了人类传统思想的非线性特性，可以在无人干预的情况下或者极少人干预下自主地驱动智能机器实现控制目标的自动控制技术。智能控制具有智能信息处理、智能信息反馈和智能控制决策的控制方式，是控制理论发展的高级阶段，主要用来解决那些用传统方法难以解决的复杂系统的控制问题。智能控制研究对象的主要特点是具有不确定性的数学模型、高度的非线性和复杂的任务要求。所以说智能控制是人工智能的重要支撑技术之一，是人工智能发展不可或缺的技术。

2. 智能控制的主要方法

智能控制技术的主要方法有模糊控制、基于知识的专家控制、神经网络控制和集成智能控制等。

（1）模糊控制。模糊控制以模糊集合、模糊语言变量、模糊推理为其理论基础，以先验知识和专家经验作为控制规则。其基本思想是用机器模拟人对系统的控制，就是在被控对象的模糊模型的基础上运用模糊控制器近似推理等手段，实现系统控制。在实现模糊控制时主要考虑模糊变量的隶属度函数的确定以及控制规则的制定，二者缺一不可。

（2）专家控制。专家控制是将专家系统的理论技术与控制理论技术相结合，仿效专家的经验，实现对系统控制的一种智能控制。专家控制的主体由知识库和推理机构组成，通过对知识的获取与组织，按某种策略适时选用恰当的规则进行推理，以实现对控制对象的控制。专家控制具有灵活性高、适应性好、鲁棒性强的特点，具体表现为可以灵活地选取控制率，可通过调整控制器的参数适应对象特性及环境的变化，通过专家规则，系统可以在非线性、大偏差的情况下可靠地工作。

（3）神经网络控制。神经网络模拟人脑神经元的活动，利用神经元之间的联结与权值的分布来表示特定的信息，通过不断修正连接的权值进行自我学习，以逼近理论为依据进行神经网络建模，并以直接自校正控制、间接自校正控制、神经网络预测控制等方式实现智能控制。

（4）学习控制。

1）遗传算法学习控制。智能控制是通过计算机实现对系统的控制，因此控制技术离不开优化技术。快速、高效、全局化的优化算法是实现智能控制的重要手段。遗传算法是模拟自然选择和遗传机制的一种搜索和优化算法，它模拟生物界生存竞争、优胜劣汰、适者生存的机制，利用复制、交叉、变异等遗传操作来完成寻优。遗传算法作为优化搜索算法，一方面希望在宽广的空间内进行搜索，从而提高求得最优解的概率;另一方面又希望向着解的方向尽快缩小搜索范围，从而提高搜索效率。如何同时提高搜索最优解的概率和效率，是遗传算法的一个主要研究方向。

2）迭代学习控制。迭代学习控制模仿人类学习的方法，即通过多次的训练，从经验中学会某种技能，来达到有效控制的目的。迭代学习控制能够通过一系列迭代过程实现对二阶非线性动力学系统的跟踪控制。整个控制结构由线性反馈控制器和前馈学习补偿控制器组成，其中线性反馈控制器保证了非线性系统的稳定运行、前馈补偿控制器保证了系统的跟踪控制精度。它在执行重复运动的非线性机器人系统的控制中是相当成功的。

3. 智能控制的应用

智能控制具有非常广泛的应用领域，如专家控制、智能机器人控制、智能过程控制、智能故障诊断及智能调度与规划等。它仅仅是一种控制方式而不是智能产品，它具有智能信息处理、智能信息反馈还有智能决策等多种控制方式。智能控制已经被广泛应用于工业、农业、服务业、军事航空等众多领域，具有广阔的发展前景。

（1）机械制造。

在现代先进制造系统中，需要依赖那些不够完备和不够精确的数据来解决难以或无法预测的情况，人工智能技术为解决这一难题提供了有效的解决方案，智能控制随之也被广泛地应用于机械制造行业。它利用模糊数学、神经网络的方法对制造过程进行动态环境建模;利用传感器融合技术来进行信息的预处理和综合;利用模糊集合和模糊关系的鲁棒性，将模糊信息集成到闭环控制的外环决策选取机构来选择控制动作;利用神经网络的学习功能和并行处理信息的能力，进行在线的模式识别，处理那些残缺不全的信息。

典型设备有机械臂，近年来我国从制造大国向智造大国不断迈进，机械臂在全国范围内产业升级过程中被广泛应用，例如汽车制造厂的焊接机械臂、钢铁厂轧钢搬运机械臂等，焊接机械臂如图 2-12 所示。

（2）智能机器人。智能机器人是一种能够代替人类在非结构化环境下从事危险、复杂劳动的自动化机器，是集机械学、力学、电子学、生物学、控制论、计算机、人工智能和系统工程等多学科知识于一身的高新技术综合体。机器人研究者所关心的主要研究方向之一是机器人运动的规划与控制。一个规定的任务出台之后，设计人员首先必须制定出满足该任务要求的运动规划;然后，规划再由控制来执行，该控制足以使机器人适当地产生所期望的运动。

图 2-12　焊接机械臂

典型设备有仓储 AGV 智能机器人，近年来京东商城、顺丰物流等大型电商物流平台不断探索仓储物流新模式，大力引进 AGV 智能机器人替代原来由肩扛背驮完成的包裹运递工作，可极大缩短包裹在仓库逗留的时间和物流的周转时间，仓储 AGV 智能机器人如图 2-13 所示。

图 2-13　仓储 AGV 智能机器人

2.4.4　智能芯片

1. 智能芯片概述

从 1947 年在美国贝尔实验室制造出了第一个晶体管开始，集成电路不断优化更新，近年来，集成电路开始进入迅速发展的阶段，那么什么是集成电路呢？

集成电路（Integrated Circuit）简称 IC，又被称为微电路（Microcircuit）、微芯片（Microchip）、芯片（Chip），是采用一定的工艺，把一个电路中所需的晶体管、电阻、电容和电感等元件及布线互连在一起，制作在一小块或几小块半导体晶片或介质基片上，然后封装在一个管壳内，成为具有所需电路功能的微型结构。

那么什么是芯片呢？芯片就是以集成电路为载体，将集成电路经过设计、制造、封装、测试后得到的产品。具体来说，芯片包括各种门电路、运放、处理器、存储器、逻辑器件等，芯片有很多种，例如很多电子产品里面的单片机模块就是芯片的一种，我们日常使用的笔记本和手机里面包含的 CPU 模块是一种超大规模集成电路，也是芯片的一种。

近年来，随着人工智能场景的不断创新和应用，作为人工智能发展的基础，人工智能芯片也得以迅猛发展，人工智能芯片是人工智能发展的基石，是数据、算法、算力在各类场景应用落地的基础依托，AI 的发展主要依赖两个领域：第一个是模仿人脑建立的数学模型与算法，第二个是半导体集成电路即芯片。优质的算法需要足够的运算能力也就是高性能芯片的支持，无芯片不 AI 的观念已经成为业界共识，那么什么是智能芯片呢？

人工智能芯片也被称为 AI 加速器或计算卡，即专门用于处理人工智能应用中的大量计算任务的模块（其他非计算任务仍由 CPU 负责）。当前，人工智能芯片根据其技术架构可分为GPU、FPGA、ASIC 及类脑芯片，同时 CPU 可执行通用人工智能计算，其中类脑芯片还处于探索阶段。人工智能芯片根据其在网络中的位置可以分为云端人工智能芯片、边缘及终端人工智能芯片；根据其在实践中的目标可分为训练（Training）芯片和推理（Inference）芯片，如图 2-14 所示。

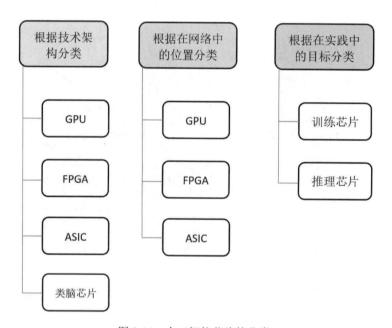

图 2-14　人工智能芯片的分类

根据人工智能芯片的应用情况，人工智能于芯片的发展分为三个阶段：第一阶段，由于芯片算力不足，神经网络算法未能落地；第二阶段，芯片算力提升，但仍无法满足神经网络算法需求；第三阶段，GPU 和新架构的 AI 芯片促进了人工智能的落地。

目前，随着第三代神经网络的出现，神经科学与机器学习之间的壁垒被弥合，AI 芯片正在向更接近人脑的方向发展。下面简单解读一下目前人工智能行业中主要使用的几种人工智能芯片。

（1）FPGA。FPGA 是一种集成大量基本门电路及存储器的芯片，可现场编程门阵列，如图 2-15 所示，可通过烧入 FPGA 配置文件来定义这些门电路及存储器间的连线，从而实现特定的功能。而且烧入的内容是可配置的，通过配置特定的文件可将 FPGA 转变为不同的处理器，就如一块可重复刷写的白板或可自由组合的乐高玩具一样。FPGA 有低延迟的特点，非常适合在推断环节支撑海量的用户实时计算请求，如语音识别。由于 FPGA 适合用于低延迟的流式计算密集型任务处理，意味着相比于 GPU，FPGA 芯片做面向与海量用户高并发的云端推断具备更低计算延迟的优势，能够提供更佳的消费者体验。在这个领域的，国际主流的厂商包括英特尔（Intel）、亚马逊（Amazon）、百度、微软（Microsoft）和阿里云。国内的相关技术整体发展较晚，目前处在追赶的地位，紫光国微、复旦微电和安路科技等处在国内领先地位。

图 2-15　FPGA 芯片

（2）ASIC。ASIC 被认为是一种为专门目的而设计的专用集成电路。是指应特定用户要求和特定电子系统的需要而设计、制造的集成电路。ASIC 的特点是面向特定用户的需求，不可配置和高度定制，芯片的功能一旦流片后则无更改余地，市场深度学习方向一旦改变，ASIC 前期投入将无法回收，这意味着 ASIC 具有较大的市场风险。但 ASIC 作为专用芯片性能高于 FPGA，如能实现高出货量，其单个成本可做到远低于 FPGA。相比于 FPGA，ASIC 具有体积更小、功耗更低、可靠性提高、性能提高、保密性增强、成本降低等优点。

谷歌推出的 TPU 就是一款针对深度学习加速的 ASIC 芯片，如图 2-16 所示，而且 TPU 被安装到 AlphaGo 系统中。但谷歌推出的第一代 TPU 仅能用于推断，不可用于训练模型，但随着 TPU2.0 的发布，新一代 TPU 除了可以支持推断以外，还能支持训练环节的深度网络加速。根据谷歌披露的测试数据，在谷歌自身的深度学习翻译模型的实践中，如果模型在 32 块 GPU 上并行训练，需要一整天的训练时间，而在 TPU2.0 上，1/8 个 TPUPod（TPU 集群，每 64 个 TPU 组成一个 Pod）就能在 6 个小时内完成同样的训练任务。

（3）GPU。GPU 即图形处理器，又称显示核心、视觉处理器、显示芯片，最初是用在个人计算机、工作站、游戏机和一些移动设备上运行绘图运算工作的微处理器。GPU 可以快速地处理图像上的每一个像素点，后来科学家发现，其海量数据并行运算的能力与深度学习需求不谋而合，因此，GPU 被引入深度学习。2011 年吴恩达教授将其应用于谷歌大脑中取得了惊人效果，结果表明，12 个英伟达（NVIDIA）的 GPU 可以提供相当于 2000 个 CPU 的深度学习性能，之后纽约大学、多伦多大学以及瑞士人工智能实验室的研究人员纷纷在 GPU 上加速其深度神经网络。

图 2-16　TPU 芯片

　　GPU 之所以会被选为超算的硬件是因为目前要求高的计算问题正好非常适合并行执行，一个主要的例子就是深度学习，这是人工智能非常重要的领域。深度学习以神经网络为基础，而神经网络是巨大的网状结构，其中的节点连接非常复杂。训练一个神经网络的过程很像我们的大脑在学习时建立和增强神经元之间的联系。从计算的角度说，这个学习过程可以是并行的，因此它可以用 GPU 硬件来加速。这种机器学习需要的例子数量很多，同样也可以用并行计算来加速。在 GPU 上进行的神经网络训练比 CPU 系统快许多倍。目前，70% 的 GPU 芯片市场都被 NVIDIA 占据，包括谷歌、微软、亚马逊等巨头也通过购买 NVIDIA 的 GPU 产品扩大自己数据中心的 AI 计算能力，GPU 芯片如图 2-17 所示。

图 2-17　入门 GPU 芯片

　　（4）类人脑芯片。类人脑芯片架构是一款模拟人脑的新型芯片编程架构。这种芯片的功能类似于大脑的神经突触，处理器类似于神经元，而其通讯系统类似于神经纤维，可以允许为类人脑芯片设计应用程序。通过这种神经元网络系统，计算机可以感知、记忆和处理大量不同的情况。

　　IBM 的 TrueNorth 芯片就是一种类人脑芯片。2014 年，IBM 推出了 TrueNorth 类人脑芯片，这款芯片集合了 54 亿个晶体管，构成了一个有 100 万个模拟神经元的网络，这些神经元由数量庞大的模拟神经突触动相连接。TrueNorth 处理能力相当于 1600 万个神经元和 40 亿个神经突触，在执行图像识别与综合感官处理等复杂认知任务时，效率要远远高于传统芯片。

我国整体芯片技术起步较晚，但是在一系列国家政策、巨大的市场需求下，发展非常迅速，2019—2025年预计年平均增长率在50%以上（图2-18），基本形成了完整的产业链，如图2-19所示。

2019—2025 年中国 AI 芯片市场规模及增长

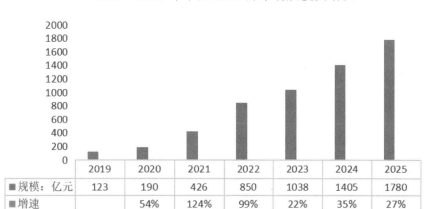

	2019	2020	2021	2022	2023	2024	2025
■规模：亿元	123	190	426	850	1038	1405	1780
■增速		54%	124%	99%	22%	35%	27%

■规模：亿元 ■增速

图 2-18　智能芯片近年及未来市场规模及增长示意图

全球AI芯片上游主要企业一览表	
类别	**企业名称**
IP授权	ARM、CEVA、Synopsys、Cadence、寒武科技
EDA	Synopsys、Cadence、Mentor、华大九天、广立微电子、芯华章、概伦电子
芯片设计	高通、三星、英特尔、华为海思、东芝、苹果、英伟达、美光、ST、英飞凌、恩智浦、博通、SK海力士、西部数据、德州仪器、华大半导体、大唐电信、中星微电子、汇顶科技
芯片制造	中芯国际、华虹半导体、台积电、三星、英特尔、三安光电、力晶科技、上海先进、上海ASMC、SK海力士、联华电子、长江存储科技、华力微电子、华润上华科技
硅晶圆厂商	日本信越、环球晶圆、德国世创、LG Siltron、台湾合晶、台湾嘉晶、上海新异、重庆超硅、天津中环、郑州合晶
硅晶圆代工	台积电、联华电子、中芯国际、华虹半导体、东部高科技
封装测试	长电科技、华天科技、通富微电、晶方科技、太极实业、环旭电子、大港股份、深科技

图 2-19　智能芯片产业链示意图

2. 智能芯片的应用

AI 智能芯片的应用也非常广泛，其应用范围包括智能手机、智能驾驶、智能安防、智能家居等，人工智能芯片的应用领域分布图如图 2-20 所示。随着人工智能芯片的持续发展，应用领域会随时间推移而不断向多维方向发展，由于篇幅限制，此处只选择目前发展比较集中的

几个行业做相关的介绍。

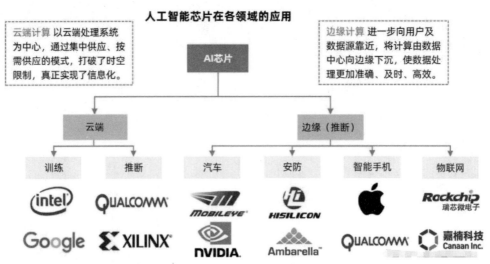

图 2-20　人工智能芯片的应用领域分布图

（1）智能手机。近十年来，信息产业革命经历了从云端计算向边缘计算发展的阶段，智能手机作为边缘（推断）技术的一个重要领域，是从属于人工智能芯片（AI 芯片）的一种终端应用。而边缘技术就是将不必要在中央数据中心发生的计算转移到边缘端完成，从而大大提升数据响应速度，降低数据传输成本。手机正常运行离不开 SoC 芯片，而 SoC 芯片只有指甲盖大小，却"五脏俱全"，其集成的各个模块共同支撑手机功能的实现，如 CPU 负责手机应用流畅切换、GPU 支持游戏画面快速加载，而 NPU（神经网络处理器）就专门负责实现 AI 运算和 AI 应用的实现。

早在 2017 年 9 月，华为在德国柏林消费电子展发布了麒麟 970 芯片。该芯片搭载了寒武纪的 NPU，成为"全球首款智能手机移动端 AI 芯片"；2017 年 10 月，搭载了 NPU 的华为 Mate10 系列智能手机具备了较强的深度学习、本地端推断能力，让各类基于深度神经网络的摄影、图像处理应用能够为用户提供更加完美的体验。搭载麒麟 990 系列的手机已经可实现一系列 AI 应用，支持手机屏幕实时跟随人脸，即无需重力感应手机界面就能跟随面部方向实时旋转，看视频不用反复开关锁定屏幕，还有魔法表情、视频背景切换等 AI 功能。

（2）高级驾驶辅助系统（Advanced Driving Assistance System，ADAS）。ADAS 是利用安装在车上的各式各样传感器（毫米波雷达、激光雷达、单/双目摄像头以及卫星导航）在汽车行驶过程中随时感应周围的环境，收集数据，进行静态、动态物体的辨识、侦测与追踪，并结合导航地图数据进行系统的运算与分析，从而预先让驾驶者察觉到可能发生的危险，有效增加汽车驾驶的舒适性和安全性。

ADAS 系统的组成主要分成三个部分：传感器、ECU（车载电脑）、执行器。

传感器主要是对行车的道路环境进行数据的采集。ECU 对传感器采集回来的数据进行分析处理，判断行车状况、道路状况。ECU 判断出来有危险的状况就向执行器输出控制信号，由执行器来完成相应的安全预防动作，整个工作环节都需要智能芯片才能完成。目前，ADAS

是最吸引大众眼球的人工智能应用之一。

2.5 人工智能行业应用场景

2.5.1 智能安防

随着中国经济的持续增长、人们生活水平的不断提高，特别是物质生活水平的提高，人们已经不再满足于传统的居住环境，越来越重视个人安全和财产安全，对人、家庭、住宅的小区、出行等方面的安全和便捷方面提出了更高的要求。智能安防是人工智能与信息技术结合的关键领域，对于城市与民生发展有重要的意义。智能安防通过生物识别、行为监测等技术手段，广泛地应用在各大场景中。

安防系统主要实现三类防范方式：人防、物防、技防。人防具有较强的主动性和威慑作用，但是费时费力；物防是种被动防范，可有效推迟危险发生的时间，但是时常存在延时的问题，导致防范效果降低；技防是对人防、物防的有效补充，既增加了防范效果，又降低了防范成本，安防系统的三类防范方式如图 2-21 所示。

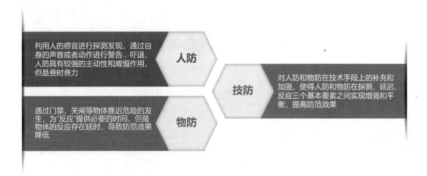

图 2-21 安防系统的三类防范方式

通过多个子系统的关联作用，可以实现对防范区域的全方位、全天候守护，目前智能安防主要应用场景有住宅智能安防、社区智能安防和城市智能安防等，接下来对住宅智能安防的相关功能进行介绍。

住宅智能安防系统通过综合运用烟感、溢水等微型传感器、智能摄像头、门/窗磁、无线网络及等多项设备和技术，可以实现对居住环境的检测和报警联动、紧急求助、预设报警以及布防撤防的功能，如图 2-22 所示。

当家里老人摔倒躺在地上无法动弹时，智能摄像头拍摄到相关画面后，会迅速作出反应，在老人子女或者家人的手机端产生报警提示，使得家人迅速知晓，避免意外产生更严重的后果。

家居监控可直观地识别到有人非法闯入，并进行自动报警，向用户推送异常信息，同时能够联动摄像头进行拍摄等，是家庭安防的第一道预警线。

消防预警主要用于家庭防火防爆，常用设备有烟雾感应器、燃气泄漏探测器、智能开关等，它们在烟雾或可燃气达到一定的浓度时就会发出报警，或者自动切断电源，以防止火灾的发生，而不是事发后才让用户知晓。

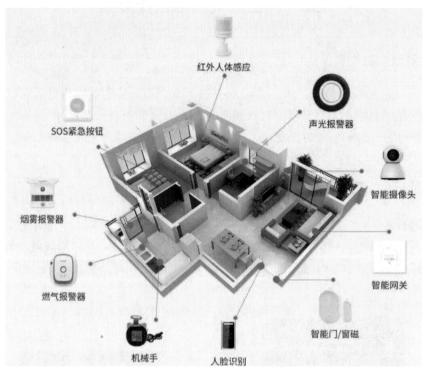

图 2-22　家庭智能安防系统

2.5.2　智能驾驶

1. 智能驾驶的产生与发展

1925 年，发明家弗朗西斯·霍迪纳（Francis Houdina）演示了一辆无线电遥控车，他开车穿过曼哈顿的街道，没有人在控制方向盘，这是智能驾驶的雏形。现在全球汽车保有量超过11 亿辆，每年因道路交通事故死亡人数约有 125 万，而其中 94%的事故是因人为误操作所致，如何减少人为误操作导致的交通事故，这就需要智能驾驶技术。

智能驾驶是指汽车通过搭载先行的传感器、控制器、执行器、通讯模块等设备实现协助驾驶员对车辆的操控，甚至完全代替驾驶员实现无人驾驶的功能。

目前，根据美国汽车工程师学会 SAE（Society of Automotive Engineers）划分的标准，智能驾驶分为 L0—L5 共 5 个等级，如图 2-23 所示。

SAE 自动驾驶分级从 L0—L4 智能化等级逐渐升高，具体介绍如下。

L0 级：车辆完全由驾驶员控制，包括制动、转向、启动加速及减速停车。

L1 级：车辆具有有限自动控制的功能，主要通过警告防止交通事故的发生。具有一定功能的智能化阶段可称为"辅助驾驶阶段"。

L2 级：车辆具有至少两种控制功能融合在一起的控制系统，为多项操作提供驾驶支持，如紧急自动刹车系统（AEB）和紧急车道辅助系统（ELA）等。

等级	叫法	转向加减速控制	对环境的观察	激烈驾驶的应对	场景
L0	人工驾驶	驾驶员	驾驶员	驾驶员	-
L1	辅助驾驶	驾驶员+系统	驾驶员	驾驶员	部分
L2	半自动驾驶	系统	驾驶员	驾驶员	部分
L3	高度自动驾驶	系统	系统	驾驶员	部分
L4	超高度自动驾驶	系统	系统	系统	部分
L5	全自动驾驶	系统	系统	系统	全部

图 2-23　SAE 自动驾驶分级

L3 级：车辆能够在某个特定的交通环境下实现自动驾驶，并可以自动检测交通环境的变化以判断是否返回驾驶员驾驶模式。

L4 级：驾驶操作和环境观察仍然由系统完成，不需要对所有的系统要求进行应答。只有在某些复杂地形或者天气恶劣的情况时，才需要驾驶员对系统请求做出决策

L5 级：无需驾驶员和方向盘，系统在任何环境下都能完全自动控制车辆。只需提供目的地或者输入导航信息，就能够实现所有路况的自动驾驶，到达目的地。全工况无人驾驶阶段可称之为"完全自动驾驶阶段"或者"无人驾驶阶段"。

目前的智能驾驶最高技术处在 L2 级，包括自动刹车功能、自适应巡航功能等，智能驾驶正在向 L3 级迈进，到最终实现完全自动化还有很长的路要走。

2. 智能驾驶主要应用场景

公共交通具有的线路固定、车速平缓、专道专用等特性，使其天然成为自动驾驶理想化的落地场景。无人驾驶公交车 Robobus 是由百度和厦门金龙联合打造的 L4 级别无人驾驶公交车，外形与传统中型公交车没有太大的差别，车上有 13 个座位，可供民众乘坐。Robobus 不仅能帮助缓解主干道的交通压力，还能灵活应对突发状况，实现行人车辆检测、减速避让、紧急停车、障碍物绕行变道、自动按站停靠等功能。

Robobus 的安全性保障技术主要包括 240m 探测距离、厘米级高精度定位、毫秒级反应速度……这些自动驾驶领域的前沿技术都为 Robobus 的安全保驾护航。通过激光雷达、毫米波雷达、摄像头等，Robobus 传感器硬件配置实现了对周边环境、交通参与者的探测，感知范围相当于一个体育场。与此同时，车辆配备组合导航定位系统，协同多种定位算法，结合百度高精地图，定位精度达到了厘米级。在反应速度方面，Robobus 采用百度自主研发的车载计算中心，收集到感知数据后，会做出最适应环境状况的行车决策，从感知到控制车辆行驶的过程能达到毫秒级，比真人司机的反应速度还快，无人驾驶公交车 Robobus 如图 2-24 所示。

图 2-24　无人驾驶公交车 Robobus

2.5.3　智能医疗

1. 智能医疗的背景

医疗是每个人的刚性需求，也是国家重要的民生领域。我国目前仍然存在医疗资源不足、医疗效率有待提升，就医行医体验有待改善的突出问题，采用数字技术的智能医疗可以有效解决上述问题，那么什么是智能医疗呢？

智能医疗是利用先进的网络、通信、计算机和数字技术，实现医疗信息的智能化采集、转换、存储、传输和后处理、各项医疗业务流程的数字化运作，从而实现患者与医务人员、医疗机构、医疗设备之间的互动，逐渐达到医疗信息化。

在 5G、人工智能等新兴技术的推动下，医疗信息化又进入了新阶段。大量的 5G 医疗场景出现，数字化、网络化、智能化的医疗设施和解决方案真真切切地来到了我们的面前，这意味着医疗信息化已然迈入"智慧医疗"时代。

2. 智能医疗的应用

智能医疗目前已经在全国各类医院广泛应用，从智能挂号咨询到电子病历、从智能叫号系统到影像智能诊断，AI 技术已经全方位应用在智能医疗行业中，AI 技术在医疗领域应用图如图 2-25 所示。

下面以医院为例介绍智能医疗的应用场景。

（1）远程监护。通过给住院病人佩戴可穿戴设备以及对病房监护设施联网，护士可以远程监控病人的生命体征以及病房的环境，有效避免因突发问题而救治不及时导致的意外情况的发生。

（2）远程医疗。当就诊医院的软硬件水平不足以完成治疗时，就可引入大量的远程治疗场景，例如远程会诊、远程检查（B 超等）、远程病理切片分析、远程示教、远程手术等。会诊是指患者或医生通过邮件、传真等方式将病人相关检查信息发送给专家，专家通过分析诊断后反馈相应治疗建议，例如深圳大学附属华南医院远程医学会诊中心通过专家集体会诊，远程诊断治疗病人。

图 2-25　AI 技术在医疗领域应用图

2.5.4　智能服务

1. 智能服务的概念

服务业是最古老的行业之一，近年来，在物联网、人工智能、大数据的新一代信息技术背景下，服务业发展正在跨越智能化时代的门槛，通过主动捕捉用户的原始信息，构建需求结构模型，进行数据挖掘和商业智能分析，主动给用户提供精准、高效、安全、绿色的服务，这就是智能服务。

先进的智能化服务应具备以下几个特征：能主动分析、预测用户需求及期望目标，把相关问题描述出来并提供给用户；强调量体裁衣式的个性化服务；集成了专家系统、机器学习、人机接口等功能，能自我学习和自我调整，知识库更新较快。

2. 智能服务的应用场景

智能服务的应用很多，比较典型的应用有智能客服服务、智能推送服务等，下面以智能客服服务为例介绍其工作场景。

在网络上购买商品进行售前咨询时，首先就会有智能客服完成相关工作，如图 2-26 所示，在咨询产品基本数据参数的情况时，基本都由智能客服根据设定好的答案逐步引导你提出问题并解答，当无法应对客户问题时才会转入人工，这极大地解放了人工客服的压力，也节约了企业人力成本。

智能在线客服通常按照下面流程来完成从客户问句输入到机器给出问句输出的。

（1）首先用户通过文本输入和语音输入的方式描述自己遇到的问题。

（2）若为语音输入，机器通过语音转写把用户语音输入的问句转换成机器能理解的文本形式；若为文本输入则进行下一步。

（3）将文本通过模型解析，匹配到知识库中相似度最高的标准问句。

（4）最后输出答案，通过文本或语音播报的形式展现给用户。

训练师会运用业务知识库相关技术，对智能客服进行场景业务训练，而业务场景一般分为两种：通用场景业务和产品场景业务，无论是通用场景还是产品场景大都是采用一问一答的

单轮对话交互形式。智能客服训练是长期的工作任务，需要根据时代和场景特点不断进行优化调整，否则极易出现答非所问或者无法应对客户问题的情况，影响客户对服务的满意程度，进而产生对商品或者服务的质量的不信任感。

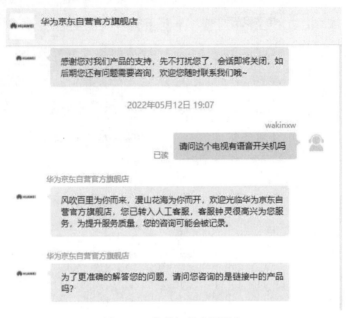

图 2-26　售前智能客服服务

2.5.5　智能家居

1. 智能家居的发展及现状

智能家居（Smart Home）概念起源较早，1984 年美国联合技术公司（United Technologies Building System）将建筑设备信息化、整合化概念应用于美国康涅狄格州哈特佛市的都市大厦（City Place Building），出现了首栋的"智能型建筑"，这揭开了建造智能家居的序幕。

随着科学技术的不断进步和社会的发展，智能家居概念也在不断更新，逐渐演变成了现在的智能家居定义：智能家居是以住宅为平台，利用综合布线技术、网络通信技术、安全防范技术、自动控制技术、音视频技术集成家居生活有关的设施，构建高效的住宅设施与家庭日程事务的管理系统，提升家居安全性、便利性、舒适性、艺术性，并实现环保节能的居住环境。

目前国内的海尔智家、小米、美的、格力、华为、安居宝等企业均在智能家居市场占有自己的席位。小米的米家以产品线齐全、产品丰富、美观以及性价比高在年轻人中占有较高的市场占有率。华为近期发布的"1+2+N 全屋智能家居系统"引起了业内外广泛的关注，这个全屋智能家居系统针对行业问题和痛点进行了针对性设计。"1"是搭载鸿蒙（HarmonyOS）的中央控制系统全屋智能主机，"2"是软、硬件两种交互方案，引领人机交互升级，"N"是N 个可扩展鸿蒙智联子系统，这 N 个子系统可在最大程度上实现全屋智能互通互联、主动智能等高阶需求。其中，首次搭载 HarmonyOS 的中控屏通过其搭载上的星环按键支持 AI 场景推荐、一键 AI 动态场景启动等智慧功能，让消费者入住有温度的家。华为"1+2+N 全屋智能家居系统"，如图 2-27 所示。

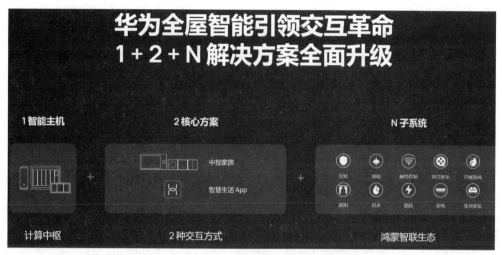

图 2-27　华为"1+2+N 全屋智能家居系统"

N 个系统场景迎来全面革新，包括安全、用水、能耗、网络、照明、遮阳、冷暖新风、影音、家电、家具家私十大子系统，能够让家中拥有更舒适的生活环境。

2. 智能家居系统组成

智能家居系统主要由智能照明系统、智能安防系统、智能新风空调系统、智能影音系统等组成，如图 2-28 所示。

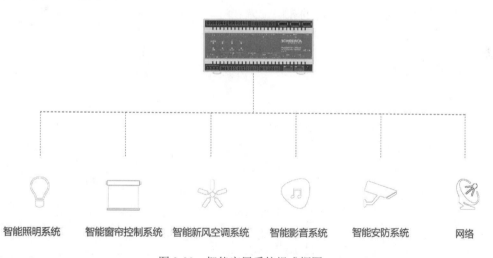

图 2-28　智能家居系统组成框图

（1）智能家居布线系统。智能家居布线系统是一个小型的综合布线系统，是一个能支持语音/数据、多媒体、家庭自动化、保安等多种应用的传输通道，是智能家居系统的基础。

（2）智能家居控制管理系统。智能家居管理控制是指以住宅为平台，构建网络通信、信息家电、设备自动化，集系统、结构、服务、管理为一体的高效、舒适、安全、便利、环保的

居住环境，将家中的各种设备连接到一起，提供家电控制、照明控制、窗帘控制等多种功能和手段，帮助家庭与外部保持信息交流畅通，优化人们的生活方式，帮助人们有效安排时间，增强家居生活的安全性。

（3）智能家居安防监控系统。家居安防系统包括门磁开关、紧急求助、烟雾检测报警、燃气泄漏报警、碎玻探测报警、红外微波探测报警等。安防系统可以及时发现陌生人入侵、煤气泄漏、火灾等情况并通知主人，视频监控系统可以依靠安装在室外的摄像机有效地阻止小偷进一步行动，并且也可以取证在事后给警方提供有利证据。

（4）智能家居照明控制系统。智能家居照明控制系统实现对全宅灯光的智能管理，可以用遥控等多种智能控制方式实现对全宅灯光的遥控开关和调光，实现全开全关及会客、影院等多种一键式灯光场景效果，从而达到智能照明的节能、环保、舒适、方便的功能。

（5）智能家居电器控制系统。智能家居电器控制系统可以用遥控、定时等多种智能控制方式实现对家里饮水机、插座、空调、地暖、投影机、新风系统等进行智能控制，通过智能检测器，可以对家里的温度、湿度、亮度进行检测，并驱动电器设备自动工作。

（6）智能家居窗帘控制系统。传统的窗帘需要每天手动早开晚关，特别是别墅或复式房的大窗帘比较长而且重，需要很大的力才能开关窗帘，很不方便。而智能电动窗帘只要轻按一下遥控器就自动开合，非常方便，还可以实现窗帘的定时开关、场景控制等更多高级的窗帘控制功能，真正让窗帘成为现代家居的一道亮丽风景线。

（7）智能家居家庭影院与多媒体系统。智能家庭影院是指在传统的家庭影院的基础上加入智能家居控制功能，把家庭影音室内所有影音设备（功放、音响、高清播放机、投影机、投影幕、高清电视）以及影院环境设备（空调、地暖、电动窗帘）巧妙且完整地整体智能控制起来，创造更舒适、更便捷、更智能的家庭影院视听与娱乐环境，以达到最佳的观影、听音乐、游戏娱乐的视听效果。

2.5.6 智慧农业

1. 智慧农业介绍

我国是个农业大国，但不是农业强国，与发达国家相比整体效率较低，这同时也带来了突出问题：一是化肥农药滥用、地下水资源超采以及过度消耗土壤肥力，土地可持续发展存在问题，食品安全问题凸显；二是粗放经营，导致农业竞争力不强，出现农业增产、进口增加与库存增量的"三量齐增"现象，而解决这些问题的最可靠方式就是大力发展智慧农业。

智慧农业是数字农业、精准农业、智能农业等技术的统称，集成应用计算机与网络技术、物联网技术、传感器技术、无线通信技术及专家智慧与知识平台，实现农业可视化远程诊断、远程控制、灾变预警等智能管理，逐步建立农业信息服务的可视化传播与应用模式，实现对农业生产环境的远程精准监测和控制，提高农业设施建设管理水平。

2. 智慧农业系统的应用

智慧农业落地形成了很多应用场景，如智慧食品溯源、智慧灌溉等，下面介绍智慧农业灌溉系统。

智慧农业灌溉系统主要由 LORA 无线网关、LORA 灌溉控制器、各种 LORA 无线传感器

（土壤温湿度电导率传感器，温度、湿度、光照、二氧化碳浓度传感器）以及手机、平板等多终端 App 软件等组成，如图 2-29 所示。

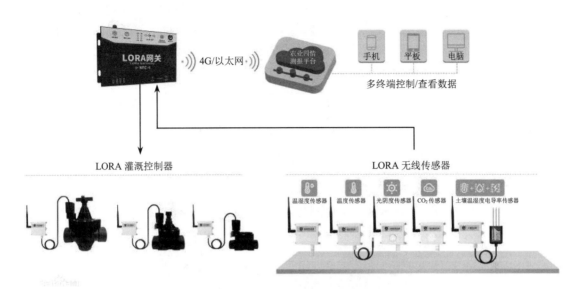

图 2-29 智慧农业灌溉系统的组成

智慧农业灌溉系统的作用主要如下。

（1）实现数据远程的透明无线传输，实现农田灌溉的远程监控，减小了劳动强度；

（2）在无人值守的情况下，自动远程指挥，可按照作物生长需求进行全生期需求设计，把水分定时、按比例直接提供给作物，利用该系统可大幅提高灌水利用效率。

（3）通过先进的物联网技术，真正做到用户随时随地通过电脑或手机进行远程监控和接收告警。智慧农业灌溉系统的应用在一定程度上改变了人为操纵操作的随意性和盲目性。

智慧农业灌溉系统不仅可以提高资源利用率，缓解水资源日趋紧张的矛盾，还可以增加农作物的产量，降低农产品的成本。基于传感器技术的智慧农业灌溉系统是中国发展高效农业和精细农业的必由之路。

2.5.7　智慧交通

1. 智慧交通介绍

我国交通建设发展迅速，截至 2021 年，全国公路总里程超过 530 万公里，全国机动车保有量达到 3.02 亿辆，以至于现在各地都会出现堵车现象，给每位市民的生活带来不便。另外交通安全形势严峻，造成的损失巨大，2021 年全国交通事故死亡人数为 61703 人，受伤人数为 250723 人，直接经济损失 13 亿多元。除此之外，机动车尾气排放已成为全国三大碳排放来源之一，少数大城市机动车排放的污染物对多项大气污染指标的"贡献率"已达到 60% 以上，正在严重地危害着人们的身体健康。

智慧交通利用更加先进的物联网、云计算、人工智能、自动控制、移动互联网等新一代电子信息技术，综合运用交通科学、系统方法、人工智能、知识挖掘等理论与工具，以全面感

知、主动服务、科学决策为目标，通过建设实时的动态信息服务体系，深度挖掘交通运输相关数据，实现行业资源配置优化能力、公共决策能力、行业管理能力、公众服务能力的提升，推动交通运输更安全、更高效、更便捷、更经济、更环保、更舒适地运行和发展，以充分保障交通安全、发挥交通基础设施效能、提升交通系统运行效率和管理水平，为通畅的公众出行和可持续的经济发展服务。智慧交通应用如图 2-30 所示。

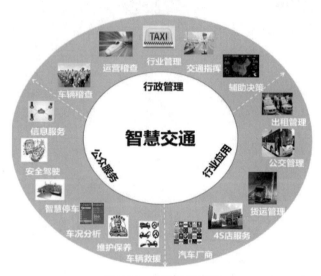

图 2-30　智慧交通应用

2. 智慧交通的应用

停车难是现代城市出行中非常突出的问题，一些停车场空位众多，另一些停车场却"车满为患"，经常出现车主去一个地方后找不到车位，需要一边开车一边观察搜索附近的停车场的情况，安全隐患大，针对上述问题，很多地方推出了智慧停车系统。

智慧停车是指将无线通信技术、移动终端技术、GPS 定位技术、GIS 技术等综合应用于城市停车位的采集、管理、查询、预订与导航服务。通过人工智能技术动态分析，实现停车位资源的实时更新、查询、预订与导航服务一体化，实现停车位资源利用率的最大化、停车场利润的最大化和车主停车服务的最优化，智慧停车场系统如图 2-31 所示。

智慧停车的"智慧"就体现在"智能找车位+自动缴停车费"，服务于车主的日常停车、错时停车、车位租赁、汽车后市场服务、反向寻车、停车位导航。

智慧停车的目的是让车主更方便地找到车位，包含线下、线上两方面的智慧。线上智慧化体现为车主用手机 App 如微信、支付宝获取指定地点的停车场、车位空余信息、收费标准、是否可预订、是否有充电、共享等服务的信息，并实现预先支付、线上结账功能。线下智慧化体现为让停车人更好地停入车位。一是快速通行，避免传统停车场靠人管，收费不透明，进出停车场耗时较大的问题；二是提供特殊停车位，例如宽大车型停车位、新手司机停车位、充电桩停车位等多样化、个性化的消费升级服务；三是同样空间内停入更多的车。智慧停车系统的使用，可以较大地提高车主停车效率，提升停车场的运营能力。

图 2-31   智慧停车场系统

2.5.8   智慧城市

1. 智慧城市产生

城市化虽然带来了人民生活水平的提高，但城市要保持可持续发展越来越受到各种因素的制约，当前需要转方式、调结构、提升解决突发性事件的能力让城市可持续发展。

我们国家现在对于智慧城市普遍认识为智慧城市是一个城市区域，它依托新一代人工智能技术、通信网络技术、云计算技术、大数据技术等，使用不同类型的电子物联网传感器来收集数据，然后利用从这些数据中获得的洞察力来有效地管理资产、资源和服务。其中数据包括从公民、设备和资产收集的数据，这些数据经过处理和分析可监控和管理交通和运输系统、发电厂、公用事业、供水网络、废物管理、犯罪侦查、信息系统、学校、图书馆、医院和其他社区服务。

2. 智慧城市中的关键技术

（1）物联网技术。物联网是将多种传感器部署于城市各个角落，能够采集大量的监测数据信息，将所有城市中的现实事物在互联网上聚合就构成了物联网。物联网组成结构如图 2-32 所示。

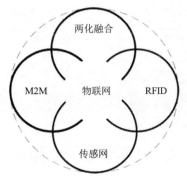

图 2-32   物联网组成结构

（2）5G 通信技术。为了实现不同政府实体之间的无缝通信，拥有一个能够以低延迟和高可靠性处理大量通信的通信网络非常重要。尽管已经可以实时共享大量数据，但通过使用 5G 通信技术，可以确保所有政府机构都能无缝协作，这得益于 5G 技术的多连接、低时延、大带宽的特点，可以很好地满足当下智慧城市的发展需求，5G 通信技术的特点如图 2-33 所示。

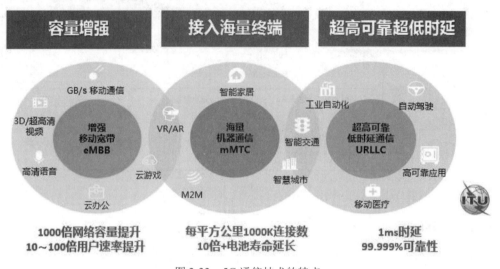

图 2-33 5G 通信技术的特点

（3）人工智能技术。人工智能基于物联网和大数据，通过自动化智能决策来支持智慧城市的大数据和物联网计划。

在智慧城市中，人工智能最明显的应用是自动化执行大量与密集型数据相关的任务，例如以聊天机器人的形式提供基本的公民服务，基于 AI 的聊天机器人可用于处理简单的请求。然而，人工智能的真正价值是可以利用深度学习和计算机视觉等先进的 AI 应用应对智慧城市运营中面临的问题。例如，交通管理人员可以使用计算机视觉来分析交通画面，识别驾驶员非法停车的情况。计算机视觉还可以用来查找和举报与犯罪行为有关的车辆，帮助执法部门追踪罪犯，计算机视觉技术在智慧城市中的应用如图 2-34 所示。

图 2-34 计算机视觉技术在智慧城市中的应用

通过上述关键技术，使得智慧城市具有三大基本特征，即更透彻的感知、更广泛的互联以及更高度的智能。

2.5.9 数字孪生

1. 数字孪生的概念

数字孪生的英文名为 Digital Twin（数字双胞胎），也被称为数字映射、数字镜像。目前，对于数字孪生的通用定义为充分利用物理模型、传感器更新、运行历史等数据，集成多学科、多物理量、多尺度、多概率的仿真过程，在虚拟空间中完成映射，从而反映相对应的实体装备的全生命周期过程。

数字孪生也被很多人比喻为"投影"，而且是一种 3D"投影"技术，它通过仿真技术采集现实世界中物理模型（可以是人、机械零件、车间、写字楼等）的各种数据，通过这些数据在屏幕上映射出一个和该物品一模一样的数字体，例如机械设备数字孪生场景图如图 2-35 所示。不但如此，还能通过此"投影"实时观察数字实体的运行情况，监控等各种运行参数，并通过大量数据积累结合人工智能对虚拟世界进行更进一步的模拟推演，推演结果最终对现实世界反馈，这就是该技术的价值所在。数字孪生技术可将实际中的人、想要建造的车间建筑或者准备构造的机械设备，甚至是整个地球都投影出来，可以虚拟化机直观查看远处真实的车间或者某个油井运行情况。

图 2-35　机械设备数字孪生场景图

数字孪生提供三个主要功能：建模、模拟和管理。以建筑数字孪生为例，信息建模可以为建筑物如何为其居住者服务以及它特有的可量化变量提供了背景，模拟允许项目负责人利用数据支持的洞察力来变更和调整计划，以了解它们将如何影响工作场所，通过数字孪生进行的管理可以指空间管理、资产管理和劳动力管理——这些都使用聚合数据进行管理。

这三个功能是数字孪生技术与物联网技术、人工智能技术、大数据技术等结合起来才能形成的，数字孪生技术进行建模时的模型只是空壳子，需要物联网的传感设备等加入其中，能够收集模型内部数据和指令，设置预知的参数，通过数字孪生技术进行仿真模拟，将模拟运行的结果经过人工智能技术分析，最后根据结果判断系统或者设备是否异常，进行远程管理。

2. 数字孪生的应用

数字孪生技术的应用非常广泛，最早是在航空行业中应用。首先在数字空间按照 1:1 比例建立真实飞机 3D 数字模型，然后通过各类传感器读取飞机主要零部件的参数，实现与飞机真实状态完全相同的效果，根据结合现有情况和过往载荷，及时分析评估飞机状态，判断飞机是否需要维修，能否承载下次的飞行任务载荷等，用客观数据运算模拟出飞机在真实环境下的工作效果。在很多电影中，很多场景都是利用了数字孪生技术，如导弹还有多久会击落飞机，轮船还有多久会撞上大桥等，实现提前预测、提前预判的效果。

另外，机场空域界面、机场人流检测、航空器飞行仿真、工业园或者城市地下管网展示、楼宇检测、数字孪生城市、数字孪生港口、数字孪生工厂都是运用数字孪生技术开发管理的，包括很多年轻人喜欢玩的"绝地求生"等 3D 游戏也是采用了数字孪生技术进行开发制作的。

接下来以数字孪生工厂为例展示数字孪生的应用。数字孪生工厂就是以数字化的方式复制工厂的物理对象，模拟工厂实际的工作状态，对产品的工艺、设计、制造甚至整个工厂进行虚拟仿真。

要建成数字孪生工厂首先要对生产线做数字孪生，要对设备进行同步，就是以真实的生产线为基础，搭建一条虚拟生产线，通过对真实生产线上每一台设备进行 3D 建模，并将建好的 3D 模型放置到虚拟场景内，实现真实生产线和虚拟生产线一一对应，然后进行数据同步。真实的生产线通过 PLC 驱动，让设备实现一些既定动作，通过采集 PLC 的数据来驱动虚拟环境下相应的设备模型，进行同样的既定动作，实现真实设备与虚拟设备的实时联动。通过这些数字化手段工厂就可以实现生产线的实时监控了，监控人员只需要坐在控制室内，看着虚拟的生产线就可以实时了解真实车间的工作状态，通过虚拟生产线的 3D 可视化效果，更能提前了解到真实生产线的实际生产状态，数字化生产线及实时监控如图 2-36 所示。

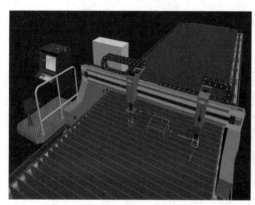

图 2-36　数字化生产线及实时监控

还可以利用数字孪生技术进行设备管理，实时查看整个车间的设备运行状况，哪些机床在超时、超负荷运行，哪些齿轮箱的高速轴承温度超标，哪个电机的振动超标，这些数据都可以进行实时查看和分析，然后准确判断设备的运行状态，并将有问题的部位通过数字孪生技术可视化地表现出来，方便管理人员排查隐患、技术人员远程指导维修，极大地保障了工作配件的使用寿命和生产运行状态，工作轴承异常状态实时监测如图 2-37 所示。

图 2-37   工作轴承异常状态实时监测

2.6   人工智能的展望

随着人工智能在医疗、教育、交通、基建等领域的落地以及在抗疫中发挥出色表现，已经证明了人工智能已经融入了社会并能发挥巨大作用。

未来的人工智能将会是怎样的呢？可能是更易用、更完善、更安全、更优化的人工智能应用，借助于云计算、大数据，实现更强的人工智能算力，解决更多的难题。

2.6.1   更易用的人工智能开发框架

人工智能第三方框架是人工智能开发的基础也是核心。随着人工智能技术的发展，更易用的人工智能开发框架不断涌现，包括 Google 的 TensorFlow、Facebook 的 Torch、IBM 的 SystemML 等。

1. TensorFlow

TensorFlow 是谷歌基于 DistBelief 研发的开源的第二代人工智能学习系统。Tensor（张量）意味着 N 维数组，Flow（流）意味着基于数据流图的计算，TensorFlow 为张量从流图的一端流动到另一端计算过程。TensorFlow 是将复杂的数据结构传输至人工智能神经网中进行分析和处理的系统。TensorFlow 对 2011 年开发的深度学习基础架构 DistBelief 进行改进，可被用于语音识别或图像识别等多项机器深度学习领域，它可在小到一部智能手机、大到数千台数据中心服务器的各种设备上运行。TensorFlow 表达了高层次的机器学习计算，大幅简化了第一代系统，并且具备更好的灵活性和可延展性。TensorFlow 支持异构设备分布式计算，它能在从手机、单个 CPU/GPU 到成百上千 GPU 卡组成的分布式系统等各个平台上自动运行模型。TensorFlow 支持 CNN、RNN 和 LSTM 等算法，是目前在图像、语音、自然语言领域最流行的深度神经网络模型。

2. Facebook Torch 与 PyTorch

Torch 是 Facebook 开源的人工智能平台。Torch 提供对多维矩阵数据进行操作的张量

（tensor）库，在机器学习和其他数学密集型应用有广泛应用，其语言采用 Lua。Torch 是一个广泛支持机器学习算法的科学计算框架，易于使用且高效，其主要得益于一个简单且快速的脚本语言 LuaJIT 和底层的 C / CUDA。Torch 的目标是通过极其简单的过程、最大的灵活性和速度建立自己的科学算法。Torch 的核心是流行的神经网络，它使用简单的优化库，同时具有最大的灵活性，实现复杂的神经网络的拓扑结构。Torch 广泛使用在许多学校的实验室以及谷歌/DeepMind、Twitter、NVIDIA、AMD、Intel 等。Facebook 开源了基于 Torch 的深度学习库包，这个版本包括 GPU 优化的大卷积网（ConvNets）模块以及稀疏网络，这些通常被用在自然语言处理中的应用中。

在 Torch 之后，Facebook 发布开源框架 PyTorch，它是 Torch 的变体，是 Torch 的 Python 版本，现在 PyTorch 已经是最受欢迎的人工智能框架之一。PyTorch 基于 Torch，是一个开源的 Python 机器学习库，用于自然语言处理等应用程序。PyTorch 底层和 Torch 框架一样，但使用 Python 重新写了很多内容，不仅更加灵活，支持动态图，而且提供了 Python 接口。它由 Torch7 团队开发，是一个以 Python 优先的深度学习框架，不仅能够实现强大的 GPU 加速，同时还支持动态神经网络。PyTorch 既可以看作加入了 GPU 支持的 NumPy，同时也可以看成一个拥有自动求导功能的强大的深度神经网络。除了 Facebook 外，它已经被 Twitter、CMU 和 Salesforce 等机构采用。

3. SystemML

SystemML 最初由 IBM 的 Almaden 实验室开发，ML 是 Machine Learning 的缩写，表示其是一套机器学习系统。它用 Java 语言编写，可支持描述性分析、分类、聚类、回归、矩阵分解及生存分析等算法，IBM 的明星 AI 系统 Waston 就整合了不少 SystemML 的功能。在部署方面，SystemML 运行环境支持 Windows、Linux 及 MacOS，可支持单机和分布式部署。单机部署显然有利于本地开发的工作，而分布式部署则可以真正发挥机器学习的威力，支持的框架包括 Hadoop 和 Spark。SystemML 提供了一种高度可扩展的平台，可以执行 R 或类似 Python 的语法编写的高级运算和算法。目前，SystemML 是 Apache 旗下的一个大数据项目，IBM 决定通过 Apache Foundation 开源 SystemML 的原因是看中了这个社区广泛的开发者团体，希望能吸引广大的开发者使用并加速其研发。其他公司开源被认为是未来核心竞争力的 AI 技术也是出于同样的目的（另外可能还希望找到自己青睐的紧缺的 AI 专家），开放才能做大做强。SystemML 已被用来跟踪汽车维修方面的客户服务，引导机场客流量，或者将社交媒体数据与银行客户联系起来。

2.6.2 更完善的人工智能数据服务

影响人工智能发展的三大要素分别是数据、算法、算力，在经历了算法研究、技术扩张和商业落地的发展之后，AI 对数据提出了更高要求。更加精细化、场景化、专业化的数据采集标注才能满足日益增长的人工智能细分场景、专业垂直的赋能需求。高精度数据将成人工智能训练阶段的追逐热点，人工智能对长尾场景的数据需求进一步扩大，场景化数据将拥有更广阔的增量空间，"底层技术+服务能力"将愈发重要直至成为核心竞争点，人工智能更需要能提供一体化数据解决方案的服务商。

1. 趋势一：高精度数据成为追逐热点

算法训练阶段需要通过更高质量的数据对已有算法的准确率、鲁棒性等能力进行优化。从产品终端体验来看，在人工智能概念高涨热度和巨大的市场前景背后，国内消费者对 AI 应用的期待值大幅提升，但 AI 应用却出现同质化严重等问题。当前，人工智能算法模型经过多年的打磨，基本达到阶段性成熟，一个成功的 AI 应用与其他应用的差异化更多地来自精准大量的训练数据。随着人们对人工智能算法识别准确的要求更上一个台阶，具有更高精准度的数据也将成为训练阶段的主流需求。"云测数据"在数据采集标注领域的重要优势之一就是能提供足够精准的训练数据，因此其最高 99.99% 的精准度可较好地应对人工智能数据精准度提升的情况。对于人工智能数据采集标注服务商来讲，将提高数据标注精准度作为业务追求，才能用存量市场和增量市场"两条腿"稳健前行。

2. 趋势二：场景化数据增长前景广阔

在算法落地阶段，经过研发与训练之后，人工智能应用从理论走向市场，对细分场景化的数据准确度提出了更高要求。从细分结构来看，随着人工智能技术的不断成熟，更多的场景和行业开始嵌入使用人工智能技术，AI 行业应用场景逐渐趋于长尾化和碎片化，产生了大量新兴垂直领域的数据需求；同时，从 AI 应用迭代、用户体验完善的角度来看，AI 应用需要更加贴合具体使用场景的数据进行迭代更新。这些数据采集需求相对复杂、聚焦，难度较大，对 AI 数据服务商的场景化采集能力提出了很高的要求。

随着人工智能对长尾场景的数据需求进一步扩大，未来场景数据将拥有更广阔的增量空间，具有相关采集工具、资源、能力的数据采集标注服务商将拥有极大的竞争优势。以"云测数据"为例，为进一步满足场景化数据的需求，其首创了"数据场景实验室"进行相应的场景化数据生产。随着"底层技术+服务能力"更受数据需求方重视，数据服务商应提前布局。纵观国内外人工智能数据服务厂商，各家企业在模式、技术、服务等方面各有差异，但综合人工智能发展需求和服务厂商的情况来看，"技术+服务"将成为重要竞争核心。

3. 趋势三：技术能力将成为核心竞争力

从技术层面来讲，随着 AI 训练数据需求多样化以及复杂程度的提升，客户类型丰富、数据需求多样、并发项目众多等因素对厂商的能力和效率提出了更高要求。如"云测数据"就拥有一套自主研发的贯通创建任务、分配任务、数据处理、质检/抽检和数据安全管理等各环节于一体，并且能对图像、文本、语音、视频以及点云数据做到一站式加工处理的管理和执行一体化平台。由于部分行业领域具有较高的数据敏感性，自主研发能力强、技术水平高、可向需求方提供私有化部署服务，或将自身平台与需求方系统兼容，来保证数据的隐私安全等能力，将成为人工智能数据服务商形成差异化竞争的关键。

4. 趋势四：对一体化数据解决方案服务商需求更加强烈

服务能力属于数据服务商的一项软实力，具体表现为能够积极配合、快速响应需求方的数据要求。通过对数据需求方的调查研究，除了精细化、质量、安全性、效率等业务层面的核心关注点之外，具备更深刻的行业领域知识、更懂场景、更懂技术、更具行业前瞻性，甚至为需求方提出采标优化建议的服务能力，将成为未来数据需求方选择合作企业的重要参考指标。

尤其在人工智能应用场景落地阶段，常规的数据采集或者数据标注已经不具备竞争优势。可以提供集调研、咨询、设计、采集、标注于一体的人工智能训练数据解决方案的服务商，在扩大人工智能数据服务的业务边界的同时，还将在开拓业务市场、行业地位的确立上具备更多的主动性。人工智能对数据提出更高需求展现了在人工智能产业化落地进程中，数据发挥的重要作用。场景化、高精度的数据和专业化、技术化的服务将成为未来人工智能全速发展的重要突破口，驱动人工智能深化发展。人工智能的发展将加速各领域智能化的到来，而庞大的数据量又为人工智能技术在各个场景落地生长提供了肥沃土壤。有了叠加向好的政策、大力的技术研发投入和积极拥抱新技术的消费者，人工智能产业未来发展强劲，数据采集标注服务将成为主要拉力，并持续处于上升期，行业前景良好。

2.6.3 更安全的人工智能数据共享

人工智能因其技术的局限性和应用的广泛性，给网络安全、数据安全、算法安全和信息安全带来风险，并对国家政治、军事和社会安全带来诸多挑战。与此同时，人工智能因其突出的数据分析、知识提取、自主学习、智能决策等能力，可在网络防护、数据管理、信息审查、智能安防、金融风控、舆情监测等网络信息安全领域和社会公共安全领域有许多创新性应用。为有效管控人工智能安全风险并积极促进人工智能技术在安全领域的应用，可从法规政策、标准规范、技术手段、安全评估、人才队伍、可控生态等方面构建人工智能安全管理体系。

作为驱动本轮人工智能浪潮全面兴起的三大基础要素之一，数据安全风险已成为影响人工智能安全发展的关键因素。与此同时，人工智能应用也给数据安全带来严峻挑战，如何应对人工智能场景下的数据安全风险日渐成为国际人工智能治理的重要议题。部分国家已率先探索人工智能数据安全风险的前瞻研究和主动预防，并积极推动人工智能在数据安全领域的应用，力求实现人工智能与数据安全的良性互动发展。

由人工智能引领的新一轮科技革命和产业变革方兴未艾，正在对经济发展、社会进步、国家治理等方面产生重大而深远的影响。世界主要国家和全球产业界高度重视并积极布局，人工智能迎来新的发展浪潮。

人工智能因其技术的局限性和应用的广泛性，给网络安全、数据安全、算法安全和信息安全带来风险，并对国家政治、军事和社会安全带来诸多挑战。与此同时，人工智能因其突出的数据分析、知识提取、自主学习、智能决策等能力，可在网络防护、数据管理、信息审查、智能安防、金融风控、舆情监测等网络信息安全领域和社会公共安全领域有许多创新性应用。为有效管控人工智能安全风险并积极促进人工智能技术在安全领域应用，可从法规政策、标准规范、技术手段、安全评估、人才队伍、可控生态等方面构建人工智能安全管理体系。

人工智能与数据相辅相成、互促发展。一方面，海量优质数据助力人工智能发展。现阶段，以深度学习为代表的人工智能算法设计与优化需要以海量优质数据为驱动。谷歌研究提出，随着训练数据数量级的增加，相同机器视觉算法模型的性能呈线性上升。牛津大学技术与管理发展研究中心将大数据质量和可用性作为评价政府人工智能准备指数的重要考察项。美国欧亚集团咨询公司将数据数量和质量视为衡量人工智能发展潜力的重要评价指标。另一方面，人工智能可显著提升数据收集管理能力和数据挖掘利用水平。人工智能在人们日常生活和企业生产经营中大规模应用，可获取、收集和分析更多用户和企业数据，促进人工智能语义分析、内容理解、模式识别等方面技术能力进一步优化，更好地实现对收集的海量数据进行快速分析和分类管理。而且，人工智能对看似毫不相关的海量数据进行深度挖掘分析，可发现经济社会运行规律、用户心理和行为特征等新知识。基于新知识，人工智能进一步提升对未来的预测和对现实问题的实时决策能力，提升数据资源利用价值，优化企业经营决策、创新经济发展方式、完善社会治理体系。

数据质量和安全直接影响人工智能系统算法模型的准确性，进而威胁人工智能应用安全。与此同时，人工智能显著提升数据收集管理能力和数据价值挖掘利用水平，人工智能、大数据与实体经济不断深度融合，成为推动数字经济和智能社会发展的关键要素，这些能力一旦被不当或恶意利用，不仅威胁个人隐私和企业资产安全，甚至影响社会稳定和国家安全。而且，人工智能的大规模应用也会间接促使数据权属问题、数据违规跨境等数据治理挑战进一步加剧。

与此同时，人工智能也为数据安全治理带来新机遇。人工智能驱动数据安全治理加速向自动化、智能化、高效化、精准化方向演进，人工智能自动学习和自主决策能力可有效缓解现有数据安全技术手段对专业人员分析判断的高度依赖，实现对动态变化数据安全风险的自动和智能监测防护。人工智能卓越的海量数据处理能力可有效弥补现有数据安全技术手段中数据处理能力不足的缺陷，实现对大规模数据资产和数据活动的高效、精准管理和保护。人工智能赋能数据安全治理，助力数据大规模安全应用，将有力推动经济社会数字化转型升级。基于以上分析，人工智能数据安全内涵如下：一是应对人工智能自身面临和应用导致及加剧的数据安全风险与治理挑战；二是促进人工智能在数据安全领域中的应用；三是构建人工智能数据安全治理体系，保障人工智能安全稳步发展。

基于对人工智能数据安全内涵分析，可提出覆盖人工智能数据安全风险、人工智能数据安全应用、人工智能数据安全治理三个维度的人工智能数据安全体系架构。其中，人工智能数据安全风险是人工智能数据安全治理的起因，包含人工智能自身面临的数据安全风险，人工智能应用导致的数据安全风险，人工智能应用加剧的数据治理挑战。人工智能数据安全应用是人工智能技术用于数据安全治理，包含人工智能技术在精准化数据安全策略制定、自动化数据资产安全管理、智能化数据活动安全保护以及高效化数据安全事件管理方面的应用。人工智能数据安全治理是应对人工智能数据安全风险和促进人工智能数据安全应用的体系化方案，包含国家战略、伦理规范、法律法规、监管政策、标准规范、技术手段、人才队伍等方面。

谷歌、微软、亚马逊、脸书等企业都发布了自己的人工智能学习框架，在全球得到广泛应用。但是，人工智能开源学习框架集成了大量的第三方软件包和依赖库资源，相关组件缺乏严格的测试管理和安全认证，存在未知安全漏洞。近年来，360、腾讯等企业安全团队曾多次发现 TensorFlow、Caffe、Torch 等深度学习框架及其依赖库的安全漏洞，攻击者可利用相关漏洞篡改或窃取人工智能系统数据。

智能应用可导致的数据安全风险具体如下。

（1）人工智能应用可导致个人数据过度采集，加剧隐私泄露风险。随着各类智能设备（如智能手坏、智能音箱）和智能系统（如生物特征识别系统、智能医疗系统）的应用普及，人工智能设备和系统对个人信息采集更加直接与全面。相较于互联网对用户上网习惯、消费记录等信息采集，人工智能应用可采集用户人脸、指纹、声纹、虹膜、心跳、基因等具有强个人属性的生物特征信息。这些信息具有唯一性和不变性，一旦被泄露或者滥用会对公民权益造成严重影响。2018 年 8 月，腾讯安全团队发现亚马逊智能音箱后门可实现远程窃听并录音。2019 年 2 月，我国人脸识别公司深网视界科技有限公司曝出数据泄露事件，超过 250 万人数据、680 万条记录被泄露，其中包括身份证信息、GPS 位置记录等。鉴于对个人隐私获取的担忧，智能安防的应用在欧美国家存在较大争议，2019 年 7 月，继旧金山之后，萨默维尔市成为美国第二个禁止人脸识别的城市。

（2）智能放大数据偏见歧视影响，威胁社会公平正义。当前，人工智能技术已应用于智慧政务、智慧金融等领域，成为社会治理的重要辅助手段。但是，人工智能训练数据在分布性上往往存在偏差，隐藏特定的社会价值倾向，甚至是社会偏见。例如，海量互联网数据更多体现我国经济发达地区、青壮年网民特征，而对边远地区以及老幼贫弱人群的特征无法有效覆盖。人工智能系统如果受到训练数据潜在的社会偏见或歧视影响，其决策结果势必威胁人类社会的公平正义。

（3）人工智能技术的数据深度挖掘分析加剧数据资源滥用，加大社会治理和国家安全挑战。通过获取用户的地理位置、消费偏好、行为模式等碎片化数据，再利用人工智能技术进行深度挖掘分析，能够预测用户的喜好和习惯，进而对用户进行分类，可实现更加精准的信息推送。基于数据分析的智能推荐可带来用户便利、企业盈利和社会福利，但是也加剧了数据滥用问题。一是在社会消费领域，可带来差异化定价。"大数据杀熟"实现对部分消费者的过高定价，甚至进行恶意欺诈或误导性宣传，导致消费者的知情权、公平交易权等权利受损。2018 年，我国的滴滴、携程等公司均爆出类似事件，其根据用户特征实现对不同客户的区别定价，社会负面影响巨大。二是在信息传播领域，可引发"信息茧房"效应。人们更多接收满足自己偏好的信息和内容，限于对世界的片面认知可导致社会不同群体的认知鸿沟拉大，个人意志的自由选择受到影响，甚至威胁到社会稳定和国家安全。2018 年曝光的"Facebook 数据泄露"事件中，剑桥分析公司利用广告定向、行为分析等智能算法，推送虚假政治广告，进而形成对选民意识形态和政治观点的干预诱导，影响美国大选、英国脱欧等政治事件走向。基于人工智能技术的数据分析与滥用，给数字社会治理和国家安全等带来严峻安全挑战。因此，发展更安全的人工智能数据共享刻不容缓。

2.6.4　更优化的人工智能算法模型

2020 年，OpenAI 发布自然语言处理预训练模型 GPT-3，其论文有 72 页，作者多达 31 人，该模型参数达 1750 亿，耗资 1200 万美元；2021 年 1 月，谷歌发布首个万亿级模型 Switch Transformer，宣布突破了 GPT-3 参数记录；2021 年 4 月，华为盘古大模型参数规模达到千亿级别，定位于中文语言预训练模型；2021 年 11 月，微软和英伟达在烧坏了 4480 块 CPU 后，完成了 5300 亿参数的自然语言生成模型（MT-NLG），一举拿下单体 Transformer 语言模型界

"最大"和"最强"两个称号；2022 年 1 月，Meta 宣布要与英伟达打造 AI 超级计算机 RSC，RSC 每秒运算可达 50 亿次，算力可以排到全球前四的水平。除此之外，阿里、浪潮、北京智源研究院等均发布了最新产品，平均参数过百亿。看起来，这些预训练模型的参数规模没有最大，只有更大，且正以远超摩尔定律的速度增长。其在对话、语义识别方面的表现一次次刷新人们的认知。

以 GPT3 模型为例，2022 年，由 OpenAI 公司开发的 GPT-3 横空出世，获得了"互联网原子弹""人工智能界的卡丽熙""算力吞噬者""下岗工人制造机""幼年期的天网"等一系列外号。它的惊艳表现包括但不限于：有开发者给 GPT-3 做了图灵测试，发现 GPT-3 对答如流，根本不像个机器；开发者在 GPT-3 上快速开发出了许多应用，例如设计软件、会计软件、翻译软件等，从诗词剧本到说明书、新闻稿，再到开发应用程序，GPT-3 似乎都能胜任。又如谷歌的 Switch Transformer，其采用了"Mixture of experts"（多专家模型），把数据并行、模型并行、expert 并行三者结合在一起，增大模型参数量，但不增大计算量。再如浪潮发布的"源 1.0"，其参数规模达 2457 亿，采用了 5000GB 中文数据集，是一个创作能力、学习能力兼优的中文 AI 大模型。据开发者介绍，中文特殊的语言特点会为开发者带来英文训练中不会遇到的困难。这意味着，想要做出和 GPT-3 同样效果的中文语言模型，无论是模型本身还是开发者，都需要付出更大的力气。

在无数科幻片中，机器人拥有了人一样的智能，甚至最终统治人类。这类机器人远远超越了普通 AI 层面，实现了 AGI（通用人工智能），即拥有人一样的智能，可以像人一样学习、思考、解决问题。

苹果联合创始人史蒂夫·盖瑞·沃兹尼亚克（Stephen Gary Wozniak）为 AGI 提出了一种特殊测试方案——"咖啡测试"。将机器带到普通的家庭中，让它在没有任何特定的程序帮助下，进入房间并煮好咖啡。它需要主动寻找所需物品，明确功能和使用方法，像人类一样操作咖啡机，冲泡好饮品。能够做到这一点的机器即通过了"AGI 测试"。

相比之下，普通 AI 机器只能完成物品识别、剂量确认等单个、简单的任务，而不具备举一反三、推理能力。

OpenAI 认为，强大计算能力是迈向 AGI 的必经之路，也是 AI 能够学习人类所能完成的任何任务的必经之路。其研究表明，2012—2018 年的 6 年间，在最大规模的人工智能模型训练中所使用的计算量呈指数级增长，其中有 3.5 个月的时间计算量翻了一倍，比摩尔定律每 18 个月翻一倍的速度快得多。在强大计算力的加持之下，OpenAI 模型也得以越来越大。据估计，GPT-4 的尺寸将超过 GPT-3 的 500 倍，将拥有 100 万亿个参数。相比之下，人类大脑有大约 1000 亿个神经元和大约 100 万亿个突触，也就是说，下一代 AI 大模型的参数数量级将堪比人类大脑突触的水平。

2010 年，DeepMind 创始人德米斯·哈萨比斯（Demis Hassabis）提出了两种接近 AGI 的方向：一是通过描述和编程体系模仿人类大脑的思考体系；二是以数字形式复制大脑物理网络结构。

下一代 AI 大模型将不仅能处理语言模型，其大概率将是一个能处理语言、视觉、声音等多任务的多模态 AI 模型。而这也意味着，AI 大模型距离能够多任务处理、会思考的通用人工智能更近了一步。

2.6.5 "端—边—云"全面发展的人工智能算力

随着万物互联时代到来，计算需求出现爆发式增长。IDC 预估，2026 年中国物联网市场规模接近 3000 亿美元。传统云计算架构无法满足这种爆发式的海量数据计算需求，将云计算的能力下沉到边缘侧、设备侧，并通过中心进行统一交付、运维、管控，将是重要发展趋势。预计超过 40%的数据将在网络边缘侧进行分析、处理与存储，这为边缘计算的发展带来了充分的场景和想象空间。边缘计算是指在靠近物或数据源头的一侧，采用网络、计算、存储、应用核心能力为一体的开放平台，就近提供最近端服务，其核心理念是将数据的存储、传输、计算和安全交给边缘节点来处理，其应用程序在边缘侧发起，可以产生更快的网络服务响应，满足各行业在实时业务、应用智能、安全与隐私保护等方面的需求。按功能角色来看，边缘计算主要分为"云、边、端"三个部分："云"是传统云计算的中心节点，是边缘计算的管控端；"边"是云计算的边缘侧，分为基础设施边缘（Infrastructure Edge）和设备边缘（Device Edge）；"端"是终端设备，如手机、智能家电、各类传感器、摄像头等。随着云计算能力从中心下沉到边缘，边缘计算将推动形成"云、边、端"一体化的协同计算体系。

边缘计算是云计算的延伸，两者各有其特点：云计算能够把握全局，处理大量数据并进行深入分析，在商业决策等非实时数据处理场景发挥着重要作用；边缘计算侧重于局部，能够更好地在小规模、实时的智能分析中发挥作用，如满足局部企业的实时需求。因此，在智能应用中，云计算更适合大规模数据的集中处理，而边缘计算可以用于小规模的智能分析和本地服务。边缘计算与云计算相辅相成、协调发展，这将在更大程度上助力行业的数字化转型。

边缘计算目前主要关注的是在制造、零售等特定行业中嵌入式物联网系统提供的离线或分布式能力，但随着边缘被赋予越来越成熟和专业的计算资源及越来越多的数据存储，未来边缘计算或许将成为主流部署。具体来看，边缘计算的优势及相应的应用场景主要有以下几点。

（1）数据处理与分析的快速、实时性。边缘计算距离数据源更近，数据存储和计算任务可以在边缘计算节点上进行，更加贴近用户，减少了中间数据传输的过程，从而提高数据传输性能，保证实时处理，减少延迟时间，为用户提供更好的智能服务。在自动驾驶、智能制造等位置感知领域，快速反馈尤为重要，边缘计算可以为用户提供实时性更高的服务。

（2）安全性。由于边缘计算只负责自己范围内的任务，数据的处理基于本地，不需要上传到云端，避免了网络传输过程带来的风险，因此数据的安全可以得到保证。一旦数据受到攻击，只会影响本地数据，而不是所有数据。学术界对边缘计算在安全监视领域中的应用持比较乐观的态度，安全监视在实时性、安全性等方面都有较高的要求，必须及时发现危险并发出警报。基于边缘计算的图像处理在实时性要求高、网络质量无法保证、涉及隐私的场景中，可以提供更好的服务，例如可监视银行金库等场景的越过警戒线、徘徊等行为。

（3）低成本、低能耗、低带宽成本。由于数据处理不需要上传到云计算中心，边缘计算不需要使用太多的网络带宽，随着网络带宽的负荷降低，智能设备的能源消耗在网络的边缘将大大减少。因此，边缘计算可以助力企业降低本地设备处理数据的成本与能耗，同时提高计算效率。随着云计算、大数据、人工智能等技术发展，网络直播与短视频发展迅猛，在金融领域的应用也越来越多。在有限的带宽资源面前，可以利用边缘计算来降低成本，例如当用户发出视频播放请求时，视频资源可以实现从本地加载的效果，在节省带宽的同时，也能够提高用户体验质量，降低延时。

（4）5G、边缘计算、分布式云协同发展。5G 的商业化推进为边缘计算发展带来了机遇。网络切片技术是 5G 的特点之一，简单来说就是将一个物理网络切割成多个虚拟的网络切片，每个虚拟网络切片具备不同的功能特点，可以面向低延时、大容量等不同的需求进行服务。为了实现网络切片，网络功能虚拟化（NFV）是先决条件，虚拟化后，终端接入的部分就是边缘云（Edge Cloud），而核心网部分则是核心云（Core Cloud）。因此，边缘计算的发展与 5G 密切相关。同时，5G 催生的海量边缘连接场景也驱动着分布式云的发展。分布式云指将集中式的公有云服务分布到不同的物理位置，能够为有低延迟、降低数据成本需求和数据驻留要求的企业级解决方案提供更加灵活的环境，根据部署位置的不同、基础设施规模的大小、服务能力的强弱等要素，分布式云一般包含中心云、区域云和边缘云三个业务形态。Gartner 公司认为，所有分布式云的实例都是边缘计算的实例，但并非所有边缘计算实例都是分布式云，因为边缘的很多应用都涉及公有云提供商。

金融领域有很多对实时性、安全性较高的场景，5G、边缘计算、分布式云的协同发展能够带来更多的可能性。例如针对金融业务特点，智能客服、实时决策等人工智能场景可以在"人工智能+边缘计算"的基础上，构建"云、边、端"三体协同和分布式架构；对于数据智能的实现，可以在云端配置超级大脑，在边缘和终端部署多个智能体，通过边缘计算降低数据生产与决策之间的延迟。

算力与应用协同发展的浪潮正在推动 AI 场景向多元化发展。从人工智能行业应用渗透度排名来看，2021 年人工智能行业应用渗透度排名前 5 的行业依次为互联网、金融、政府、电信和制造业。作为 AI 领域的头部玩家，英特尔人工智能架构师赵玉萍在 AI 芯片创新技术论坛中向业界人士分享英特尔人工智能战略及芯片架构。2021 英特尔架构日的数据中心产品包括面向数据中心的代号为 Sapphire Rapids 的下一代英特尔®至强® 可扩展处理器以及基于 Xe HPC 架构，能为高性能计算和 AI 应用提供更强加速能力的 Ponte Vecchio GPU。

英特尔展出了相关明星 AI 解决方案产品：通过 Live Demo 在线演示图像分类模型（ResNet50）和目标检测模型（YOLOv3）在英特尔® 至强® 金牌处理器上的低精度模型（INT8）推理性能，并展示 Alpha Tool 等英特尔精选 AI 解决方案，同时在多元算力展区展示了 SG1、英特尔® Agilex™、Habana HL-100 以及 Habana HL-205，吸引了众多嘉宾驻足进行交互体验。

云创公司研发的"智能云视频监控系统"能够将原本各不兼容的公安监控平台、交警监控平台、城管监控平台等诸多平台整合，构建起城市级别视频监控，实时汇聚城市级海量视频数据，最终实现视频综合管理与内容共享，并广泛应用于智慧城市、公共安全等多个领域。基于城市级监控平台的实时处理能力，云创数据进一步拓展了包括"高精准车牌识别""模糊人脸识别""步态识别""斗殴识别"等系列安防行业深度解决方案。在模糊监控视频场景下，云创识别算法的检出率具有较高优势，与此同时，云创数据研发的超大规模人脸比对一体机，单台可实现 1 秒处理 7 亿次人脸比对。以往追踪犯罪嫌疑人都是靠人去看视频，再判断他可能的

去向，进而查找相关视频，有了"智能云视频监控系统"后，嫌疑人被摄像头拍摄的画面都会自动显示。

云创团队通过多光谱三维扫描加上模拟还原，通过计算机视觉智能缺陷检测分析，最终实现完全机器自动化检测，检测精度达到 $100\mu m$，检测速度更是缩短到 $1\sim5s$，准确率达 99.3%。应用上述技术后，汽车制造厂检测线的长度可以从 100 多米缩短到只用几米。

我国人工智能从基础支撑、技术驱动再到场景应用都会逐渐成熟，其中发展趋势可以概括为五大方面：第一，深度学习技术正从语音、文字、视觉等单模态学习向多模态智能学习发展；第二，人机交互更加注重情感体验；第三，未来 AI 将呈现多平台、多系统协同态势，以实现更为广泛的赋能；第四，聚焦于"端侧 AI"；第五，技术将会有更广泛的融合、碰撞，带来无限想象空间。

2.6.6 更广泛的人工智能服务

人工智能及相关技术的发展将能为人们提供更广泛的智能服务，可望通过 AIaaS（人工智能即服务）确保人人享有人工智能服务。人工智能的应用已涉及工业、农业、交通、医疗、金融、电商、旅行、交通、商业等各行各业，机器人、图像识别、自然语言处理、实时分析工具和物联网内的各种连接系统都将采用人工智能，以提供更先进的功能和能力。

近几年机器学习等算法的发展解决了工智能应用的关键问题，即让机器可以获得"知识"，让人工智能以更聪明的方式进行学习，从历史的大量数据中发现潜在的规律和模式，从而解决以后出现的问题。人工智能的应用范围正在扩大并以快速进入所有行业。例如，在智能信息流方面有在线搜索、新闻传播、社交媒体、实时翻译；在娱乐方面有二次元偶像、电影或音乐推荐、AI 虚拟世界、电子竞技；在智能教育方面有学习助手、教育辅助、教学指导、训练模拟等；在智能医疗方面有健康助手、手术机器人、疾病诊疗与预测、智能假肢等。

本章小结

随着科技的不断进步，人工智能已经在安防、驾驶、医疗、服务、家居、农业、交通等多个领域得到了应用。本章介绍了人工智能分类、人工智能的三个阶段、人工智能的技术领域、人工智能的应用及应用场景等内容，并对未来人工智能的发展进行了展望。

练习 2

一、选择题

1. 不是大数据具有的特点的是（　　）。
   A．Volume（大量）　　　　　　　B．Velocity（高速）
   C．Value（低价值密度）　　　　　D．Virtual（虚拟）

2．智能控制的主要方法不包括（　　）。

    A．模糊控制　　　　B．专家控制　　　　C．学习控制　　　　D．清醒控制

3．大数据在行业中应用存在的共性问题主要有（　　）。

    A．数据繁多且分散

    B．数据维护效率低，数据变现能力差

    C．无法有效衡量数据应用的价值

    D．数据较少且集中

二、填空题

1．数据的价值主要是_____，通过数据可视化平台、自助 BI 分析工具提升决策分析效率。

2．大数据主要由物联网电子设备不断采集_____、人与物、_____各自的数据和相互之间的数据。

3．ADAS 系统的组成主要有三个部分：传感器、_____、执行器。

三、简答题

1．查阅资料，以智能视频监控为例，阐述数据服务在该行业的应用流程。

2．简述人工智能与智能控制的关系和区别。

3．查阅资料，简述 GPU 与 CPU 的区别。

第3章　人工智能中的应用和方法

 **本章导读**

　　人工智能从诞生以来，其理论和技术日益成熟，应用领域也不断扩大。如计算机科学、金融贸易、医药、诊断、重工业、运输、远程通讯、在线和电话服务、法律、科学发现、玩具和游戏、音乐等诸多方面。

　　本章将通过搜索、博弈、逻辑、专家系统、神经网络、进化计算和自然语言处理等技术对人工智能的应用进行介绍。

 **本章要点**

- 了解人工智能的应用场景
- 理解智能系统有关算法分类
- 理解智能系统中搜索使用方法
- 掌握人工智能的基本逻辑
- 掌握产生式系统和专家系统基本结构
- 了解析神经网络基本概念及原理
- 熟悉自然语言处理的常用技术和方法

3.1　搜索算法

3.1.1　智能系统中的搜索

　　现实世界中许多问题并非是结构化的，通常不能够直接使用求解的方式解决问题，需要利用既有的知识去摸索寻找答案。例如，我们到水果市场挑选一个最大的西瓜，这个问题就很难进行数学建模去求解最大值，通常使用搜索策略求解。搜索是智能系统中常见的问题求解方法之一，已在人工智能各个领域中得到了普遍应用。

　　在求解实际问题过程中，常遇到以下两个问题。

　　（1）如何寻找可利用的知识，即如何确定推理路线，才能在尽量少付出代价的前提下圆满解决问题。

（2）如果存在多条路线可求解问题，如何从中选出一条求解代价最小的路线，以提高求解程序的运行效率。

为解决上述问题，常采用搜索算法。搜索就是根据问题的实际情况不断寻找可利用的知识，构造出一条代价较小的推理路线，使问题得到圆满的解决的过程。其包括两个方面：找到从初始事实到问题最终答案的一条推理路径；找到在时间和空间上复杂度最小的路径。

搜索是人工智能中的一个核心技术，是推理不可分割的一部分，它直接关系到智能系统的性能和运行效率，也决定了问题或状态的访问顺序。搜索一般包括两个基本问题，即"搜索什么"和"在哪里搜索"。"搜索什么"指的是目标，而"在哪里搜索"指的是搜索空间。因此，在人工智能系统中，问题的求解是为搜索一条从初始节点到目标节点的路径。由于搜索具有探索性，所以要提高搜索效率（尽快地找到目标节点）或要找最佳路径（最佳解），因此必须注意搜索策略。

状态空间表示法是用图的结构对问题的所有可能状态进行结构性描述的搜索策略。它是人工智能中最基本的形式化方法，其相关概念如下。

状态：描述某一类事物中各不同事物之间的差异而引入的一组变量或多维数组，公式如下。

$$S_k=(S_{k0},S_{k1},\ldots,S_{kn})$$

算符：引起状态中某些分量发生变化，从而使问题从一个状态改变到另一个状态的操作，以 F 表示。

状态空间：以 SP 表示，表示问题的全部可能的状态及其相互关系、状态和算符的集合。一般用三元式表示，公式如下。

$$SP = (S_0, F, S_g)$$

其中，S 为在问题求解（即搜索）过程中所有可达的合法状态构成的集合；F 为操作算子的集合，操作算子的执行导致状态的变迁。

【例 3-1】传教士（Missionaries）和野人（Cannibals）问题（简称 M-C 问题）。设在河的一岸有三个野人、三个传教士和一条船，传教士想用这条船把所有的人运到河对岸，但受以下条件的约束：

（1）传教士和野人都会划船，但每次船上至多可载两个人；

（2）在河的任一岸，如果野人数目超过传教士数，传教士会被野人吃掉。

如果野人会服从任何一次过河安排，请规划一个确保传教士和野人都能过河，且没有传教士被野人吃掉的安全过河计划。

解题思路如下。首先选取描述问题状态的方法。在这个问题中，需要考虑两岸的传教士人数和野人数，还需要考虑船在左岸还是在右岸。从而可用一个三元组来表示状态：

$$S=(m, c, b)$$

其中，m 表示左岸的传教士人数，c 表示左岸的野人数，b 表示左岸的船数。

右岸的状态可由下式确定：

$$m'=3-m$$

$$c'=3-c$$
$$b'=1-b$$

其中，m'表示右岸传教士数；c'表示右岸野人数；b'表示右岸船数。

在这种表示方式下，m 和 c 都可取 0、1、2、3，b 可取 0 和 1。因此，共有 4×4×2=32 种状态。这 32 种状态并非全有意义，由于要遵守安全约束，只有 20 个状态是合法的。下面是几个不合法状态的例子：

$$(1,0,1),\ (1,2,1),\ (2,3,1)$$

鉴于存在不合法状态，会导致某些合法状态不可达，例如状态(0,0,1)和(0,3,0)。因此，除去不合法状态和传教士被野人吃掉的状态，有意义的状态只有 16 种：

$S_0=(3, 3, 1),\quad S_1=(3, 2, 1),\quad S_2=(3, 1, 1),\quad S_3=(2, 2, 1)$

$S_4=(1, 1, 1),\quad S_5=(0, 3, 1),\quad S_6=(0, 2, 1),\quad S_7=(0, 1, 1)$

$S_8=(3, 2, 0),\quad S_9=(3, 1, 0),\quad S_{10}=(3, 0, 0),\quad S_{11}=(2, 2, 0)$

$S_{12}=(1, 1, 0),\quad S_{13}=(0, 2, 0),\quad S_{14}=(0, 1, 0),\quad S_{15}=(0, 0, 0)$

有了这些状态，还需要考虑可进行的操作。操作是指用船把传教士或野人从河的左岸运到右岸，或从河的右岸运到左岸。

每个操作都应当满足如下条件：一是船上至少有 1 个人（m 或 c）操作，离开岸边的 m 和 c 的减少数目应该等于到达岸边的 m 和 c 的增加数目；二是每次操作船上人数不得超过 2 个；三是操作应保证不产生非法状态。

因此，操作应由条件部分和动作部分组成。条件为只有当其条件具备时才能使用，动作为刻画了应用此操作所产生的结果。

操作的表示：用符号 P_{ij} 表示从左岸到右岸的运人操作；用符号 Q_{ij} 表示从右岸到左岸的操作。其中，i 表示船上的传教士人数；j 表示船上的野人数。

本问题有 10 种操作可供选择，$F=\{P_{01}, P_{10}, P_{11}, P_{02}, P_{20}, Q_{01}, Q_{10}, Q_{11}, Q_{02}, Q_{20}\}$。下面以 P_{01} 和 Q_{01} 为例来说明这些操作的条件和动作，见表 3-1。

表 3-1

操作符号	条件	动作
P_{01}	$b=1$，$m=0$ 或 3，$c\geq1$	$b=0$，$c=c-1$
Q_{01}	$b=0$，$m=0$ 或 3，$c\leq2$	$b=1$，$c=c+1$

所以，状态空间又可描述为一个有向图，其的节点代表一种格局（或称为状态），而两节点之间的连线表示两节点之间的联系，它可视为某种操作、规则、变换等。节点指示状态，节点间的有向弧表示状态变迁，弧上的标签则表示导致状态变迁的操作算子。状态可通过定义某种数据结构来描述，用于记载问题求解（即搜索）过程中某一时刻问题现状的快照。图 3-1 为渡河问题状态空间有向图，虚线部分表示船在河的左岸，实线部分表示船在河的右岸，由于划船操作是可逆的，所以节点河的连线有双向箭头，标签表示船上传教士和野人的人数。

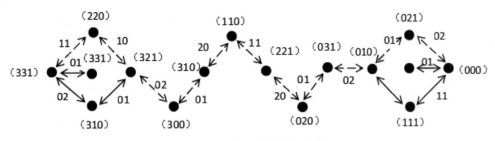

图 3-1 渡河问题状态空间状态图

3.1.2 搜索算法介绍

搜索算法是利用计算机的高性能来有目的地穷举一个问题解空间的部分或所有的可能情况，从而求出问题的解的一种方法。即先把问题的初始状态作为当前状态，选择适用的算符对其进行操作，生成一组子状态，检查目标状态是否在其中出现。若出现，则搜索成功，找到了问题的解；若不出现，则按某种搜索策略从已生成的状态中再选一个状态作为当前状态。重复上述过程，直到目标状态出现或者不再有可供操作的状态及算符时为止。在此过程中要用到 OPEN 表和 CLOSED 表。OPEN 表用于存放刚生成的节点，这些节点将作为以后待考察的对象。OPEN 表是一个"有进有出"的动态数据结构，节点进入 OPEN 表的排列顺序也是其出表的顺序，而节点进入 OPEN 表的排列顺序由搜索策略决定。CLOSED 表用于存放将要扩展或者已经扩展的节点，这些节点记录着求解中的信息。CLOSED 表是一个"有进无出"的动态数据结构，当前节点进入 CLOSED 表的最后。OPEN 表和 CLOSED 表的结构如图 3-2 所示。

节点	父节点

（a）OPEN 表

编号	节点	父节点

（b）CLOSED 表

图 3-2 OPEN 表、CLOSED 表的结构

在人工智能领域已经提出了许多搜索算法，根据搜索是否有向，大体可分为盲目搜索和知情搜索两大类。

3.1.3 盲目检索

盲目搜索是指搜索过程中没有利用任何与问题有关的知识或信息，亦称为无向导搜索。根据搜索顺序的不同，可以划分为广度优先搜索和深度优先搜索两种搜索策略。

1. 广度优先搜索

广度优先搜索是另一种控制结点扩展的策略，这种策略优先扩展深度小的结点，把问题

的状态向横向发展。广度优先搜索法也称为 BFS 法（Breadth First Search），进行广度优先搜索时需要利用队列这一数据结构。如果问题的解是由若干选择构成的一个选择序列，且要求用最少的步骤解决最优化的问题，这个时候一般考虑是否使用广度优先搜索。广度优先搜索框架图如图 3-3 所示。

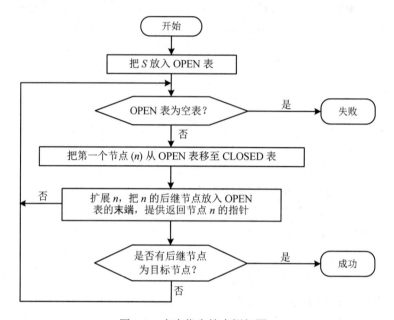

图 3-3　广度优先搜索框架图

步骤 1：把初始节点 S_0 放入 OPEN 表中；

步骤 2：若 OPEN 表为空，则问题无解，搜索失败并退出，否则继续；

步骤 3：取出 OPEN 表中第一个节点 n 放入 CLOSED 表中，并按顺序进行编号；

步骤 4：考察节点 n 是否为目标节点，即 $S_g=n$，若是目标节点则求得了问题的解，搜索成功并结束检索，否则继续；

步骤 5：若节点 n 不可扩展，则转步骤 2；

步骤 6：节点 n 可扩展，则扩展节点 n，将生成的一组子节点配上指向 n 的指针后，放入 OPEN 表尾部，然后转步骤 2。

2. 深度优先搜索

深度优先搜索是一种一直向下的搜索策略。它是从初始节点 S_0 开始，按生成规则生成下一级各子节点，检查是否出现目标节点 S_g；若未出现，则按"最晚生成的子节点优先扩展"的原则，再生成再下一级的子节点，再检查是否出现 S_g；若仍未出现，则再沿着最晚生成的子节点分枝生成子节点，如此下去，即逐级"纵向"深入搜索。深度优先搜索框架图如图 3-4 所示。

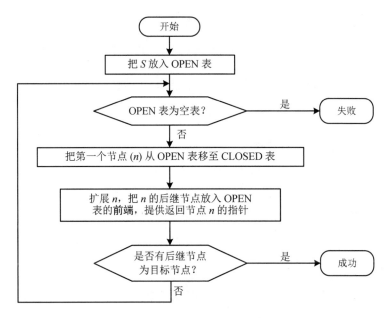

图 3-4　深度优先搜索框架图

步骤 1：把初始节点 S_0 放入 OPEN 表中。

步骤 2：若 OPEN 表为空，则问题无解，搜索失败并退出，否则继续。

步骤 3：移出 OPEN 中第一个节点 n 放入 CLOSED 表中，并按顺序进行编号。

步骤 4：考察节点 n 是否为目标节点，即 $S_g=n$，若是目标节点则求得了问题的解，搜索成功并结束，否则继续。

步骤 5：若 n 不可扩展，则转步骤 2。

步骤 6：扩展节点 n，将生成的一组子节点配上指向 n 的指针后，放入 OPEN 表首部，转步骤 2。

【例 3-2】八数码难题（8-puzzle Problem）。在一个 3×3 的九宫中有 1～8 的 8 个数及 1 个空格，均随机摆放在其中的格子里，如图 3-5 所示。现在要求实现这样的问题：将该九宫调整为如下图右图所示的形式。调整规则：每次只能将与空格（上、下、左、右）相邻的一个数字平移到空格中。试用深度优先搜索（图 3-6）和广度优先搜索（图 3-7）实现。

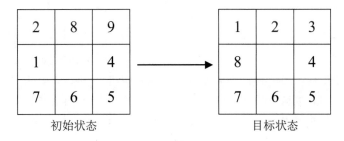

图 3-5　3×3 的九宫格

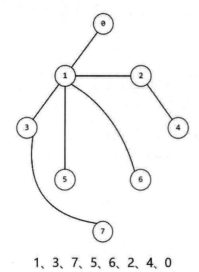

1、3、7、5、6、2、4、0

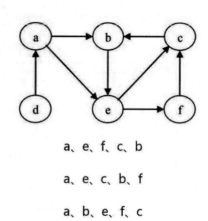

a、e、f、c、b

a、e、c、b、f

a、b、e、f、c

a、b、e、c、f

图 3-6　深度优先搜索

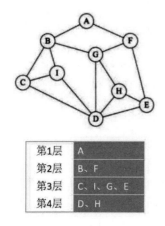

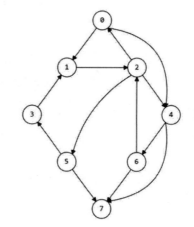

图 3-7　广度优优先搜索

3.1.4　知情搜索

知情搜索也称为启发式搜索。知情搜索是有向导搜索，即利用启发信息（函数）引导寻找问题解，其搜索算法在状态图一般搜索算法基础上再增加启发函数值的计算与传播过程，并且由启发函数值来确定节点的扩展顺序，目标就是通过优先考察最有希望出现在较短解路径上的节点来提高搜索的有效性。启发式搜索可分为局部择优搜索和全局择优搜索两种策略。

（1）局部择优搜索。局部择优搜索是深度优先搜索的一种改进，它在控制策略中引入了启发性信息，如关于问题的解的特性、出现规律等，使搜索过程的估价函数反映启发信息，通过择优比较，选取最有希望逼近目标节点的方向，逐级沿纵向深度进行搜索，以便加快搜索过程，提高搜索效率。局部择优搜索的优点为方法简便、搜索过程快、占用计算机内存少（只需搜索部分状态空间，不需存储全部状态空间）；缺点为只适用于单峰极值、单因素问题，对于多峰极值、多因素问题可能搜索失败，找不到所求的目标节点。因此，局部择优法是不完备的推理。

（2）全局择优搜索。全局择优搜索弥补了局部择优搜索法的局限性，在 OPEN 表中保留所有已生成而未考察的节点，并用启发函数 $h(x)$ 对它们进行估价，从中选出最优节点进行扩展，而不管这个节点出现在搜索树的什么地方。

3.1.5 博弈中的搜索

在博弈算法中，通常采用极大极小搜索方法搜索计算机的下一步走步方法，每一次走步的时候以计算机当前所面对的棋局状态作为根顶点，生成一棵有限深度的博弈子树，然后从该博弈子树的叶结点向上回溯，确定在根顶点处的当前最好的策略，找到一条当前最好行动的边。在生成博弈子树的过程中，计算机己方对应的走步状态的节点称为 MAX 节点，对手方对应的走步状态的节点称为 MIN 节点。

以一字棋游戏为例，棋局状态的估价函数：当前棋盘下，己方可以"三子一线"的个数减去对手方可以"三子一线"的个数。假设当前状态下己方"三子一线"的个数为 $E(MAX)$，对手方"三子一线"的个数为 $E(MIN)$，则当前棋局的估价函数为

$$e = E(MAX) - E(MIN)$$

MAX 节点具有主动权，可以从中选择对自己最好的走步，即估值最大的走步。因此 MAX 节点的子节点之间是"或"的关系，MAX 节点的倒推值应该取其子节点估值的极大值；MIN 节点的主动权也掌握在自己手中，为了取胜，MAX 需要做最坏的打算，应该考虑到 MIN 会选择对自己最好的，从而对 MAX 最差的走步，即估值最小的走步，因此 MIN 节点的子节点之间是"与"的关系，MIN 顶点的倒推值应该取子节点的最小值。

图 3-8 是一个棋局状态，通过统计其中的不同棋子可以实现的"三子一线"的个数来计算当前棋局的估值。从图 3-8 中可以看出，叉棋子当前可以"三子一线"的个数为 3，分别为横行第 3 行、竖列第 1 列、次对角线。圆圈棋子当前可以"三子一线"的个数为 2，分别为横行第 1 行、竖列第 3 列。然后可以得知，对于计算机（计算机持有叉棋子），当前棋局的估值为3-2=1。

图 3-8　一个棋局状态

一个一字棋的走步搜索过程如图 3-9 所示。

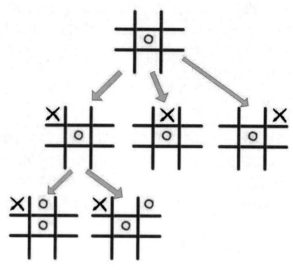

图 3-9　一字棋走步搜索过程

3.2　博弈

博弈论思想最早源于中国古代，早在 2000 多年前的春秋时期的《孙子兵法》中的军事理论与治国策略就蕴含了丰富深刻的对策思想。广义博弈涉及人类各方面的对策问题，如军事冲突、政治斗争、经济竞争等。在人工智能中，通过计算机下棋等研究博弈的规律、策略和方法，具有非常重要的实用意义。最简单的基本博弈为"二人零和、非偶然、全信息"博弈。

二人零和是指在博弈中只有"敌、我"二方，且双方的利益完全对立，其赢得函数之和为零，公式表示如下：

$$\psi 1 + \psi 2 = 0$$

其中，$\psi 1$ 表示我方赢得（利益）；$\psi 2$ 表示敌方赢得（利益）。

即博弈的双方有三种结局：

（1）我方胜：$\psi 1 > 0$，敌方负：$\psi 2 = -\psi 1 < 0$。

（2）我方负：$\psi 1 = -\psi 2 < 0$，敌方胜：$\psi 2 > 0$。

（3）平局：$\psi 1 = 0$，$\psi 2 = 0$。

通常，在博弈过程中，任何一方都希望自己胜利。双方都采用保险的博弈策略，在最不利的情况下，争取最有利的结果。因此，在某一方当前有多个行动方案可供选择时，总是挑选对自己最为有利而对对方最为不利的那个行动方案。

非偶然指博弈双方都可根据得失大小进行分析，选取我方赢得最大，敌方赢得最小的对策，而不是偶然的随机对策。

全信息是指博弈双方都了解当前的格局及过去的历史。

3.2.1　二人博弈

根据参与者人数不同，博弈问题有二人博弈和多人博弈。二人博弈是最常见、研究最多、最基本和有用的博弈类型。如囚徒困境、猜硬币、田忌赛马等都是两人博弈。多人博弈与二人博弈的本质区别并非是博弈方人数的多少，而是多人博弈可能存在破坏者，其策略选择对自身的利益并没有影响，却会对其他博弈方的利益有较大的、决定性的影响。

【例 3-3】 智猪博弈。假设猪圈有一头大猪，一头小猪。猪圈的一头有猪食槽，另一头安装着一个控制猪食的按钮，按一下按钮，10 个单位的猪食进槽，但先按按钮需要付出 2 个单位的成本。若大猪先到，大猪可吃到 9 个单位的食物，小猪只能吃到一个单位的食物；若小猪先到，小猪可吃到 4 个单位的食物，大猪也吃到 6 个单位的食物；若两猪同时到，大猪吃到 7 个单位的食物，小猪吃到 3 个单位的食物，在这种情况下，你认为对小猪来说下列选择中的最佳选择是什么？

（1）主动去按按钮；

（2）等大猪去按，如果大猪不去再去按；

（3）去按按钮，然后快速跑向猪食；

（4）耐心等待，决不去按按钮。

智猪博弈对诸多经济现象能够有很好的解释。例如在股票市场上，大户是大猪，他们要进行技术分析、收集信息、预测股价走势；但大量散户就是小猪，他们不会花成本去进行技术分析，而是跟着大户的投资策略进行股票买卖，即所谓"散户跟大户"的现象。又如，在股份公司中，大股东是大猪，他们要收集信息监督经理，因而拥有决定经理任免的投票权，而小股东是小猪，不会直接花精力去监督经理，因而没有投票权。请思考，我们在生活中是不是经常充当了一些"大猪"或"小猪"的角色？

3.2.2　囚徒困境

"囚徒困境"是 1950 年美国兰德公司的梅里尔·M.弗勒德（Merrill M. Flood）和梅尔文·德雷希尔（Melvin Dresher）拟定出的相关困境理论，后来由顾问艾伯特·塔克（Albert Tucker）以囚徒方式阐述，并命名为"囚徒困境"。囚徒困境刻画了个人利益和集体利益之间产生冲突的社会情形，是博弈论的非零和博弈中具代表性的例子。

囚徒困境的故事讲的是，有两个人因犯盗窃罪而被捕，同时他们还涉嫌一起抢劫罪，被警方关在不同的房间内审讯。他们面临的形式：如果两个人都坦白还犯有抢劫罪行，那么将各被判处 2 年有期徒刑（两罪并罚）；如果一方坦白另一方不坦白，那么坦白从宽，将功赎罪，免于刑事处罚；抗拒从严，不坦白者从重判处 5 年徒刑；如果两个人均不坦白，则因证据不足只能以盗窃罪而各判 0.5 年徒刑。每个囚犯在选择自己是"坦白"还是"不坦白"时，必须要考虑另一个囚犯的选择，因为法律条文把这两个人的命运紧紧连在一起了。这两个囚犯的得益函数和策略表示如图 3-10 所示。

囚徒乙 囚徒甲	供　认	拒　供
供　认	2年，2年	0年，5年
拒　供	5年，0年	0.5年，0.5年

图 3-10　囚徒困境分析

从图 3-10 中可以发现，如果两个囚徒都拒供，则每个人判 0.5 年；如果每个人都供认，则每个人判 2 年。相比之下两个囚徒都拒供是一个比较好的结果，但是这个比较好的结果实际上不太容易发生。因为每个囚徒都会发现，如果对方拒供，则自己供认便可立即获得释放，而自己拒供则会被判 0.5 年，因此供认是比较好的选择；如果对方供认，则自己供认将被判 2 年，而自己拒供则会被判 5 年，因此供认是比较好的选择。

综上，无论对方拒供或供认，自己选择供认始终是更好的，这就是囚徒困境。由于每个囚徒都发现供认是自己更好的选择，因此博弈论的稳定结果是两个囚徒都会选择供认。我们把这种结果称为博弈的纳什平衡。

囚徒困境通常被看作个人理性冲突和集体理性冲突的典型情形。因为在囚徒困境局势中，每个人都会根据自己的利益做出决策，但是最后的结果却是集体遭殃。

不难发现，当每个人追求自己的最大利益时，社会和团体不一定会达到最大利益，这种情况在现实中有很多相似的例子。美苏争霸的时候，美国和苏联如果选择合作，同时削减核武器的开支，对两国将是最好的选择。但是由于不确定对方的选择，美国和苏联同时选择投入更多经费研究核武器，最后间接导致了苏联的解体。

也许有人会问，难道囚徒困境真的是一个走不出的困境吗？其实也不然，假如每一个拒供的囚徒都可以在刑满释放后对供认的囚徒实施报复，那么每个囚徒就可能因担心未来的报复而在现在选择拒供，使得拒供成为平衡的结果，合作达成了。不过这种合作是脆弱的，警方可以轻易摧毁此类合作。

3.2.3　高级计算机博弈

博弈又称为对策、游戏或竞赛，最早由德国数学家、哲学家戈特弗里德·威廉·莱布尼兹（Gottfried William Leibniz）于 1710 年提出，是对若干个人在"策略相互依存"情形下相互作用状态的抽象表述。也就是说，在博弈情形下，每个人的福利不仅取决于他自身的行为，而且也取决于其他人的行为。因此，个人所采取的最优策略取决于他对其他人所采取的策略的预期。通过上面的例子可以发现，博弈一般都有下面一些特征。

（1）博弈都有一些博弈规则。这些规则规定了博弈论的参加者（个人或团体）可以做什么，不可以做什么，按怎样的次序做，什么时候结束博弈和一旦参加者犯规将受到怎样的处罚等。

（2）博弈都有一个结果。如一方输、一方赢、平局或参加者各有所得等。

（3）策略至关重要。博弈参加者的不同策略选择常常对应不同的博弈结果。

（4）策略有相互依赖性。每一个博弈的参加者从博弈中所得的结果的好坏不仅取决于自身的策略选择，同时也取决于其他参加者的策略选择。

博弈论又称为对策论、游戏理论或竞赛理论，它是研究博弈情形下博弈参与者的理性行为选择的理论；或者说，它是关于竞争者如何根据环境和竞争对手的情况变化，采取最优策略和行为的理论。

计算机博弈（也称机器博弈），是人工智能领域的重要研究方向，是机器智能、兵棋推演、智能决策系统等人工智能领域的重要科研基础。计算机博弈被认为是人工智能领域最具挑战性的研究方向之一。国际象棋的计算机博弈已经有了很长的历史，并且经历了一场波澜壮阔的"搏杀"，"深蓝"计算机的胜利也给人类留下了深刻印象。中国象棋计算机博弈的难度绝不亚于国际象棋，其不仅涉足学者太少，而且参考资料不多。在国际象棋成熟技术的基础上，结合在中国象棋机器博弈方面的多年实践，总结出一套过程建模、状态表示、算法生成、棋局评估、博弈树搜索、开局库与残局库开发、系统测试与参数优化等核心技术要点，是当前研究的热点与方向。

AI 的应用和方法（1）

3.3 逻辑

逻辑研究人的思维规律和法则，是人工智能的基本框架之一。智能行为的基础是知识，尤其是常识性知识，人类的智能行为对于知识的依赖主要表现在对于知识的利用。因此，在人工智能领域，可使用逻辑进行知识的表示与推理，即将函数和关系等概念形式化，然后利用标准逻辑的推理方法进行求解，得到与有关计算机程序一样的效果。

3.3.1 人工智能中的逻辑

人工智能逻辑是指用逻辑方法（如数理逻辑）和逻辑成果研究智能主体（Intelligent Agent）如何处理知识的理论。人工智能逻辑的研究对象与人工智能研究的对象不同，人工智能逻辑不研究智能主体如何从外部获得知识。人工智能逻辑的产生来源于人们在计算机中对知识处理的探索，为此必须建立实现知识处理的形式理论。至少在基础研究或者在理论重建的层面上，利用现代逻辑的种种方法和成果来建立上述形式理论十分必要。

处理知识又称知识处理，其内容主要包括知识表示、知识反思、知识修正、知识推理。知识推理除了传统意义上的演绎推理、归纳推理和类比推理，还包括常识推理（Commonsense Reasoning）。常识推理是人类日常生活中获取新知识的最重要手段之一，具有非单调性和信息不完备性。人工智能逻辑重点在于研究常识推理的形式化及刻画。经过多年发展，人工智能逻辑发展了许多种类，比较完善的有缺省逻辑、非单调模态逻辑、限定逻辑等。此外，还有一些

讨论相似问题，并且在形式上与上述逻辑密切相关的逻辑，如正常条件句逻辑、相信修正逻辑、认知逻辑。还有一些讨论类似问题，但在形式上与上述逻辑的关系更为松散，例如逻辑编程理论、相信修正理论。上述分类并不十分严格，例如逻辑编程理论可以嵌入非单调模态逻辑。由此也可看出人工智能逻辑是一类严格意义上的逻辑（应用逻辑）和一类不严格意义上的逻辑（逻辑的应用）的混合。最早研究人工智能逻辑的是约翰·麦卡锡，他提出采用逻辑方法来形式化人工智能需要解决的问题。

3.3.2 逻辑和表示

人工智能中涉及的逻辑可划分为两大类。一类为经典逻辑，是对经典命题逻辑和一阶谓词逻辑统称。因为它们的真值只有"True"和"False"，所以又称为二值逻辑。另一类为非经典逻辑，泛指经典逻辑外的其他逻辑，如三值逻辑、多值逻辑和模糊逻辑等。

命题逻辑和谓词逻辑是最先应用于人工智能的两种逻辑。它们在知识的形式化表示方面，特别是定理的自动证明方面，发挥了重要作用。因此，命题逻辑和谓词逻辑在人工智能的发展史中占有重要的地位。

1. 命题逻辑

命题（Proposition）是一个非真即假的陈述句。判断一个句子是否为命题，首先应该判断它是否为陈述句，再判断它是否有唯一的真值。例如，"我爱北京天安门"是陈述句且其真值唯一（为真），因此它是一个命题。没有真假意义的语句不是命题，如感叹句、疑问句等。例如，"我好快乐呀""你验核酸了吗"等都不是命题。命题的意义为真，称它的真值为真，记作T（True）；如果命题的意义为假，称它的真值为假，记作F（False）。例如，"地球是圆的""鲸鱼是哺乳动物"都是真值为T的命题；"一天有48小时"是真值为F的命题。

2. 谓词逻辑

在谓词逻辑中，原子命题分解成个体词和谓词。个体词是可以独立存在的事或物，包括现实物、精神物和精神事三种。谓词就是用于刻画个体的性质、状态和个体之间关系的语言成分。例："香蕉是水果""葡萄是水果"这两个命题分别用符号 P、Q 表示，但是 P 和 Q 的谓语有共同的属性，即"是水果"。于是，引入一个符号表示"是水果"，再引入一种方法表示个体的名称，就能把"某某是水果"这个命题的本质属性刻画出来。故而，可以使用谓词表示命题。一个谓词可分为谓词名和个体两部分，其一般形式为

$$P(x_1, x_2, …, x_n)$$

其中，P 是谓词名，$(x_1, x_2, …, x_n)$ 是个体。对于上面的命题，可以用谓词表示为Fruit(Banana)、Fruit (Apple)，其中，Fruit 是词名，Banana 和 Apple 是个体，Fruit 刻画了 Banana 和 Apple 是水果这一共同特征。

3. 多值逻辑

多值逻辑是一种非经典的逻辑系统。在经典逻辑中，每一个命题皆取真假二值之一为值，即每一命题或者真或者假。但是，命题可以不是二值的。例如，波兰逻辑学家 J.卢卡西维茨

（J.Lukasiwicz）认为，命题不止有两个值，不只是真或假。例如，“今年劳动节假期我将在学校”这类命题，在说出它的当时，它既不真也不假，而是可能。这也就是说，命题可以有三值，推而广之，还可以有四值、五值。因此，对每一自然数 n，有 n 值，以至于无穷多值。研究这类命题之间逻辑关系的理论即为多值逻辑。

在多值逻辑中，逻辑学家对以数字为代表的命题真值有不同的解释方法。其中主要有以下 3 种。

（1）三值逻辑的解释。以(0,1,2)表示命题的三个真值，把 0 解释为已知真，1 解释为可能真，2 解释为已知假。

（2）n 值逻辑的解释。以$(0,1,\ldots,n-1)$表示命题的 n 个值，而把 0 解释为真，n-1 解释为假；$i(0<i<n-1)$解释为不同程度的概率 $1-i/(n-1)$。

（3）埲（可数无穷多值）逻辑的解释。把 0 解释为真，把 1 解释为假，把$[0<(m/n)<1]$解释为不同程度的概率 $1-(m/n)$。

3.3.3 模糊逻辑

1965 年美国数学家 L.A.扎德（L.A.Zadeh）首先提出了模糊集合的概念，标志着模糊数学的诞生，也标志着模糊逻辑的诞生。模糊逻辑是指模仿人脑的不确定性概念判断、推理思维方式，对于模型未知或不能确定的描述系统以及强非线性、大滞后的控制对象，应用模糊集合和模糊规则进行推理，表达过渡性界限或定性知识经验，模拟人脑方式，实行模糊综合判断，推理解决常规方法难于对付的规则型模糊信息问题。模糊逻辑善于表达界限不清晰的定性知识与经验，它借助于隶属度函数概念，区分模糊集合，处理模糊关系，模拟人脑实施规则型推理，解决因“排中律”的逻辑破缺产生的种种不确定问题。

模糊逻辑是在多值逻辑基础上发展起来的。用带有模糊限定算子（例如很、略、比较、非常等）的从自然语言提炼出来的语言真值（例如年轻、非常年轻等）或者模糊数（例如大约 25、45 左右等）来代替多值逻辑中命题的确切数字真值，就构成了模糊语言逻辑，简称模糊逻辑。

【例 3-4】通常这样评判一个成年男子，当他的身高低于 1.60m 为矮个子，身高在 1.60～1.69m 之间为中等个子，身高在 1.69～1.80m 之间的为高个子，身高高于 1.9m 则认为此人非常高。

如果一个人的身高为 1.74m，我们说他是比较高的，但是在二值逻辑中就无法表达“比较高”，在模糊逻辑中我们可以说此人 46%属于高，54%属于中等，这样就比较符合人的思维。模糊逻辑本身并不模糊，而是用来对“模糊”进行处理，以达到消除模糊的逻辑。

模糊逻辑可在[0,1]闭区间上连续取值，若认为事物在形态和类属方面具有亦此亦彼模棱两可的模糊性，其真值也是模糊的，承认之间有无穷多个相互渗透的中介。模糊逻辑为自然语言的语意表达提供了一个具有充分弹性的自然系统工具，可以处理几乎有无穷多个“大多数”“很少”“多于 10 个”等这样的模糊量词。然而为方便起见，模糊逻辑往往借助多值逻

辑来表示。

【例 3-5】设论域 $U=\{20,30,40,50,60\}$，若给出的是年龄，确定一个刻画模糊概念"年轻"的模糊集 F，假设对论域 U 中的元素的隶属函数值分别为

$$\mu_F(20)=1, \quad \mu_F(30)=0.8, \quad \mu_F(40)=0.4, \quad \mu_F(50)=0.1, \quad \mu_F(60)=0$$

则其模糊集为 $F=\{1,0.8,0.4,0.1,0\}$。

模糊逻辑原则上是一种模拟人思维的逻辑，要用从 0 到 1 的区间上的确切数值来表示一个模糊命题的真假程度有时是很困难的。人在日常生活交流中用的自然语言则能用充满了不确定性的描述来表达具有模糊性的现象和事物，自然语言可以对连续性变化的现象和事物既进行概括抽象又进行模糊分类。要想用机器来模仿人的思维、推理和判断，需要使用扎德在 1975 年提出的语言变量的概念。语言变量是一种模糊变量，它是用词句而不是用数字来表示变量的"值"。引进了语言变量后，就构成了模糊语言逻辑。模糊集的应用为系统地处理不清晰、不精确概念的方法提供了基础，这样就可以应用模糊集来表示语言变量。然而语言变量既可用模糊数来表示，也可用语言术语来定义。

语言变量用一个有 5 个元素 $(X,T(X),U,G,M)$ 的集合来表征，其中 X 是语言变量名；$T(X)$ 为语言变量的项集合，即语言变量 X 的名集合，且每个值都是在 U 上定义的模糊数 x_i；U 为语言变量的论域；G 为产生 X 数值名的语言值规则；M 为与每个语言变量含义相联系的算法规则。以速度为例，语言变量元素的关系可用图 3-11 表示，通过模糊等级规则，可以给语言变量赋予不同的语言值以区别不同的程度。

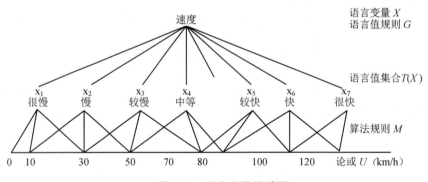

图 3-11　语言变量关系图

"速度"为一个语言变量，可以赋予很慢、慢、较慢、中等、较快、快、很快等语言值。这里用不同的语言值表示模糊变量速度形态程度的差别，但无法对他们的量进行精确的定义，因为语言值是模糊的，所以可以用模糊数来表示。在实用中，为了方便推理计算，常常还要用模糊定位规则，把每个语言值用估计的渐变函数定位，使之离散化、定量化和精确化。这样项集合就可以写成如下形式：

$$T(速度)=\{快，中速，慢，很慢，…\}$$

其中项集合（速度）中的每一个左右项都与论域中的一个模糊集对应。

可以把"慢"看成低于 50km/h 的速度，"中速"为接近 70km/h，"快"为高于 90km/h。由此这些项的隶属函数可用如图 3-12 所示的模糊集来表示。

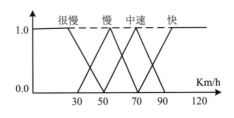

图 3-12　模糊集表示图

随着人工智能的发展，模糊逻辑技术也慢慢地融合了进来，并且运用到了各个方面。尤其在智能控制领域取得了巨大的进步。例如，传统全自动洗衣机实际上是一台按事先设定好的参数进行顺序控制的机器。从这个意义上说，其"全自动"并不具有任何功能，它不能根据情况和条件的变化来改变参数。而模糊逻辑控制的全自动洗衣机向真正的智能化的全自动迈进了一大步，它的目标是要根据所洗衣服的数量、种类和干净的程度来决定水的多少、水流的强度和洗衣的时间，并可以动态地改变参数，以达到在洗干净衣服的情况下还要尽量不伤衣服、省电、省水、省时的目的，并且要操作简单，任何人都可以轻松地使用，且能够把工作情况和过程显示出来。

3.4　产生式系统和专家系统

产生式系统是声明式编程的一种形式，在这种编程中可以指定想要做什么，而不是如何完成它。专家系统指的是模仿人类专业知识（如诊断疾病）的程序。虽然产生式系统与专家系统有很强的联系，但并不是所有用产生式系统编写的程序都是专家系统，也不是所有的专家系统都是用产生式系统编写的。

3.4.1　人工智能中的知识表示

在知识处理中总要问到"如何表示知识？""知识是用什么来表示的?""怎样使机器能懂，能对之进行处理，并能以一种人类能理解的方式将处理结果告诉人们？"在 AI 系统中，给出一个清晰简洁的描述是很困难的，有研究报道认为，AI 对知识表示的认真、系统的研究才刚刚开始。

知识可从范围、目的、有效性 3 个方面描述。范围是由具体到一般，目的是由说明到指定，有效性是由确定到不确定。人工智能中的知识表示是研究用机器表示知识的可行性、有效性的一般方法，是一种数据结构与控制结构的统一体。既考虑知识的存储又考虑知识的使用。人工智能中的知识可分为事实知识、规则知识、控制知识和元知识。

（1）事实知识：有关问题环境的一些事物的分类、属性、事物间的关系、科学事实、客观事实等的知识，采用直接表示的形式，如凡是猴子都有尾巴。

（2）规则知识：有关问题中与事物的行动、动作相联系的因果关系知识。

（3）动态控制知识：有关问题的求解步骤、技巧性知识，如算法。

（4）元知识：有关知识的知识，是知识库中的高级知识。如怎样使用规则、解释规则、校验规则、解释程序结构等。

人工智能中知识表示可分为陈述性知识表示和过程式知识表示。陈述性知识表示是对知识和事实的一种静止的表达方法,如语义网络、框架和剧本等,是知识的一种显式表达。过程式知识表示是将有关某一问题领域的知识,连同如何使用这些知识的方法一起隐式地表达为一个求解问题的过程,如程序。

知识表示应该注意的是,所采用的知识表示方法应该恰好适合问题的处理和求解,求解算法对所用的知识表示方法应该是高效的,对知识的检索也应该是高效的,易于为用户理解,易于转化为自然语言。最终,知识表示的结果应该是唯一的。

3.4.2 产生式系统

产生式系统(Production System)是认知心理学程序表征系统的一种,是为解决某一问题或完成某一作业而按一定层次联结组成的认知规则系统。产生式系统由规则库、推理机、综合数据库、控制程序四部分组成。其中,规则库里面存储大量的知识,综合数据库储存事实,综合数据库通过推理机根据规则库里面的知识,在控制程序的控制下完成推理,若推出中间结果,则把中间结果放到综合数据库中,继续重新推理,直到推理出最终结果或推理失败,程序结束。产生式系统是人工智能系统中常用的一种程序结构,是一种知识表示系统。通常由综合数据库、产生式规则集和控制系统三部分组成。

综合数据库不是常规意义的数据库,是存放问题的状态描述的数据结构。一般数据库所存数据的结构很简单,通常只有数值与字符串;综合数据库的数据可以很复杂,其中状态描述可以为常规的各种数据结构,如表、数组、字符串、集合、矩阵、树、图等。产生式规则形式为"IF<前提条件> THEN<操作>"当规则的前提条件被某一状态描述满足时,就对该状态施行规则所指出的操作。控制系统是对同一个状态的多个可用规则排序,并对终止条件是否满足进行状态检验。如果满足终止条件,则终止产生式系统的运行,并用使用过的规则序列构造出问题的解。

【例3-6】八数码难题。如前文所述,八数码难题由8个标有1~8的棋子和一个3×3的棋盘组成。把8个棋子放在棋盘里,形成一个初始状态,然后移动棋子,想办法达到规定的目标状态。在移动棋子时,只能把棋子移进相邻的空格中,如图3-13所示。

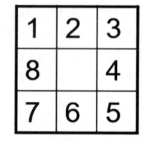

(a)初始状态　　　　　　　　(b)目标状态

图3-13　八数码难题的初始状态与目标状态

综合数据库：以状态为节点的有向图。

状态描述：3×3 矩阵。

产生式规则：

（1）IF<空格不在最左边>Then<左移空格>。

（2）IF<空格不在最上边>Then <上移空格>。

（3）IF<空格不在最右边>Then <右移空格>。

（4）IF<空格不在最下边>Then <下移空格>。

控制系统：

（1）选择规则：按左、上、右、下的顺序移动空格。

（2）终止条件：匹配成功。

产生式系统的特点：

（1）模块性强。综合数据库、规则集和控制系统相对独立，程序的修改更加容易。

（2）各产生式规则相互独立，不能互相调用，增加一些或删去一些产生式规则都十分方便。

（3）产生式规则的形式与人们推理所用的逻辑形式十分接近，人们具有的知识转换成产生式规则很容易，产生式规则也容易被人们读懂。

3.4.3 专家系统

专家系统是一个智能计算机程序系统，其内部含有大量的某个领域专家水平的知识与经验，能够利用人类专家的知识和解决问题的方法来处理该领域问题。也就是说，专家系统是一个具有大量的专门知识与经验的程序系统，它应用人工智能技术和计算机技术，根据某领域一个或多个专家提供的知识和经验，进行推理和判断，模拟人类专家的决策过程，以便解决那些需要人类专家处理的复杂问题，简而言之，专家系统是一种模拟人类专家解决领域问题的计算机程序系统。

专家系统的奠基人爱德华·费根鲍姆（Edward Feigenbaum）于 1982 年给出的定义为，专家系统是一种智能的计算机程序，这种程序使用知识与推理过程，求解那些需要杰出人物的专门知识才能求解的高难度问题。专家系统是人工智能的一个重要分支，也是目前人工智能中的一个最活跃且最有成效的研究领域。

自 1968 年研制成功的第一个专家系统 DENDRAL 以来，专家系统技术发展非常迅速且日益成熟。目前专家系统的应用领域已扩展到数学、物理、化学、医学、地质、气象、农业、法律、教育、交通运输、机械、艺术以及计算机科学本身，甚至渗透到政治、经济、军事等重大决策部门，产生了巨大的社会效益和经济效益，同时也促进了人工智能基本理论和基本技术的发展。计算机的应用已经经历了数值计算、数据处理、知识处理三个阶段，专家系统作为知识处理阶段的成功代表，必将具有更强的生命力。

专家系统处理的任务类型分为解释型、诊断型和调试型等类型。这些类型相互关联，有些专家系统常常同时完成几种类型的任务。

（1）解释型：分析所采集到的数据，进而阐明这些数据的实际含义。典型的解释型任务有信号理解和化学结构解释。例如，由质谱仪数据解释化合物分子结构的 DENDRAL 系统、语音理解系统 HEARSAY、由声呐信号识别舰船的 HASP/SIAP 系统等，都是对于给定数据，找出与之相适应的、符合客观规律的解释。

（2）诊断型：根据输出信息找出处理对象中存在的故障，主要有医疗、机械和电子等领域里的各种诊断。例如，血液凝结疾病诊断系统 CLOT、计算机硬件故障诊断系统 DART、化学处理工厂故障诊断专家系统 FALCON 等，都是通过生理对象内部各部件的功能及其互相关系，检测和查找可能的故障所在。

（3）调试型：给出已确认故障的排除方案，主要是由计算机辅助调试，根据所处理对象和故障的特点，从多种纠错方案中选择最佳方案。

（4）维修型：制定并实施纠正某类故障的规划，典型的有航空和宇航电子设备的维护。维修型任务要根据纠错方法的特点，制定合理的故障维修规划。

（5）教育型：诊断和处理学生的错误，主要用于教学和培训任务。它们一般是诊断型和调试型的合成。

（6）预测型：根据处理对象过去和现在的情况，推测未来的演变结果。典型的有天气预报、人口预测和财政预报等。预测型任务进行与时间有关的推理，处理随时间变化的数据和按时间顺序发生的事件。

（7）规划型：根据给定的目标，拟定行动计划，典型的有机器人动作规划和路线规划。规划型任务要在一定的约束条件下，以较小的代价达到给定目标。

（8）设计型：根据给定的要求形成所需要的方案或图样描述，典型的有电路设计和机械设计。设计型任务要在给定要求的限制下，提供最佳或较佳设计方案。

（9）监督型：多用于完成实时检测任务，随时收集有关处理对象的各种数据，并把这些数据与预期的数据比较，一旦发现异常现象立即发出报警信号。这类系统通常是解释型、诊断型、预测型和调试型的合成。

（10）控制型：自动地控制系统的全部行为。大多是监督和维修型系统的合成。

不同的专家系统的功能和结构有可能不同，但一般完整的专家系统应包括人机接口、推理机、知识库、动态数据库、知识获取机构和解释机构。专家系统的一般结构如图 3-14 所示。

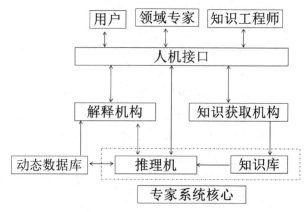

图 3-14　专家系统的一般结构

专家系统的核心是知识库和推理机，其工作过程是根据知识库中的知识和用户提供的事实进行推理，不断地由已知的前提推出未知的结论即中间结果，并将中间结果放到数据库中，作为已知的新事实进行推理，从而把求解的问题由未知状态转为已知状态。在专家系统的运行过程中，会不断地通过人机接口进行交互，向用户提问，并向用户作出解释。

用于开发专家系统的程序设计语言有两类：一类是面向问题的语言，如 FORTRAN、PASCAL、C 等，这一类语言是为某些特定类型的问题设计的，适合于科学、数学和统计问题领域；另一类为符号处理语言，这是专门为人工智能应用而设计的，所以称为面向 AI 的语言，最常用的是 LISP 语言和 PROLOG 语言。

AI 的应用和方法（2）

3.5 神经网络

神经网络（Neural Networks，NNs）也简称为人工神经网络（ANNs）或连接模型（Connection Model），它是一种模仿动物神经网络行为特征，进行分布式并行信息处理的算法数学模型。这种网络依靠系统的复杂程度，通过调整内部大量节点之间相互连接的关系，从而达到处理信息的目的。人工神经网络按其模型结构大体可以分为前馈型网络（也称为多层感知机网络）和反馈型网络（也称为 Hopfield 网络）两大类，前者在数学上可以看作一类大规模的非线性映射系统，后者则可看作一类大规模的非线性动力学系统。

3.5.1 神经元

生物神经元由细胞体和突起两部分组成。突起分为轴突和树突两类，轴突和树突共同作用，实现神经元之间的信息传递，轴突的末端与树突进行进行信号传递的界面称为突触，通过突触向其他神经元发送信息。学习发生在突触附近，而且突触把经过一个神经元轴突的脉冲转化为下一个神经元的兴奋信号或抑制信号。对某些突触的刺激促使神经元触发，只有神经元所有输入的总效应达到阈值电平，它才开始工作。生物神经元如图 3-15 所示。

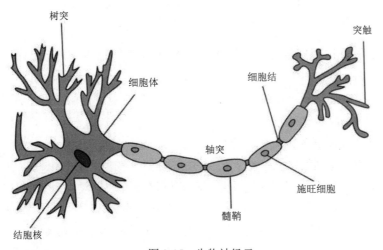

图 3-15　生物神经元

人工神经网络由人工神经元组成，这些人工神经元在概念上源自生物神经元。1943 年，美国的神经生理学家沃伦·麦卡洛克（Warren Mcculloch）和当时还未从高中毕业的沃尔特·皮茨（Walter Pitts）发表了神经网络的开山之作 "A Logical Calculus of Ideas Immanent in Nervous Activity"，在这篇文章里他们提出了人工神经元的数学实现模型。人工神经元的组成包括输入、权重、偏置、计算、激活、输出几个部分，每一个部分都有着自己独立的作用，如图 3-16 所示。

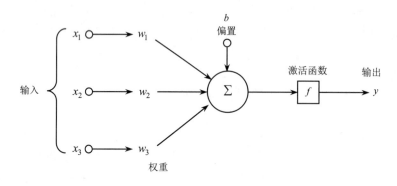

图 3-16　人工神经元模型

输入（Input）：输入可能是来自外部数据的投入，也可能是上一个结点的输出数据。输入的个数可以有很多个。

权重（Weight）：决定了对应输入的重要程度，如果权重为 0 则相当于断开了这条链接。

偏置（Bias）：一个神经元共享一个偏置，它决定了这个神经元被激活的难易程度。

计算（$f(x)$）：相当于一个神经元的胞体，它负责对数据进行运算处理。

激活函数（Active Function）：激活函数模拟了生物电流传播的阈值的概念，超过这个阈值的信号强度才能被输出，同时也起到对输出进行整流的作用。

输出（Output）：经过激活函数激活的数据将被输出，可能是神经网络的终点，也可能是下一个神经元的起点。输出的个数可以有很多个。

3.5.2　人工神经网络

人工神经网络（Artificial Neural Network，ANN）是 20 世纪 80 年代以来人工智能领域兴起的研究热点。它从信息处理角度对人脑神经元网络进行抽象，建立某种简单模型，是在对人脑组织结构和运行机制的认识理解基础之上模拟其结构和智能行为的一种工程系统。人工神经网络模型如图 3-17 所示。

人工神经网络已经发展成为一个广泛的技术家族，这些技术在多个领域推进了最先进的技术的产生。传统的静态网络（ReNet、DenseNet）有一个或多个静态组件，包括单元数、层数、单元权重和拓扑。与静态网络不同的是，动态网络允许通过学习来进化其中的一种或多种。相比之下后者要复杂得多，但可以缩短学习周期并产生更好的结果。某些类型的人工神经网络允许由操作员"监督"学习，而其他类型的人工神经网络则独立操作。有些类型的人工神经网络纯粹在硬件中运行，而另一些则是纯粹的软件并在通用计算机上运行。

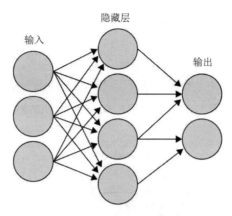

隐藏层

输入

输出

图 3-17　人工神经网络模型

人工神经网络的基本特征如下。

（1）并行分布处理。人工神经网络具有高度的并行结构和并行处理能力，这特别适于实时控制和动态控制。网络中各组成部分同时参与运算，单个神经元的运算速度不高，但总体的处理速度极快。

（2）非线性映射。人工神经网络具有固有的非线性特性，这源于其近似任意非线性映射（变换）能力。只有当神经元对所有输入信号的综合处理结果超过某一门限值后才输出一个信号。因此人工神经网络是一种具有高度非线性的超大规模连续时间动力学系统。

（3）信息处理和信息存储集成。在神经网络中，知识与信息都等势分布储存于网络内的各神经元及其连线上，表现为神经元之间分布式的物理联系。作为神经元间连接键的突触既是信号转换站，又是信息存储器。每个神经元及其连线只表示一部分信息，而不是一个完整具体概念。信息处理的结果反映在突触连接强度的变化上，神经网络只要求部分条件，甚至有节点断裂也不影响信息的完整性，因此网络具有鲁棒性和容错性。

（4）具有联想存储功能。人的大脑是具有联想功能的，例如有人和你提起内蒙古，你就会联想起蓝天、白云和大草原。用人工神经网络的反馈网络就可以实现这种联想。神经网络能接受和处理模拟的、混沌的、模糊的和随机的信息。在处理自然语言理解、图像模式识别、景物理解、不完整信息的处理、智能机器人控制等方面具有优势。

（5）具有自组织自学习能力。人工神经网络可以根据外界环境输入信息，改变突触连接强度，重新安排神经元的相互关系，从而达到自适应于环境变化的目的。

（6）软件、硬件的实现，人工神经网络不仅能够通过软件而且可借助软件实现并行处理。近年来，基于神经网络的超大规模集成电路的硬件已经问世，而且可从市场上购到，同时许多软件都有提供了人工神经网络的工具箱（或软件包）如 Matlab、Scilab、R、SAS 等。

由于人工神经网络具有重现和建模非线性过程的能力，因此在许多学科中都有应用。应用领域包括系统识别和控制（车辆控制、轨迹预测、过程控制、自然资源管理）、量子化学、通用游戏、模式识别（雷达系统、人脸识别、信号分类、3D 重建、对象识别等）、序列识别（手势、语音、手写和印刷文本识别）、医疗诊断、金融（例如自动交易系统）、数据挖掘、可视化、机器翻译、社交网络过滤和电子邮件垃圾邮件过滤。例如，人工神经网络已被用于诊断多种类

型的癌症并仅使用细胞形状信息就可将高侵袭性癌细胞系与侵袭性较低的癌细胞系区分开来。

3.5.3 梯度消失与梯度爆炸

如图 3-18 所示，假设图中的神经网络每层只有两个隐藏单元，各层的参数分别为 $W^{[1]}$，$W^{[2]}$，$W^{[3]}$，$\cdots$，$W^{[L]}$，为了简单起见，假设使用线性激活函数 $g(z)=z$，并忽略偏置 b（$b^{[L]}=0$），于是有公式

$$Z^{[1]} = w^{[1]}x + b$$

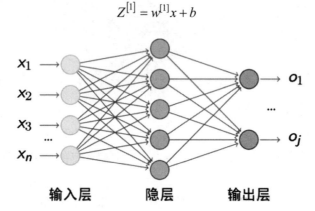

图 3-18 神经网络结构

因为 b=0，所以 $Z^{[1]}=w^{[1]}x$，依据前面的假设有

$$a^{[1]} = g(z^{[1]}) = z^{[1]} = w^{[1]}x$$

同理，

$$Z^{[2]} = w^{[2]}a^{[1]} + b = w^{[2]}a^{[1]} = w^{[2]}w^{[1]}x$$
$$a^{[2]} = g(z^{[2]}) = z^{[2]} = w^{[2]}w^{[1]}x$$

以此类推，不难得到输出的预测值为

$$\hat{y} = w^{[L]}w^{[L-1]}w^{[L-2]}\cdots w^{[3]}w^{[2]}w^{[1]}x$$

假设每个权重矩阵彼此相等，略大于单位阵，即 $W^{[L]} = \begin{bmatrix} 1.45 & 0 \\ 0 & 1.45 \end{bmatrix}$，那么最终的预测值为

$$\hat{y} = W^{[L]} = \begin{bmatrix} 1.45 & 0 \\ 0 & 1.45 \end{bmatrix}^{L-1} x$$

从上述得知，最后一层的权重矩阵 $w^{[L]}$ 的维度与其他层的权重矩阵的维度是不同的。对于一个深度神经网络来说，L 值较大，如果忽略 $w^{[L]}$，那么 $\hat{y}$ 值也会非常大，实际上它是呈指数级增长的，它增长的比率约等于 $1.45L$，因此对于一个深度神经网络，这意味着 $\hat{y}$ 的值将爆炸式增长。

假设每个权重矩阵彼此相等，小于单位阵，即 $W^{[L]} = \begin{bmatrix} 0.5 & 0 \\ 0 & 0.5 \end{bmatrix}$

那么最终的预测值为

$$\hat{y} = W^{[L]} = \begin{bmatrix} 0.5 & 0 \\ 0 & 0.5 \end{bmatrix}^{L-1} x$$

再次忽略 $w^{[L]}$，$\hat{y}$ 的变化率也就变成了 $0.5L$。假设 x_1 和 x_2 都是 1，激活函数将变成 1/2、1/4、1/8、1/16 等，直到最后一项变成 12L。这意味着激活函数的值将以指数级递减。

因此，当权重 w 比单位矩阵略大一点时，深度神经网络的激活函数将爆炸式增长，而如果 w 比单位矩阵略小一点，激活函数就可能会指数级递减，类似于消失了。同理，与层数 L 相关的导数或梯度也会随着层数的加深而呈指数级增长或呈指数级递减。对于更深的神经网络，例如 $L=152$ 时，如果激活函数或梯度函数以与 L 相关的指数增长或递减，它们的值将会变得极大或极小，从而导致训练难度上升，尤其是当梯度下降带来的更新因为指数级的衰减变得非常小时，梯度下降算法将花费很长时间来学习。实际上，在很长一段时间内，深度神经网络的梯度消失或爆炸问题一直是训练深度神经网络的阻力之一，下面介绍一种可以部分解决该问题的方法。

梯度消失和梯度爆炸问题都是因为网络太深，网络权值更新不稳定造成的，本质上是因为梯度反向传播中的连乘效应。

3.5.4 损失函数

损失函数（Loss Function）用来估量模型的预测值 $f(x)$ 与真实值 Y 的不一致程度，其计算如图 3-19 所示。

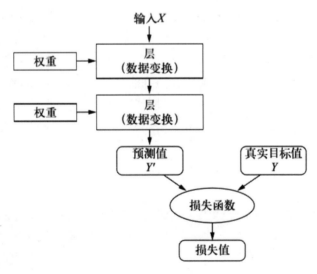

图 3-19　损失函数计算

损失函数是一个非负实值函数，通常使用 $L(Y, f(x))$ 来表示，损失函数值越小，模型的鲁棒性就越好。损失函数是经验风险函数的核心部分，也是结构风险函数的重要组成部分。模型的结构风险函数包括了经验风险项和正则项，通常可以表示成如下式子：

$$\theta = \arg\min_{\theta} \frac{1}{N} \sum_{i=1}^{N} L(y_i, f(x_i, \theta)) + \lambda \Phi(\theta)$$

其中，加号前面的均值函数表示的是经验风险函数，L 代表的是损失函数，加号后面的 Φ 是正则化项（Regularizer）或者叫惩罚项（Penalty Term），它可以是 L1 正则函数，也可以是 L2 正则函数，或者其他的正则函数。整个式子表示的意思是找到使目标函数最小时的 θ 值。

神经网络中常见的损失函数如下。

（1）均方误差（MSE）。当执行回归任务时，可以选择均方误差损失函数。顾名思义，均方误差损失函数是通过计算实际（目标）值和预测值之间的平方差的平均值来计算的。例如利用神经网络获取一些与房屋有关的数据并预测其价格，在这种情况下，可以使用均方误差损失函数。基本上，在网络输出为实数的情况下，均可使用此损失函数。

（2）二元交叉熵（BCE）。当执行二元分类任务时，可以选择该损失函数。如果使用二元交叉熵损失函数，则只需一个输出节点即可将数据分为两类。输出值应通过 Sigmoid 激活函数，以便输出在(0,1)范围内。例如，利用神经网络获取与大气有关的数据并预测是否会下雨，如果输出大于 0.5，则网络将其分类为会下雨；如果输出小于 0.5，则网络将其分类为不会下雨，即概率得分值越大，下雨的机会越大。

（3）多分类交叉熵（CCE）。当执行多类分类任务时，可以选择该损失函数。如果使用多分类交叉熵损失函数，则输出节点的数量必须与这些类相同。最后一层的输出应该通过 Softmax 激活函数，以便每个节点输出在(0,1)之间的概率值。例如，利用神经网络读取图像并将其分类为猫或狗，如果猫节点具有高概率得分，则将图像分类为猫，否则分类为狗。基本上，如果某个类别节点具有最高的概率得分，图像都将被分类为该类别。

（4）稀疏多分类交叉熵（SCCE）。该损失函数几乎与多分类交叉熵相同，只是有一点小更改。使用稀疏多分类交叉熵损失函数时，不需要 one-hot 形式的目标向量。例如如果目标图像是猫，则只需传递 0，否则传递 1。基本上，无论哪个类，都只需传递该类的索引。

损失函数有助于优化神经网络的参数。训练的目标是通过优化神经网络的参数（权重）来最大限度地减少神经网络的损失。通过神经网络将目标（实际）值与预测值进行匹配，再经过损失函数就可以计算出损失。然后，可使用梯度下降法来优化网络权重，以使损失最小化。这就是训练神经网络的方式。

3.5.5 激活函数

神经网络中的每个神经元节点接受上一层神经元的输出值作为本神经元的输入值，并将输入值传递给下一层，输入层神经元节点会将输入属性值直接传递给下一层（隐层或输出层）。在多层神经网络中，上层节点的输出和下层节点的输入之间具有一个函数关系，这个函数称为激活函数（又称激励函数）。

如果不用激活函数（其实相当于激活函数是 $f(x) = x$），在这种情况下每一层节点的输入都是上层输出的线性函数，由此无论神经网络有多少层，输出都是输入的线性组合，与没有隐藏层效果相当，这种情况就是最原始的感知机（Perceptron），这种网络的逼近能力就相当有限。正因为上面的原因，研究者决定引入非线性函数作为激活函数，这样深层神经网络表达能力就更加强大（不再是输入的线性组合，而是几乎可以逼近任意函数）。

神经网络中常见的损失函数如下。

（1）Sigmoid 函数。Sigmoid 函数能够把输入的连续实值变换为 0 和 1 之间的输出，特别地，如果是非常大的负数，那么输出就是 0；如果是非常大的正数，输出就是 1。Sigmoid 函数曾经被广泛使用，不过近年来，用它的人越来越少了。主要是因为在深度神经网络中梯度反向传递时导致梯度爆炸和梯度消失，其中梯度爆炸发生的概率非常小，而梯度消失发生的概率比较大。

（2）tanh 函数。tanh 函数解决了 Sigmoid 函数的不是零均值比（Zero-centered）输出问题，然而，梯度消失的问题和幂运算的问题仍然存在。

（3）ReLU 函数。ReLU 函数其实就是一个取最大值函数，其解决了梯度消失问题（在正区间）。ReLU 函数计算速度非常快，只需要判断输入是否大于 0，并且收敛速度远快于 Sigmoid 函数和 tanh 函数，是近几年的重要成果。使用 ReLU 函数时需要特别注意的是，输出不是零均值化，同时某些神经元可能永远不会被激活，导致相应的参数永远不能被更新。

（4）ELU（Exponential Linear Units）函数。ELU 函数是为解决 ReLU 存在的问题而被提出的，显然，ELU 函数有 ReLU 函数的基本所有优点。

AI 的应用和方法（3）

3.6　进化计算

进化计算又称演化计算，是一类模拟生物进化机制设计的成熟的具有高鲁棒性和广泛性的全局优化方法，具有自组织、自适应、自学习的特性，能够不受问题性质的限制，有效地处理传统算法难以解决的复杂问题。它是一种模拟自然界生物进化过程与机制进行问题求解的自组织、自适应的随机搜索技术。它以达尔文进化论的"物竞天择、适者生存"作为算法的进化准则，并结合孟德尔的遗传变异理论，将生物进化过程中的繁殖、变异、竞争、选择写入算法的设计中，通过程序迭代模拟这一过程，把要解决的问题看作环境，在一些可能的解组成的种群中，通过自然演化寻求最优解。

3.6.1　模拟退火

模拟退火算法（Simulated Annealing，SA）最早的思想由 N.梅特罗波利斯（N. Metropolis）等人于 1953 年提出。1983 年，S.柯克帕特里克（S. Kirkpatrick）等成功地将退火思想引入组合优化领域。模拟退火算法是基于 Monte-Carlo 迭代求解策略的一种随机寻优算法，其出发点是基于物理中固体物质的退火过程与一般组合优化问题之间的相似性。模拟退火算法从某一较高初温出发，伴随温度参数的不断下降，结合概率突跳特性在解空间中随机寻找目标函数的全

局最优解。模拟退火算法是一种通用的优化算法，理论上算法具有概率的全局优化性能，目前已在工程中得到了广泛应用，诸如 VLSI、生产调度、控制工程、机器学习、神经网络、信号处理等领域。

模拟退火算法的特点如下。

（1）不仅能处理连续优化问题，还能很方便地处理组合优化问题，并且容易被编程实现，目标函数的收敛速度较快。

（2）参数的选择至关重要，初始参数的合理选择是保证算法的全局收敛和效率的关键，选择不当得到的结果可能会很差。

（3）面对不同的问题，可以设计不同的退火过程，不同过程得到的准确度和效率可能差别较大，因此需要一定的经验。

模拟退火算法的应用主要有如下几个方面

（1）模拟退火算法在 VLSI 设计中的应用。利用模拟退火算法进行 VLSI 的最优设计，是目前模拟退火算法最成功的应用实例之一。用模拟退火算法几乎可以很好地完成所有优化的 VLSI 设计工作，如全局布线、布板、布局和逻辑最小化等。

（2）模拟退火算法在神经网络中的应用。模拟退火算法具有跳出局部最优陷阱的能力。在 Boltzmann 机中，即使系统落入了局部最优的陷阱，经过一段时间后，它还能再跳出来，使系统最终向全局最优值的方向收敛。

（3）模拟退火算法在图像处理中的应用。模拟退火算法可用来进行图像恢复等工作，即把一幅被污染的图像重新恢复成清晰的原图，滤掉其中被畸变的部分。

（4）模拟退火算法的其他应用。除了上述应用外，模拟退火算法还用于其他各种组合优化问题，如 TSP 和 Knapsack 问题等。大量的模拟实验表明，模拟退火算法在求解这些问题时能产生令人满意的近似最优解，而且速度较快。

3.6.2　遗传算法

20 世纪 60 年代中期，美国密歇根大学的 J.H.霍兰德（J. H. Holland）教授提出将生物自然遗传的基本原理用于自然和人工系统的自适应行为研究和串编码技术；1967 年，他的学生 J.D.巴格莱（J. D. Bagley）在博士论文中首次提出"遗传算法（Genetic Algorithms）"一词；1975 年，Holland 出版了著名的"Adaptation in Natural and Artificial Systems"，标志遗传算法的诞生。

遗传算法（Genetic Algorithm, GA）起源于对生物系统所进行的计算机模拟研究。它是由模仿自然界生物进化机制发展起来的随机全局搜索和优化方法,借鉴了达尔文的进化论和孟德尔的遗传学说。其本质是一种高效、并行、全局搜索的方法，能在搜索过程中自动获取和积累有关搜索空间的知识，并自适应地控制搜索过程以求得最佳解。

遗传算法的应用如下。

（1）函数优化。函数优化是遗传算法的经典应用领域。

（2）组合优化。实践证明，遗传算法对于组合优化中的 NP 完全问题非常有效。

（3）自动控制。遗传算法在自动控制中的应用如基于遗传算法的模糊控制器优化设计、基于遗传算法的参数辨识。

（4）机器人智能控制。遗传算法已经成功应用于移动机器人路径规划、关节机器人运动轨迹规划、机器人逆运动学求解、细胞机器人的结构优化和行动协调等。

（5）组合图像处理和模式识别。目前遗传算法已在图像恢复、图像边缘特征提取、几何形状识别等方面得到了应用。

（6）人工生命。基于遗传算法的进化模型是研究人工生命现象的重要理论基础，遗传算法已在其进化模型、学习模型、行为模型等方面显示了初步的应用能力。

（7）遗传程序设计。约翰·柯扎（John Koza）发展了遗传程序设计的概念，他使用了以 LISP 语言所表示的编码方法，基于对一种树型结构所进行的遗传操作自动生成计算机程序。

3.6.3 遗传规划

遗传规划（Genetic Programming）是遗传算法的一个分支，与遗传算法中每个个体是一段染色体编码不同，遗传规划的个体是一个计算机程序。1989 年，美国斯坦福大学的约翰·柯扎（John Koza）基于自然选择原则创造性地提出了用层次化的计算机程序来表达问题的遗传规划方法。1992 年，他出版了专著 *Genetic Programming:on the Programming of Computer by Means of Natural Selection*（《遗传规划：应用自然选择法则的计算机程序设计》），全面介绍了遗传规划的原理及应用实例。1994 年，他又出版了第二部专著 *Genetic Programming II:Automatic Discovery of Reusable Programs*（《遗传规划 II：可再用程序的自动发现》），提出了自动定义函数的概念，并引入了子程序的概念。1999 年他又和 Forest 等人出版了专著 *Genetic Programming III: Darwini an Invention and Problem Solving*（《遗传规划 III：达尔文创造和问题求解》），提出了结构改变算子，即一组控制子程序、迭代结构、递归式和内存的高级遗传算子，并着重介绍了遗传规划在模拟电子电路自动合成中的应用。从 20 世纪 90 年代至现在，遗传规划不断向广度和深度发展。

遗传规划的基本思想：随机产生一个适用于所给问题环境的初始种群，即搜索空间，种群中的每个个体为树状结构（又称为 S 表达式），计算每个个体的适应值；依据达尔文的进化原则，选择遗传算子（复制、交叉、变异等）对种群不断进行迭代优化，直到在某一代上找到最优解或近似最优解。遗传规划的算法流程图如图 3-20 所示。

遗传规划的算法流程可分为如下几个部分。

（1）初始化（Initialization）。随机生成多个个体，初始化种群。

（2）评价函数（Evaluation）。确定适当的适应度函数，并评价所有个体。

（3）选择（Selection）。通过适应度函数和随机因子，在种群中选择下一代的个体。

（4）交换（Crossover）。随机选中两个个体的子树，进行交换。

（5）突变（Mutation）。随机选中个体的一个节点，将以节点为根的子树用随机生成的突变树替换。

（6）终止（Terminal Criterion）。重复（2）～（5），直至满足终止条件。

AI 的应用和方法（4）

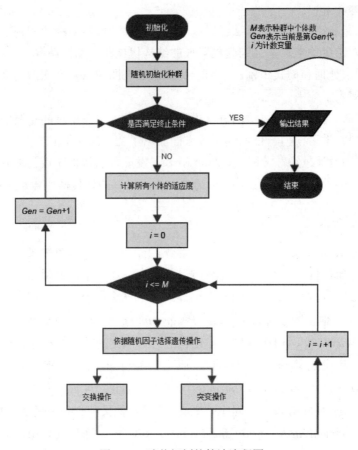

图 3-20　遗传规划的算法流程图

3.7　自然语言处理

自然语言处理（Natural Language Processing，NLP）是计算机科学领域与人工智能领域中的一个重要方向，它研究能实现人与计算机之间用自然语言进行有效通信的各种理论和方法。自然语言处理是一门融语言学、计算机科学、数学于一体的科学。由于这一领域的研究将涉及自然语言，即人们日常使用的语言，所以它与语言学的研究有着密切的联系，但又有重要的区别。自然语言处理并不是一般地研究自然语言，而是研制能有效地实现自然语言通信的计算机系统，特别是其中的软件系统。因而它是计算机科学的一部分。

3.7.1　自然语言处理的概述

我们现在已经处于一个信息爆炸的时代，手机、计算机、书籍、电视、路边的广告、地铁和公交车里的小屏幕都让我们随时随地主动或者被动地接受外来的海量信息。这些信息以多种形式存在，包括视频、图像、声音、文字以及它们的混合体，其中，自然语言是最主要的信息载体。

语言是人类区别其他动物的本质特性。在所有生物中，语言是人类特有的表达意思、交流思想的工具，由语音、词汇、语法构成一定的体系。语言有口语和书面语两种形式，而自然语言通常是指一种随着文化演化的语言。人类的多种智能都与语言有着密切的关系。人类的逻辑思维以语言为形式，人类的绝大部分知识也是以语言文字的形式记载和流传下来的。因而，它也是人工智能的一个重要，甚至核心部分。

人类语言也被称为自然语言。通过程序使计算机能够听懂、看懂并且处理自然语言，能够在各种不同的语言之间进行互译和转换，能够把内在的含义使用计算机合成自然语言，这些过程都被称为自然语言处理。

自然语言处理是以语言为对象，利用计算机技术来分析、理解和处理自然语言的一门学科，即把计算机作为语言研究的强大工具，在计算机的支持下对语言信息进行定量化的研究，并提供可供人与计算机之间共同使用的语言描写。自然语言处理包括自然语言理解和自然语言生成两部分，如图 3-21 所示。

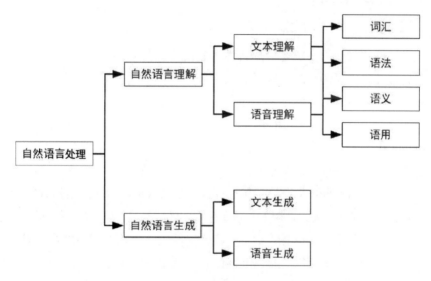

图 3-21　自然语言处理的构成

最早的自然语言理解方面的研究工作是机器翻译。1949 年，美国人瓦伦·威弗（Warren Weaver）首先提出了机器翻译设计方案。其发展主要分为三个阶段。

（1）萌芽期（20 世纪 60 年代至 20 世纪 80 年代）。这一时期的自然语言研究主要是基于规则来建立词汇、句法语义分析、问答、聊天和机器翻译系统，这种方法的好处是规则可以利用人类的内省知识，不依赖数据，可以快速起步；问题是覆盖面不足，像个玩具系统，规则管理和可扩展问题一直没有解决。

（2）发展期（20 世纪 90 年代至 21 世纪初期）。基于统计的机器学习（ML）开始流行，很多 NLP 开始用基于统计的方法，主要思路是利用带标注的数据，基于人工定义的特征建立机器学习系统，并利用数据经过学习确定机器学习系统的参数。在运行时利用这些学习得到的

参数，对输入数据进行解码，得到输出。机器翻译、搜索引擎都利用统计方法获得了成功。

（3）繁荣期（2008 年之后）。深度学习开始在语音和图像上发挥威力，与此同时，NLP 研究者开始把目光转向深度学习。研究者先是把深度学习用于特征计算或者建立一个新的特征，然后在原有的统计学习框架下体验效果。例如，在搜索引擎中加入深度学习的检索词和文档的相似度计算，以提升搜索的相关度。自 2014 年以来，人们尝试直接通过深度学习建模，进行端到端的训练，这种方法目前已在机器翻译、问答、阅读理解等领域取得了进展，出现了深度学习的热潮。

自然语言处理是用机器处理人类语言的理论和技术，其作为语言信息处理技术的一个高层次的重要研究方向，一直是人工智能领域的核心课题。由于自然语言具有多义性、上下文有关性、模糊性、非系统性和环境密切相关性，且涉及的知识面广，自然语言处理一直是困难问题之一。

3.7.2 自然语言处理的常用技术

自然语言处理技术是人工智能的一个重要分支，其目的是利用计算机对自然语言进行智能化处理，让机器能够理解人类语言，用自然语言的方式与人类交流，最终拥有"智能"。基础的自然语言处理技术主要围绕语言的不同层级展开，包括音位（语言的发音模式）、形态（字、字母如何构成单词、单词的形态变化）、词汇（单词之间的关系）、句法（单词如何形成句子）、语义（语言表述对应的意思）、语用（不同语境中的语义解释）、篇章（句子如何组合成段落）7 个层级。这些基本的自然语言处理技术经常被运用到下游的多种自然语言处理任务中，如信息检索、机器翻译、摘要提取、相似度检测、自动应答等技术。

（1）信息检索。我们现在日常生活中已离不开搜索引擎，当有疑问的时候就可以通过搜索引擎找到自己想要的答案。例如常用的百度等搜索引擎网站实际上提供的就是一种信息检索服务，在网页中输入想要检索的信息关键字，就会返回包含检索内容的网页、图片等。信息检索还具备模糊搜索的功能，即使输入的关键字信息不完整或者出错，在大多数情况下搜索引擎依然能够返回正常的结果。

（2）机器翻译。机器翻译是利用计算机把一种自然语言转变成另一种自然语言的过程。用以完成这一过程的软件叫作机器翻译系统，它是语言学、人工智能、计算技术、认知科学等学科相结合的产物。当阅读外文电子文档或者外文网站时，可以借助机器翻译工具将其转换为想要的文字进行查看。例如 360 浏览器就提供了翻译插件可以实时把外文网站内容翻译成中文。用户也可以把一段中文输入百度翻译，得到对应的英文文字。虽然目前对于中文和其他语言的翻译还不是很精确，但帮助正确理解文字意思已没有问题。

（3）摘要提取。随着互联网产生的文本数据越来越多，文本信息过载问题日益严重，对各类文本进行"降维"处理显得非常必要，文本摘要提取便是其中一个重要的手段。所谓的文章摘要提取，就是指计算机可以通过一系列的计算，提取出原文章中可以反映出文章主旨的短文。现有的摘要提取方法有自动摘要提取、基于理解的摘要提取、信息抽取和基于结构的自动摘要提取等几种主要的方法。

（4）相似度检测。相似度检测是指获取两个文本（文章）之间的相似度，在搜索引擎、推荐系统、论文鉴定、机器翻译、自动应答、命名实体识别、拼写纠错等领域有广泛的应用。例如现在的大学毕业论文需要进行论文查重，论文查重的目的是检查某论文和已发表的论文之间的相似度关系，如果重复率过高就不能进行毕业答辩。

（5）自动应答。自动应答是信息检索的一种高级形式，它能用准确、简洁的自然语言回答用户用自然语言提出的问题。如果你使用苹果公司的手机或计算机，就会出现有一个智能语音控制机器人 Siri，利用 Siri 可以和手机或计算机直接对话，可以询问天气、设置闹钟、让设备阅读短信，还可以进行日常的对话。它和现在兴起的智能音箱、微软的小冰一样，都是典型的智能对话程序。自动应答作为一种新兴人机接口，在服务机器人领域有很多应用场景。

（6）情感分析。目前情感分析研究在中文自然语言处理领域中比较火热，很多场景下都需要用到情感分析。例如，做金融产品量化交易需要根据爬取的舆论数据来分析政策和舆论对股市或者基金期货的态度；电商交易根据买家的评论数据来分析商品的预售率等。

（7）文本校正。随着电子书、电子报纸、电子邮件、办公文件等文本电子出版物不断涌现，如何保证这些文本的正确性显得越来越重要。文本纠错任务是对于自然语言在使用过程中出现的错误进行自动地识别和纠正。文本纠错任务主要包含两个子任务，分别为错误识别和错误修正。错误识别的任务是指出错误出现的句子的位置，错误修正是指在识别的基础上自动进行更正。例如，当使用 Word 时，打开校正功能就可以自动检测出一些典型的语法错误、拼写错误以及用词错误，并给出校正建议，方便我们对于输入的文本错误进行修改。

（8）语音合成。语音合成又称文语转换技术，能将任意文字信息实时转化为标准流畅的语音并朗读出来。它涉及声学、语言学、数字信号处理、计算机科学等多个学科技术，是信息处理领域的一项前沿技术。语音合成解决的主要问题就是如何将文字信息转化为可听的声音信息，即让机器像人一样开口说话。很多公共场所的语音播报、汽车导航软件里的语音提示都使用了语音合成技术。

（9）语音识别。语音识别是将人类的语音中的词汇内容转换为计算机可读的输入，与语音合成的过程正好相反。语音合成是把文字转换为声音，而语音合成是把声音转换为文字，也就是让机器人能够"听懂"人们所说的话。很多老年人不会使用智能手机或者计算机输入文字，可以在手机或计算机上安装"讯飞输入"软件或者其他的语音输入法，这样对着话筒说话，就可以直接获得语音对应的文字。

3.7.3　自然语言处理的统计方法与概率模型

在自然语言处理研究领域，概率模型是一类基本的模型，它可以通过对数据进行概率建模，从而提取数据的特征，学习对数据的表达。从数学角度来看，概率模型通过合理的概率分布假设，对观测数据和隐空间进行概率建模。从应用角度来看，它不仅可以完成传统确定性建

模所完成的任务，同时可以对不确定的事物给出概率解释，并对未知事物给出具有概率意义的自动决策。因此，概率模型将不同领域的知识统一到一个框架内，作为自然语言处理的重要组成部分。自然语言处理的统计方法与概率模型主要有朴素贝叶斯、隐马尔可夫模型、最大熵马尔可夫模型、条件随机场等。

（1）朴素贝叶斯模型（Naive Bayes Model，NBM）。朴素贝叶斯模型是文本领域永恒的经典模型，被广泛应用在各类文本分析任务中。通常来讲，只要遇到了文本分类问题，第一个需要想到的方法就是朴素贝叶斯模型，它在文本分类任务上是一个非常靠谱的基准，其核心思想就是统计出不同文本类别中出现的单词的词频。例如对于垃圾邮件的分类任务，需要统计出哪些单词经常出现在垃圾邮件中，哪些单词经常出现在正常邮件。如果在邮件里看到了"广告""购买""链接"等关键词，可以认为这很可能是垃圾邮件，因为这些单词经常出现在垃圾邮件中，其实很多邮件过滤系统就是这样过滤垃圾邮件的。同时，也可以自行设定一些规则来过滤垃圾邮件，这种规则通常也是指定哪些单词跟垃圾邮件相关。

（2）隐马尔可夫模型（Hidden Markov Model，HMM）。隐马尔可夫模型是描述两个时序序列联合分布 $p(x,y)$ 的概率模型。x 序列外界可见（外界指的是观测者），称为观测序列（Observation Sequence），观测 x 为单词。y 序列外界不可见，称为状态序列（State Sequence），状态 y 为词性。例如，假设根据天气情况来决定当天的活动内容，天气情况有两种：晴天和雨天，活动有三种：逛街、打游戏和看电影。那么通过查询小明在过去几天的日志记录发现他进行了打游戏和看电影活动，那么小明的活动就是观测数据，是可以看到的内容，而天气情况就是隐含状态，要根据活动情况来推测当天的天气，这就是一个普通的 HMM 模型需要解答的问题。

（3）最大熵马尔可夫模型（Maximum Entropy Markov Model，MEMM）。最大熵马尔可夫模型是在给定训练数据的条件下对模型进行极大似然估计或正则化极大似然估计。MEMM 并没有像 HMM 通过联合概率建模，而是直接学习条件概率。假如输入的拼音是"chang-jia"，利用语言模型，根据有限的上下文（例如前两个词），往往能给出两个最常见的名字"厂家"和"长假"。至于需要确定是哪个名字就难了，即使利用较长的上下文也做不到。当然，如果知道通篇文章是介绍假期的，"长假"的可能性就较大；而在讨论工厂相关的话题时，"厂家"的可能性会较大。在上面的例子中，综合了两类不同的信息，即主题信息和上下文信息。

（4）条件随机场（Conditional Random Fields，CRF）。条件随机场是 Lafferty 于 2001 年在最大熵模型和隐马尔可夫模型的基础上提出的一种判别式概率无向图学习模型，是一种用于标注和切分有序数据的条件概率模型。例如，假如需要对一个 10 个词组成的句子进行词性标注。这 10 个词中每个词的词性可以在已知的词性集合（名词，动词……）中选择。当为每个词选择完词性后，就形成了一个随机场。条件随机场作为一个整句联合标定的判别式概率模型，具有很强的特征融入能力，是目前解决自然语言序列标注问题最好的统计模型之一。

本章小结

人工智可应用于教育、医疗、家居、商业零售、交通等多个方面，并日益发挥着无可替代的作用。人工智能主要研究方法包括搜索方法、博弈、逻辑、知识系统神经网络、进化计算和自然语言处理等。在智能的过程中，搜索是不可避免的。人工智能科学从其诞生之日起便与逻辑学密不可分，二者的共同发展促进了用机器模仿人类思维的智能学的进步。专家系统是一个或一组能够在某些特定领域,应用大量的专家知识和推理方法解决复杂实际问题的计算机系统。神经网络是目前人工智能技术发展的主流，深度学习已经在一些领域内在特定环境下取得了很多令人瞩目的成果，已经达到甚至超过了人类的水平。自然语言处理主要研究用计算机模拟人的语言交际过程，使计算机能理解和运用人们生活中使用的自然语言。

练习 3

一、选择题

1. 盲目搜索策略不包括（　　）。
   A．广度优先搜索
   B．深度优先搜索
   C．迭代加深搜索
   D．全局择优搜索

2. 在囚徒困境的博弈中，合作策略会导致（　　）。
   A．博弈双方都获胜
   B．博弈双方都失败
   C．先采取行动者获胜
   D．后采取行动者获胜

3. 下列选项中不属于产生式系统组成部分的是（　　）。
   A．规则库
   B．模拟器
   C．推理机
   D．综合数据库

4. 专家系统的核心是（　　）。
   A．知识库和知识获取机构
   B．知识库和推理机
   C．知识库和综合数据库
   D．综合数据库和推理机

5. 下列选项中不属于人工神经元的组成部分的是（　　）。
   A．输入
   B．权重
   C．偏置
   D．细胞体

6. 下列选项中不属于人工神经网络的基本特征的是（　　）。
   A．并行分布处理
   B．非线性映射
   C．具有自组织自学习能力
   D．具有思维能力

7. 下列选项中不属于遗传算法的应用是（　　）。

    A．基因编辑　　　　　　　　　　B．函数优化

    C．自动控制　　　　　　　　　　D．组合优化

8. 自然语言处理的发展经过萌芽期、发展期和繁荣期三个阶段，其中（　　）开始使用基于统计的方法。

    A．20 世纪 20 年代至 20 世纪 60 年代

    B．20 世纪 60 年代至 20 世纪 80 年代

    C．20 世纪 90 年代

    D．2008 年及以后

二、简答题

1. 简述什么是广度优先搜索和深度优先搜索以及它们之间的区别。

2. 解释"囚徒困境"，并结合有关案例说明。

3. 简述专家系统的特点及分类。

4. 简述什么是自然语言处理。

第4章　人脸识别

本章导读

　　人脸识别是基于人的脸部特征信息进行身份识别的一种生物识别技术。用摄像机或摄像头采集含有人脸的图像或视频流，并自动在图像中检测和跟踪人脸，进而对检测到的人脸进行脸部的一系列相关技术操作。它包含实名认证、人脸对比、人脸搜索、活体检测等能力，被灵活应用于金融、泛安防等行业场景，满足身份核验、人脸考勤、闸机通行等业务需求。这项技术也被越来越多的企业应用在运营和营销中。本章利用百度 AI 开放平台人脸识别功能实现人脸检测案例，讲解了人脸识别的概念、原理、人脸识别流程等，以"人脸检测与属性分析"为例，介绍了利用百度 AI 平台实现人脸识别一般流程与步骤环节。

本章要点

- 理解人脸识别的概念
- 理解人脸识别的原理
- 理解人脸识别的相关知识
- 掌握人脸识别的一般流程

4.1　案例描述

　　本节首先会介绍人脸识别模型的内部工作原理。随后结合一个简单的案例，通过 Python 进行案例实践。在本节的最后部分将体验人脸识别的应用。

　　人脸识别技术又称"刷脸技术"，是基于人的脸部特征信息进行身份识别的一种生物识别技术。通常采用摄像机或摄像头采集含有人脸的图像或视频流，并自动在图像中检测和跟踪人脸。如今，在人工智能与大数据的技术支持和广泛运用下，人脸识别技术越来越成熟。

　　人脸识别是一个成熟的研究方向，已被广泛地应用在工业界和学术界。人类的大脑能够熟练掌握重复、规律性的学习，例如对于人脸识别的学习就是一种高强度的重复性学习。人脸识别技术就是基于一种人性化的程序，即通过人工智能去模仿这种能力，利用节点将人脸变成可见的线条，例如眼窝深度、眼睛间距、鼻头宽度等。计算机会将这些线条数据转换成独一无二的代码，相当于为每一张人脸生成了一个特制的模板。如果识别到的图片和已存在的模板相匹配，则成功将两者画上等号，完成认证。

　　日常生活中的人脸识别模型应用很多，例如人们上传照片到社交平台上，平台都会用人脸识别算法来识别图片中的人物，有些案件用人脸识别技术来识别和抓捕罪犯，最常见的应用就是通过自己的脸部解锁手机。

人脸识别系统主要组成有哪些呢？人脸识别系统主要包括四个组成部分：人脸图像采集及检测、人脸图像预处理、人脸图像特征提取以及匹配与识别。

人脸识别的一般流程主要包括以下步骤：

（1）人脸检测：检测到人脸、捕捉人脸图像，通过过滤器过滤信息。

（2）人脸规范化：将人脸进行大小同一化，对人脸面部区域进行切割分析。

（3）人脸建模：对局部纹理和特征进行建模分析，包括 26 个区域以及 2000 多个特征。

（4）分类对比：将被识别的人脸特征与数据库中人脸特征作对比。

（5）人脸匹配识别完成。

人脸识别的一般流程如图 4-1 所示。

图 4-1　人脸识别的一般流程

4.2　案例解析

人脸识别已被广泛地运用到了我们的生活中，如"刷脸"入住酒店、银行"刷脸"存取款、"刷脸"看病、"刷脸"领取养老金等。深圳地铁"生物识别+信用支付"地铁售检票系统具备单人脸模式、人证合一模式和人脸加指静脉三种识别认证模式，可以满足地铁乘客出行的不同业务场景。地铁建设工地运用了人脸识别系统，工人们通过门禁，系统就可以直接识别人脸，大大提高了进出场人员的有效安全管理，可避免非工地人员随意进出，造成安全事故或治安隐患。据相关资料，2015—2020 年，人脸识别市场规模增长了 166.6%，在众多生物识别技术中增幅居于首位，2022 年人脸识别全球市场近 90 亿美元。

人脸识别系统的硬件主要由摄像头和计算机（或者是手机、PAD 等其他智能终端）组成。而人脸识别系统的软件比较复杂，需要控制摄像头采集图片，然后对采集到的图片进行预处理，之后完成人脸检测定位、人脸特征提取和人脸特征匹配任务。20 世纪 60 年代就有研究发现人类的脸部特征，例如眼角点位和鼻翼点位的距离比值是不会变化的，基于这个特性的检测技术就可以确定这个人的身份，目前这项技术研究的识别准确率和速度都比肉眼识别高出很多。在疫情之前，人脸识别主要是采集全部的面部信息以提高准确度，而疫情后因为口罩的影响对这项技术提出更高的要求，需要更加快速、准确地完成信息认证工作。提高人脸识别准确度的关键在于人脸关键信息采集和面部信息模型的训练两个方面。

4.3　知识链接

为了理解人脸识别算法工作原理，首先需要解特征向量的概念。每个机器学习算法都会将数据集作为输入，并从中学习经验，算法会遍历数据并识别数据中的模式。假定希望识别指定图片中人物的脸，可以被看作模式的物体如下。

- 脸部的长度/宽度。
- 脸部长度和宽度的比例。由于图片比例会被调整，长度和高度可能并不可靠，但无论图片如何缩放，比例是保持不变。
- 脸部肤色。
- 脸上局部细节的宽度，如嘴，鼻子等。

此时存在一个模式——不同的脸有不同的维度，相似的脸有相似的维度。需要将特定的脸转为数字，因为机器学习算法只能理解数字。表示一张脸的数字（或训练集中的一个元素）可以称为特征向量，一个特征向量包括特定顺序的各种数字，可以将一张脸映射到一个特征向量上。特征向量由不同的特征组成，具体如下。

- 脸的长度（cm）。
- 脸的宽度（cm）。
- 脸的平均肤色（R，G，B）。
- 唇部宽度（cm）。
- 鼻子长度（cm）。

当给定一个脸部图片时，可以标注不同的特征并将其转化为如下的特征向量，见表4-1。

表4-1　人脸特征参数

脸部长度（cm）	脸部宽度（cm）	平均肤色（RGB）	嘴唇宽度（cm）	鼻子长度（cm）
23.1	15.8	(255,224,189)	5.2	4.4

此图片现在被转化为一个向量，可以表示为(23.1,15.8,255,224,189,5.2,4.4)。还可从图片中衍生出无数的其他特征（如头发颜色、胡须、眼镜等）。

将每个图片解码为特征向量后，当使用同一个人的两张面部图片时，提取的特征向量会非常相似。换言之，两个特征向量的"距离"就变得非常小。

机器学习可以完成两件事。

- 提取特征向量。由于特征过多，手动列出所有特征是非常困难的。一个机器学习算法可以自动标注很多特征，如鼻子长度和前额宽度的比例等。
- 匹配算法。一旦得到特征向量，机器学习算法需要将新图片和语料库中的特征向量进行匹配。由此，可运用一些广泛使用的Python库来搭建自己的人脸识别算法。

目前的人脸识别主要是2D人脸识别，其主要原理是将图片与图片的匹配，即把采集的人脸图片与系统库中保存的人脸进行比对后得出匹配结果。因为2D人脸识别有一定的局限性（采集的照片往往受光源、人脸角度、运动模糊等因素影响）。为了弥补其不足，3D人脸识别技术应运而生。相比于2D人脸识别，3D人脸识别使用了更加安全的数据读取设备，确保了人脸的真实性，让人脸信息难以被盗用。基于3D结构光的人脸识别已在一些智能手机上实际应用，例如iPhone使用的Face ID运用硬件和算法的结合，使用3D人脸识别来验证手机和账户。

4.4 案例学习

人脸识别技术已广泛应用于交通出行、身份识别、门禁系统、网络登录验证等。例如，面部身份验证应用包括 Apple 在 iPhone 中引入 Face ID 用于面部身份验证，门禁系统使用面部身份验证来解锁；用户服务应用包括一些银行安装了人脸识别系统用于识别有价值的银行客户，以便银行为其提供个人服务，进而维持这类用户并提升用户满意度；保险行业应用包括很多保险公司正在通过运用人脸识别系统来匹配人脸和 ID 提供的照片，使赔付过程更简单。

4.4.1 人脸识别应用案例

人脸识别应用场景很多，其中一些应用案例列举如下。

（1）人脸识别智慧会务。人脸识别智慧会务基于人脸识别、人体识别等多项 AI 技术，为会议提供刷脸入场、会议互动、数据实时监测等全套业务服务，实现对会议活动的组织和管理。

（2）人脸识别智慧门店。在传统的线下零售场景下，商家对用户的了解程度很低，很难做到精准营销。通过人脸识别技术，商家可以轻松识别顾客的消费信息，依托大数据进行信息分析和信息管理。商家可以很轻松地收集顾客消费数据、了解库存数据，从而更好地组织管理门店。

（3）人脸识别智慧校园。传统的校园管理系统无法让家长及时得知孩子在校的情况，而人脸识别智慧校园系统使得家长对孩子进出学校等数据了如指掌。利用人脸识别系统建立校园安全体系，可以实现对每一位学生的保护，有效杜绝陌生人员冒充家长进入校园的隐患，也对后勤人员管理校园物资提供了极大便利。

（4）人脸识别智慧物业。传统物业对人工管理的依赖性很强，管理成本比较高，但效率很低，业主的满意度很难提高。随着技术的成熟，很多住宅区域已经在逐渐配备人脸识别系统，对业主的脸部信息进行采集后，业主出入小区会非常安全。另外，若人脸识别智慧物业系统能集合车辆管理、人脸管理等功能，就可以给整个社区的管理提供整套智能系统和设备。

（5）人脸识别智慧 OA。将人脸识别技术应用在办公领域可以大大提高办公效率。通过对员工人脸的识别，可以很简单地实现考勤打卡、办公区域进出管理等功能，且有助于搭建完善的智能访客系统，提升办公区域的安全性和办事效率。

接下来将探讨人脸识别技术中最基本的一项任务——识别图片中的脸。Python 库中的 face_recognition 封装了人脸识别算法，可以根据脸部特征生成特征向量并区分不同的脸。它应用了 dlib（一个现代 C++工具包），其中包含了一些机器学习算法。Python 中的 face_recognition 库可以完成大量的任务：发现给定图片中所有的脸，发现并处理图片中的脸部特征，识别图片中的脸，实时的人脸识别。可以在 github 的网站中获取 face_recognition 库的源代码，代码如下：

```
#fr.py
#import the libraries
```

```
import os
import face_recognition
#make a list of all the available images
images = os.listdir('images')
#load your image
image_to_be_matched = face_recognition.load_image_file('my_image.jpg')
#encoded the loaded image into a feature vector
image_to_be_matched_encoded = face_recognition.face_encodings(
    image_to_be_matched)[0]
#iterate over each image
for image in images:
    #load the image
    current_image = face_recognition.load_image_file("images/" + image)
    #encode the loaded image into a feature vector
    current_image_encoded = face_recognition.face_encodings(current_image)[0]
    #match your image with the image and check if it matches
    result = face_recognition.compare_faces(
        [image_to_be_matched_encoded], current_image_encoded)
    #check if it was a match
    if result[0] == True:
        print "Matched: " + image
    else:
        print "Not matched: " + image
```

接下来进行代码解读，并理解其工作原理。

1. 引入人脸识别库

```
#import the libraries
import os
import face_recognition
```

2. 数据准备与载入

通过已经建好的 os 库来读入语料库中的所有图片，并且通过 face_recognition 来完成算法部分。

```
#make a list of all the available images
images = os.listdir('images')
```

这个简单的代码将帮助我们识别语料库中所有图片的路径。一旦执行这些代码，可以得到的结果如下。

```
images = ['image 1.jpg', 'image 2.jpg', 'image 3.jpg', 'image 4.jpg', 'image 5.jpg', 'image 6.jpg', 'image 7.jpg']
```

现在，用以下代码加载新人物的图片。

```
#load your image
image_to_be_matched = face_recognition.load_image_file('my_image.jpg')
```

3. 转化为特征向量

为了保证算法可以解析图片，将人物脸部图片转化为特征向量。

```
#encoded the loaded image into a feature vector
image_to_be_matched_encoded = face_recognition.face_encodings(
    image_to_be_matched)[0]
```

4. 图像匹配

对每个图像进行循环操作，将图像解析为特征向量，比较语料库中已经加载的图片和被识别的新人物图片，如果两者匹配，就显示出匹配图片，如果不匹配，显示不匹配信息。

```
#iterate over each image
for image in images:
    #load the image
    current_image = face_recognition.load_image_file("images/" + image)
    #encode the loaded image into a feature vector
    current_image_encoded = face_recognition.face_encodings(current_image)[0]
    #match your image with the image and check if it matches
    result = face_recognition.compare_faces(
        [image_to_be_matched_encoded], current_image_encoded)
    #check if it was a match
    if result[0] == True:
        print "Matched: " + image
    else:
        print "Not matched: " + image
```

运行以上程序，可以发现这个简单的人脸识别算法进行得很顺利。

5. 图像测试

尝试将 my_image 替换为另一个新的不在语料库中的人物的图片，再次运行此程序，将会看到如下结果。

```
Not matched: image 1.jpg
Not matched: image 2.jpg
Not matched: image 3.jpg
Not matched: image 4.jpg
Not matched: image 5.jpg
Not matched: image 6.jpg
Not matched: image 7.jpg
```

此时系统没有将新图片识别为以上的任何一个人，这意味着上述算法可完成以下功能：

● 正确地识别那些在语料库中存储的人。

● 对语料库中不存在的人物进行标注。

4.4.2 百度 AI 平台人脸检测

百度 AI 平台人脸检测与属性分析（https://ai.baidu.com/tech/face/detect）能快速检测人脸并返回人脸框位置，输出人脸 150 个关键点坐标，准确识别多种属性信息。其能实现的功能如下。

（1）人脸检测定位：检测图片中的人脸并标记出人脸坐标，支持同时识别多张人脸。

（2）人脸属性分析：准确识别多种人脸属性信息，包括年龄、性别、表情、情绪、是否有口罩、脸型、头部姿态、是否闭眼、是否配戴眼镜、人脸质量信息及类型等。

（3）150 关键点定位：精准定位包括脸颊、眉、眼、口、鼻等人脸五官及轮廓等 150 个关键点。

（4）情绪识别：分析检测到的人脸的情绪，并返回置信度分数，目前可识别愤怒、厌恶、恐惧、高兴、伤心、惊讶、嘟嘴、鬼脸、无情绪等 9 种情绪。

（5）图片质量控制：分析图片中人脸的遮挡度、模糊度、光照强度、姿态角度、完整度、大小等特征，确保图片符合质量标准，保障后续人脸对比、搜索的准确性；

（6）在线图片活体检测：基于单张图片中人像的破绽（摩尔纹、成像畸形等），判断图片是否为二次翻拍，过滤检测中不符合标准的人脸。

可将人脸识别技术应用于校园摄像头监控，对学生、教职工及陌生人进行实时检测定位，解决校园安防监控、校内考勤、学生自助服务等场景的需求，打造智能化校园细分管理，提升校园生活体验和安全性。

4.5　案例实现

以百度 AI 开放平台人脸检测与属性分析为例，进行人脸检测与识别。在网页浏览器如 Firefox 中打开网址 https://ai.baidu.com/tech/face/detect，选择"功能演示"区，单击区域中的一张图片，即可显示人脸检测结果，检测出的人脸被矩形框住。图 4-2 为百度 AI 人脸检测情况。百度 AI 开放平台也可上传图片，进行人脸检测实验。

图 4-2　百度 AI 人脸检测情况

4.6 人脸识别案例实战

经过前面的学习可以知道人脸识别是一种依据人的面部特征（如统计或几何特征等），自动进行身份识别的一种生物识别技术，又称为人像识别、面部识别等。通常所说的人脸识别是基于光学人脸图像的身份识别与验证。其相关应用操作包括图像采集、特征定位、身份的确认和查找等，即从照片中提取人脸中的特征，如眉毛高度、嘴角等，再通过特征的对比输出结果。接下来通过一个 Python 项目案例来了解人脸识别和检测。

人脸识别是从照片和视频帧中识别或验证一个人的脸的过程，人脸识别方法用于定位图像中唯一指定的特征。人脸检测是指在图像中定位和提取人脸（位置和大小）以供人脸检测算法使用的过程。人脸识别包括三个步骤：人脸检测、特征提取、人脸识别。

首先在 https://www.anaconda.com/网站下载安装 Anaconda 环境，再使用其中的 Jupyter Notebook 进行实验。可在 Anaconda Prompt 下安装依赖包。如果无法安装可使用如下命令进行升级后安装：python -m pip install --upgrade pip。

推荐使用工具：Python-3.x，CV2-4.5.2，矮胖-1.20.3，人脸识别-1.3.0。

在 Python 项目案例中我们将构建一个机器学习模型从图像中识别人脸。在项目中使用了人脸识别 API 和 OpenCV。

OpenCV 是一个用 C++编写的开源库，它包含了用于计算机视觉的各种算法和深度神经网络的实现。安装 OpenCV 软件包的命令如下：

```
pip install opencv-python
```

要安装 face_recognition，首先需安装 dlib 包；命令如下：

```
pip install dlib
```

若 dlib 安装不成功，可考虑从网络下载相应 dlib 的.whl 包后再进行安装。其操作方法为先在所在文件夹下打开终端，执行安装命令：

```
pip install cmake
```

如果 python 版本是 3.6，输入如下命令进行安装：

```
pip install dlib-19.17.0-cp36-cp36m-win_amd64
```

如果 python 版本是 3.7，输入如下命令进行安装：

```
pip install dlib-19.19.0-cp37-cp37m-win_amd64.whl
```

如果 python 版本是 3.8，输入如下命令进行安装：

```
pip install dlib-19.19.0-cp38-cp38-win_amd64.whl
```

人脸识别库包含帮助人脸识别过程的各种实用程序的实现，使用以下命令安装面部识别模块 face_recognition。

```
pip install face_recognition
```

安装 dlib 及人脸识别库如图 4-3 所示。

1. 准备数据集

我们可使用自己的数据集来完成人脸识别项目，也可下载网络开源数据集。请下载 python 面部识别项目的示例源代码 face-recognition-python-code.zip 并解压使用。示例数据集包含在代码包中，其中 train 目录存入训练数据，test 目录存放测试数据。

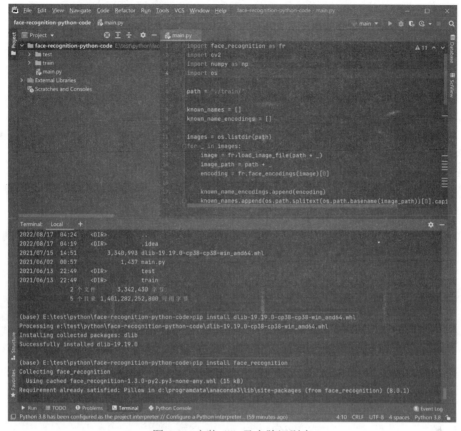

图 4-3　安装 dlib 及人脸识别库

在 PyCharm 中打开项目，如图 4-4 所示。

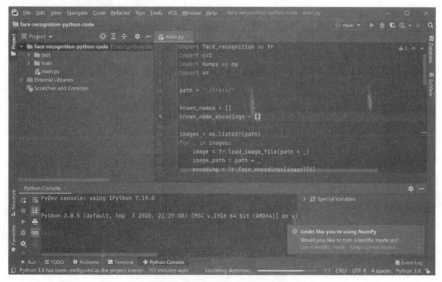

图 4-4　打开面部识别项目

2. 模型的训练

首先导入必要的模块。

```
import face_recognition as fr
import cv2
import numpy as np
import os
```

创建 2 个列表来存储图像的名称及其各自的人脸编码。

```
path = "./train/"
known_names = []
known_name_encodings = []
images = os.listdir(path)
```

人脸编码是一种值的矢量，它代表着脸部特征之间的重要度量，如眼睛之间的距离、额头的宽度等。

循环遍历 train 目录中的每个图像，提取图像中的人的姓名，计算其人脸编码向量，并将信息存储在相应的列表中。

```
for _ in images:
    image = fr.load_image_file(path + _)
    image_path = path + _
    encoding = fr.face_encodings(image)[0]
    known_name_encodings.append(encoding)
    known_names.append(os.path.splitext(os.path.basename(image_path))[0].capitalize())
```

3. 在测试数据集中测试模型

如前所述，测试数据集包含所有人员（每个人员仅一张）的图像。

使用 cv2 imread()方法读取测试图像。

```
test_image = "./test/test.jpg"
image = cv2.imread(test_image)
```

人脸识别库提供了一种名为 face_locations()的方法，它定位图像中检测到的每个人脸的坐标（左、下、右、上）。使用这些位置值，我们可以很容易地找到人脸编码。

```
face_locations = fr.face_locations(image)
face_encodings = fr.face_encodings(image, face_locations)
```

循环遍历每个面部位置及其在图像中的编码。然后将这种编码与 train 数据集中的人脸编码进行比较。然后计算人脸距离，即计算测试图像编码和训练图像编码之间的相似性。根据匹配结果使用 cv2 模块中的方法绘制一个带有面部位置坐标的矩形，代码如下。

```
for (top, right, bottom, left), face_encoding in zip(face_locations, face_encodings):
    matches = fr.compare_faces(known_name_encodings, face_encoding)
    name = ""

    face_distances = fr.face_distance(known_name_encodings, face_encoding)
    best_match = np.argmin(face_distances)

    if matches[best_match]:
```

```
        name = known_names[best_match]

    cv2.rectangle(image, (left, top), (right, bottom), (0, 0, 255), 2)
    cv2.rectangle(image, (left, bottom - 15), (right, bottom), (0, 0, 255), cv2.FILLED)

    font = cv2.FONT_HERSHEY_DUPLEX
    cv2.putText(image, name, (left + 6, bottom - 6), font, 1.0, (255, 255, 255), 1)
```

使用 cv2 模块的 imshow()方法显示图像。

```
cv2.imshow("Result", image)
```

使用 imwrite()方法将图像保存到当前工作目录中。

```
cv2.imwrite("./output.jpg", image)
```

4. 按任意键退出运行并关闭窗口

```
cv2.waitKey(0)
cv2.destroyAllWindows()
```

5. 实训小结

通过人脸识别案例分析了解人脸识别原理与流程，理解其实现的方法与步骤。

本章小结

本章介绍了人脸识别的概念、原理、相关知识，并利用百度 AI 开放平台人脸识别功能讲解了人脸识别的一般流程。在完成本章的学习后，可观察生活中应用了人脸识别的例子，并尝试自己制作一些人脸图片，独立完成人脸检测实验。

练习 4

一、选择题

1. 以下不属于人脸识别系统的特点的是（   ）。

    A．非强制性   B．非接触性

    C．视觉特性   D．光电特性

2. 以下不属于人脸识别门禁系统的基本配置设备的是（   ）。

    A．门禁控制器   B．人脸识别读头

    C．访客机   D．管理软件

3. 人脸识别采用的主流算法是（   ）。

    A．表征特征点算法   B．PCA 算法

    C．几何特征算法   D．AES 加密算法

4. 当人脸识别系统在室外使用时，对系统影响最大的是（   ）。

    A．天气   B．防尘   C．光线、照度   D．人员配合

5. 以下不是人脸识别系统的核心技术指标的是（　　）。

　　A．人脸识别率　　　　　　　　B．识别响应时间

　　C．注册用户数量　　　　　　　D．在线监控

二、填空题

　　使用 face_recognition 实现人脸识别一般包括准备数据集、_____、_____、_____、_____及人脸匹配识别完成等步骤。

三、设计题

　　设计一个人脸检测与识别程序，你会使用什么类型的 Python 库与机器学习算法？

第5章 图像分类

计算机视觉是使用计算机及相关设备对生物视觉的一种模拟，是人工智能领域的一个重要部分，图像分类是计算机视觉的核心问题。图像分类在很多领域有广泛应用，包括人脸识别、智能视频分析、交通场景识别、相册自动归类、医学领域的图像识别等。本章利用图像分类方法实现"VGG16 猫狗图像分类"经典案例，讲解图像分类的概念、算法分类、图像分类的流程等，以"猫狗图像分类"为例，介绍了利用 VGG16 预训练网络模型实现图像分类一般流程的步骤环节。

- 理解图像分类的概念
- 理解图像分类的算法分类
- 理解图像分类与检测的区别
- 掌握利用 VGG16 实现图像分类的方法

5.1 案例描述

当前社会发展已经进入大数据时代，图像数据每天极速增长，其内容和形式呈现出复杂多样化趋势。通过人工辨识图像数据并进行分类需要消耗大量的人力、时间和经验去分析和判断图片，因此，利用计算机辅助自动将图片按照人们理解的方式，划分到不同的类别属性的图像分类和识别技术已成为近些年的研究热点。

本章案例要解决的问题是计算机视觉领域的图像分类问题，图像分类是在一群已经知道类别标号的样本中训练一种分类器，让其能够对某种未知的样本进行分类。具体来说，本章案例的任务是实现猫狗图像分类，案例提供了用于训练、测试的两部分数据集，要求使用算法程序在训练集上对已分类的猫、狗的图片建立模型，然后利用建立的模型对测试集上的图片进行推断，识别图片是猫还是狗。

5.2　案例解析

猫狗图像分类是计算机视觉中的一个经典案例,实现图像分类的方法很多,本章以 VGG16 网络模型为例介绍实现图像分类的方法。

5.2.1　图像分类方法概述

常用的图像分类方法包括 k 最邻近算法(kNN)、BP 神经网络、支持向量机(SVM)和卷积神经网络(CNN)等,其中 kNN、BP 和 SVM 为传统的机器学习算法,CNN 为深度学习算法。传统机器学习在图像分别识别上具有简单高效的优点,但在大样本数据上,深度学习模型能进行精确的分类识别,并且具备较强的鲁棒性。

基于深度学习的研究已经成为当今人工智能领域的热门方向,越来越多的科研人员将目光锁定在深度学习的研究和应用上。而卷积神经网络(CNN)作为一种受欢迎的深度学习框架,在图像识别和图像分类方面的优势也越来越明显。最近几年,卷积神经网络可谓大放异彩,几乎所有的图像、语音识别等领域重要的突破均由卷积神经网络取得。

AlexNet 网络模型是 2012 年 ImageNet 竞赛冠军获得者 Geoffrey Hinton 和他的学生 Alex Krizhevsky 设计的,AlexNet 把 CNN 的基本原理应用到了很深很宽的网络中,在图像分类领域,AlexNet 准确度相比传统方法有一个很大的提升。AlexNet 的出现是浅层神经网络和深度神经网络的分界线,从此以后,更多的更深的神经网络被提出,如 VGG、GoogLeNet、ResNet 等。

5.2.2　实现方法选择

VGG 网络是牛津大学的 Visual Geometry Group 提出的,相比于 AlexNet,VGG 网络的一个改进是采用连续的几个 3×3 的卷积核代替 AlexNet 中的较大卷积核。对于给定的感受野,采用堆积的小卷积核优于采用大的卷积核,因为多层非线性层可以增加网络深度来保证网络以较小的代价(参数少)学习更复杂的模式。

VGG 网络主要有 2 种结构,分别为 VGG16 和 VGG19,两者并无本质上的区别,只是网络的深度改变了。

VGG16 网络结构如图 5-1 所示。输入是一张维度为(224,224,3)的原始图片,第 1、2 次卷积大小不变,生成维度为(244,224,64)的特征图;第一次池化(深色部分)大小减半,生成维度为(112,112,64)的特征图;第 3、4 次卷积大小不变,生成维度为(112,112,128)的特征图;第二次池化大小减半,生成维度为(56,56,128)的特征图;第 5、6、7 次卷积大小不变,生成维度为(56,56,256)的特征图;第三次池化大小减半,生成维度为(28,28,256)的特征图;第 8、9、10 次卷积大小不变,生成维度为(28,28,512)的特征图;第四次池化大小减半,生成维度为(14,14,256)的特征图;第 11、12、13 次卷积大小不变,生成维度为(14,14,512)的特征图;第五次池化大小减半,生成维度为(7,7,512)的特征图。VGG16 共有 13 次卷积操作,加上之后的 2 层维度为(1×1×4096)全连接层,以及最后的 1 层维度为(1×1×1000)全连接共 16 层,这也就是 VGG16 命名的由来。

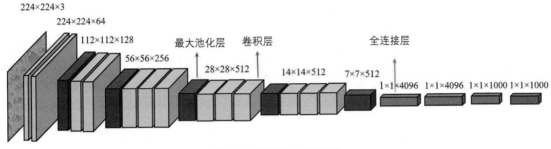

图 5-1　VGG16 网络结构

VGG19 网络结构图如图 5-2 所示。VGG19 总共 19 层，包括 16 层卷积层和最后的 3 层全连接层。

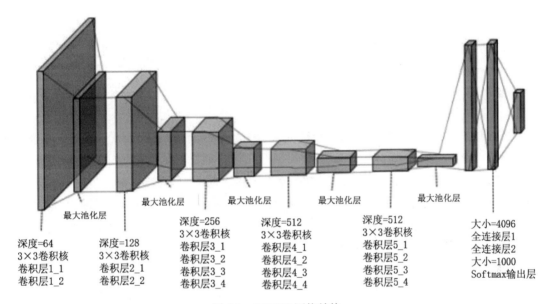

图 5-2　VGG19 网络结构

Keras 是一个用 Python 编写的高级神经网络 API，它能够以 TensorFlow、CNTK 或者 Theano 作为后端运行。由于 Keras 在众多深度学习框架中是最适合新手的，所以本章选择 Keras 内置的 VGG16 预训练神经网络，使用 TensorFlow 环境为后端运行环境，实现猫狗图像分类。

5.2.3　案例实现过程

本案例的实现过程如下：

（1）搭建 TensorFlow 环境。

（2）导入需要的包。

（3）下载猫狗数据集。

（4）加载猫狗数据集。

（5）划分猫狗训练（train）数据和测试（test）数据。

（6）对原始图像进行归一化处理。

（7）初始化 VGG16 预训练神经网络。

（8）编译模型。

（9）训练模型。

（10）保存模型。

（11）模型测试。

猫狗数据集本书资源已提供，需要的可自行下载。

5.3 知识链接

图像分类与检测是计算机视觉研究中的两个重要的基本问题，也是图像分割、物体跟踪、行为分析等其他高层视觉任务的基础。

5.3.1 图像分类与检测概述

计算机视觉理论的奠基者，英国神经生理学家大卫·马尔（David Marr）认为，视觉要解决的问题可归结为 "What is where"，即什么东西在什么地方，即计算机视觉的研究中，物体分类和检测是最基本的研究问题之一。物体分类与检测的研究是整个计算机视觉研究的基石，是解决跟踪、分割、场景理解等其他复杂视觉问题的基础。欲对实际复杂场景进行自动分析与理解，首先就需要确定图像中存在什么物体（分类问题），或者是确定图像中什么位置存在什么物体（检测问题），如图 5-3 所示。

（a）图像分类　　　　　　　　　　　　　（b）图像检测

图 5-3　物分分类和检测

本章研究的图像分类是指输入一个图像，输出该图像中包含的物体类别，如图 5-4 所示。给定一组各自被标记为单一类别的图像，对一组新的测试图像的类别进行预测，并测量预测的准确性结果，这就是图像分类问题。

猫　　　　　　　　　　　　狗

图 5-4　图像分类

5.3.2　图像分类与检测的难点与挑战

图像分类与检测是视觉研究中的基本问题，也是一个非常具有挑战性的问题。图像分类的难点与挑战分为三个层次：实例层次、类别层次、语义层次，如图 5-5 所示。

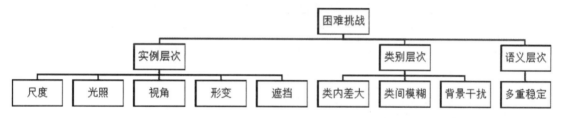

图 5-5　物体分类与检测的难点与挑战

在实例层次上，针对单个物体实例而言，通常由于图像采集过程中光照条件、拍摄视角、距离的不同，物体自身的非刚体形变以及其他物体的部分遮挡使得物体实例的表观特征产生很大的变化，给视觉识别算法带来了极大的困难。

在类别层次上，首先类内差大，即属于同一类的物体表现特征差别比较大，如图 5-6 所示，同样是椅子，外观却是千差万别；其次是类间模糊，即不同类的物体实例具有一定的相似性，如图 5-7 所示，左边的是一只哈士奇，右边的是一只狼，但我们从外观上却很难区分二者；再次是背景的干扰，在实际场景下，物体不可能出现在一个非常干净的背景下，往往相反，背景可能是非常复杂的、对我们感兴趣的物体存在干扰的，这使得识别问题的难度大大加大。

图 5-6　类内差大

在语义层次上，一个典型的问题称为多重稳定性。如图 5-8 所示，这张图片既可以看成是两个面对面的人，也可以看成是一个燃烧的蜡烛。同样的图像，不同的解释，这既与人的观察视角、关注点等物理条件有关，也与人的性格、经历等有关，而这恰恰是视觉识别系统难以很好处理的部分。

图 5-7　类间模糊　　　　　　　　　　　　　　图 5-8　多重稳定性

5.3.3　图像分类类型

图像分类问题分为跨物种语义级别的图像分类、子类细粒度图像分类和多标签图像分类三大类别。

（1）跨物种语义级别图像分类（类间方差大、类内方差小）是在不同物种层次上识别不同类别的对象，如猫狗分类，各个类别之间属于不同的物种或大类，往往具有较大的类间方差，而类内具有较小的类内误差。跨物种语义级别图像分类问题自从由采用传统的特征提取转到采用数据驱动的深度学习特征提取，已取得较大进展。

（2）子类细粒度分类相较于跨物种语义级别图像分类难度更大，其往往是对一个大类中的子类进行分类，如不同鸟的分类。子类细粒度分类即在区分出基本类别的基础上，进行更精细的子类划分，由于图像之间具有更加相似的外观和特征，加之采集过程中存在姿态、视角、光照、遮挡、背景干扰等影响，导致数据呈现类内差异性大，类间差异小的情况，分类难度也更高。其解决方案分为基于特征提取的传统算法和基于深度学习的算法。基于特征提取的传统算法主要包括提取局部特征、视觉词包和特征定位。

1）局部特征。提取局部特征的算法一般先从图像中提取某些局部特征，然后利用相关编码模型进行特征编码，但由于局部特征选择过程复杂，且标注能力有限，自身存在一定的缺陷，即忽略了不同局部特征之间的关联以及全局特征之间的位置空间关系。

2）视觉词包。为了进一步提升分类精度，在局部特征的基础上进一步提出视觉词包概念，通过统计图像的整体信息，将量化后的图像作为视觉单词，通过视觉单词分布来描述图像内容，如图 5-9 所示。

3）特征定位。局部特征和视觉词包都没有构建全局特征之间的关联，只在图像的部分区域进行语义挖掘，因此提出对特征进行定位，如利用关键点的位置信息发现更具价值的图像信息，但特征定位需要更精细的人工标注。

图 5-9　提取视觉词包

基于深度学习的细粒度图像分类分为强监督细粒度图像分类和弱监督细粒度图像分类。强监督利用 bounding box 和 key point 等额外的人工标注信息，获取目标的位置、大小等，有利于提升局部和全局之间的关联，从而提升分类精度。弱监督仅利用图像的类别标注信息，不使用额外的标注，分为图像过滤和双线性网络两类。图像过滤借鉴强监督中利用 bounding box 的方法，借助图像的类别信息过滤图片中与物体无关的模块，如 Two Attention Level 算法，双线性网络根据大脑工作时同时认知类别和关注显著特征的方式，构建两个线性网络，协调完成局部特征提取和分类。

（3）多标签图像分类的图片中往往包含多个类别的物体。传统机器学习算法的解决思路是将多标签图像分类分解转化为单标签图像分类问题或者根据多标签的特点，提出适应性算法。在深度学习中，解决的思路是使用 Hypotheses-CNN-Pooling、CNN-RNN 联合网络结构等。

5.4　图像分类案例实践

下面通过 5 个任务，系统介绍本案例的代码实现过程。

5.4.1　任务 1　基于 Anaconda 安装 TensorFlow

1.　安装 TensorFlow

在开始菜单中选择"Anaconda Prompt(anaconda3)"，进入命令行状态，输入命令配置 pip，命令如下。

```
pip config set global.index-url https://pypi.douban.com/simple
```

安装 TensorFlow，如图 5-10 所示，命令如下。

```
pip install tensorflow
```

```
(base) C:\Users\DELL>pip install tensorflow
Looking in indexes: https://pypi.douban.com/simple
Collecting tensorflow
  Downloading https://pypi.doubanio.com/packages/fe/36/7c7c9f106e3026646aa17d599b817525
orflow-2.8.0-cp37-cp37m-win_amd64.whl (437.9 MB)
                                               437.9 MB 43 kB/s
Collecting tensorflow-io-gcs-filesystem>=0.23.1
```

图 5-10　安装 TensorFlow

安装时如果遇到如图 5-11 所示错误，则按照提示分别单独安装出错组件，命令如下。

```
pip install --user   pytest-cov==2.8.1
pip install --user pytest-filter-subpackage==0.1.1
```

```
ERROR: pytest-astropy 0.8.0 requires pytest- cov >=2.0, which is not installed.
ERROR: pytest-astropy 0.8.0 requires pytest -filter-subpackage >=0.1, which is not installed.
```

图 5-11　安装 TensorFlow 出错

2. 检测 TensorFlow 是否成功

在开始菜单中选择 "Jupter Notebook (anaconda3)"，导入 tensorflow 库，查看版本号。如果成功显示版本号则安装成功。

```
#查看安装的 TensorFlow 版本
import tensorflow as tf
print(tf.__version__)
```

5.4.2　任务 2　加载猫狗数据集

1. 导入需要的库

在 Jupyter Notebook 的编译环境中，导入需要的库。其中使用 VGG16 预训练网络模型可加快模型训练速度，也可以使小批量的数据集的准确率提高很多。代码如下。

```
#导入 tensorFlow、keras 和 VGG16
import keras
import tensorflow as tf
from keras import layers
from keras.preprocessing.image import ImageDataGenerator
from tensorflow.keras.applications import VGG16
#导入辅助库
import numpy as np
import os
import shutil
import matplotlib.pyplot as plt
%matplotlib inline
```

2. 创建训练测试目录

创建划分好的训练集和测试集目录，代码如下。

```
#创建划分好的训练测试目录
BASE_DIR = 'e:/cat_dog'
train_dir = os.path.join(BASE_DIR, 'train')
train_dir_dog = os.path.join(train_dir, 'dog')
train_dir_cat = os.path.join(train_dir, 'cat')

test_dir = os.path.join(BASE_DIR, 'test')
test_dir_dog = os.path.join(test_dir, 'dog')
test_dir_cat = os.path.join(test_dir, 'cat')
train_dir_dog, test_dir_cat

os.mkdir(BASE_DIR)
os.mkdir(train_dir)
```

```
os.mkdir(train_dir_dog)
os.mkdir(train_dir_cat)
os.mkdir(test_dir)
os.mkdir(test_dir_dog)
os.mkdir(test_dir_cat)
```

思考：上述代码如果运行第2次会报错，请问如何处理？

3. 复制训练集数据

加载猫狗数据集并划分训练（train）数据和测试（test）数据。将数据集的1000张猫和1000张狗的图像复制到训练集目录，代码如下。

```
#数据集复制
source_dir = 'e:/source_data/train'

#复制1000张猫的训练集数据到新划分的目录
fnames = ['cat.{}.jpg'.format(i) for i in range(1000)]
for fname in fnames:
    s = os.path.join(source_dir, fname)
    d = os.path.join(train_dir_cat, fname)
    shutil.copyfile(s, d)

#复制1000张狗的训练集数据到新划分的目录
fnames = ['dog.{}.jpg'.format(i) for i in range(1000)]
for fname in fnames:
    s = os.path.join(source_dir, fname)
    d = os.path.join(train_dir_dog, fname)
    shutil.copyfile(s, d)
```

4. 复制测试集数据

将数据集的500张猫和500张狗的图像复制到测试集目录，代码如下。

```
#复制猫和狗测试集图像各500张，共1000张
fnames = ['dog.{}.jpg'.format(i) for i in range(1000, 1500)]
for fname in fnames:
    s = os.path.join(source_dir, fname)
    d = os.path.join(test_dir_dog, fname)
    shutil.copyfile(s, d)

fnames = ['cat.{}.jpg'.format(i) for i in range(1000, 1500)]
for fname in fnames:
    s = os.path.join(source_dir, fname)
    d = os.path.join(test_dir_cat, fname)
    shutil.copyfile(s, d)
```

5. 图像归一化处理

建立图像数据迭代器，并将原始图像进行归一化处理，代码如下。

```
train_datagen = ImageDataGenerator(rescale=1 / 255)
test_datagen = ImageDataGenerator(rescale=1 / 255)
```

#训练集数据生成器,从数据目录生成,读取成 200*200 的统一图像 resize,本质是一个二分类问题,model 使用 binary

train_generator = train_datagen.flow_from_directory(train_dir,
target_size=(200, 200), batch_size=20, class_mode='binary')

#测试集数据
test_generator = test_datagen.flow_from_directory(test_dir,
target_size=(200, 200), batch_size=20, class_mode='binary')

程序运行结果如图 5-12 所示。

```
Found 2000 images belonging to 2 classes.
Found 1000 images belonging to 2 classes.
```

图 5-12 图像归一化运行结果

6. 显示归一化处理之后的图像

使用 Matplotlib 可以输出图像。请注意,图像数据本质上就是三个通道的颜色数据值,即 RGB 值,代码如下。

```
#[批次](批次数据集, 批次二分类结果)[批次数据集下标] --- 对应迭代器的数据格式
#0 为猫; 1 为狗   --- 二分类结果表示
plt.imshow(train_generator[0][0][0])
print(train_generator[0][1][0])
```

程序运行结果如图 5-13 所示。

重新运行图像归一化处理代码段,再运行本段代码,则显示的图像发生变化,如图 5-14 所示。

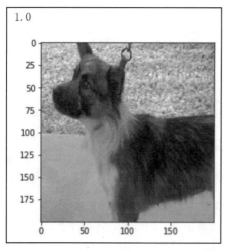

图 5-13 首次归一化后[0][1][0]所在位置图像

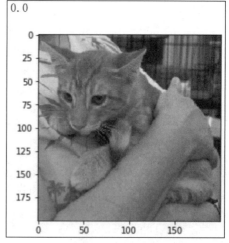

图 5-14 再次归一化后[0][1][0]所在位置图像

说明:归一化前会从所有图像中随机选择若干张图像组成新的测试集,因此两次归一化后大概率是不同的图像。

5.4.3 任务3 编译模型

1. 初始化 VGG16 预训练神经网络

初始化 VGG16 预训练神经网络，使用 ImageNet 权重。参数 include_top 功能为设置是否包含最后的全连接层和输出层，代码如下。

```
covn_base = VGG16(weights='imagenet', include_top=False, input_shape=(200,200,3))
```

2. 查看神经网络结构

使用 summary()方法可以查看神经网络的结构，代码如下。

```
covn_base.summary()
```

程序运行结果如图 5-15 所示，可以看到 VGG16 的结构由多层 Conv2D（卷积）和 MaxPooling2D（池化）组成。

```
Model: "vgg16"
```

Layer (type)	Output Shape	Param #
input_1 (InputLayer)	[(None, 200, 200, 3)]	0
block1_conv1 (Conv2D)	(None, 200, 200, 64)	1792
block1_conv2 (Conv2D)	(None, 200, 200, 64)	36928
block1_pool (MaxPooling2D)	(None, 100, 100, 64)	0
block2_conv1 (Conv2D)	(None, 100, 100, 128)	73856
block2_conv2 (Conv2D)	(None, 100, 100, 128)	147584
block2_pool (MaxPooling2D)	(None, 50, 50, 128)	0
block3_conv1 (Conv2D)	(None, 50, 50, 256)	295168
block3_conv2 (Conv2D)	(None, 50, 50, 256)	590080
block3_conv3 (Conv2D)	(None, 50, 50, 256)	590080
block3_pool (MaxPooling2D)	(None, 25, 25, 256)	0
block4_conv1 (Conv2D)	(None, 25, 25, 512)	1180160
block4_conv2 (Conv2D)	(None, 25, 25, 512)	2359808
block4_conv3 (Conv2D)	(None, 25, 25, 512)	2359808
block4_pool (MaxPooling2D)	(None, 12, 12, 512)	0
block5_conv1 (Conv2D)	(None, 12, 12, 512)	2359808
block5_conv2 (Conv2D)	(None, 12, 12, 512)	2359808
block5_conv3 (Conv2D)	(None, 12, 12, 512)	2359808
block5_pool (MaxPooling2D)	(None, 6, 6, 512)	0

```
Total params: 14,714,688
Trainable params: 14,714,688
Non-trainable params: 0
```

图 5-15　VGG16 神经网络结构

3. 提取图片特征值

使用 VGG 网络把图片的特征值提取出来，放入线性网络中，以提高训练速度，代码如下。

```
batch_size = 20
def extract_features(data_generator, sample_count):
    i = 0
    features = np.zeros(shape=(sample_count, 6, 6, 512))
    labels = np.zeros(shape=(sample_count))
    for inputs_batch, labels_batch in data_generator:
        features_batch = covn_base.predict(inputs_batch)
        features[i * batch_size : (i+1)*batch_size] = features_batch
        labels[i*batch_size:(i+1)*batch_size] = labels_batch
        i+=1
        if i * batch_size >= sample_count:
            break
    return features, labels

train_featrues, train_labels = extract_features(train_generator, 2000)
test_featrues, test_labels = extract_features(test_generator, 1000)
```

4. 搭建全连接 Dense 层

搭建模型的全连接 Dense 层，对结果进行输出。使用 GlobalAveragePooling2D 对 VGG16 处理的图像数据进行扁平化处理（即变成一维数据），最终归结为 $y=w1x1+w2x2\cdots+b$ 的问题，对结果进行输出；使用 ReLU 激活函数；使用 Dropout 抑制过拟合；最后输出结果，因为结果为二分类，即 0 为猫，1 为狗，故输出结果只有一个，所以使用 Sigmoid 函数输出二分类结果。代码如下。

```
model = keras.Sequential()
model.add(layers.GlobalAveragePooling2D(input_shape=(6, 6, 512)))
model.add(layers.Dense(512, activation='relu'))
model.add(layers.Dropout(0.5))
model.add(layers.Dense(1, activation='sigmoid'))
```

5. 编译模型

编译模型；使用 Adam 激活函数，并调整优化速率；因为本案例是二分类问题，所以这里损失函数使用 binary_crossentropy。代码如下。

```
model.compile(optimizer=tf.keras.optimizers.Adam(learning_rate=0.0005/10),        loss='binary_crossentropy',
metrics=['acc'])
```

5.4.4 任务 4 训练模型

1. 开始训练模型

开始训练模型，在训练时对测试集进行测试，这里共训练 50 次，代码如下。

```
history = model.fit(train_featrues,train_labels, epochs=50,
batch_size=50, validation_data=(test_featrues, test_labels))
```

运行结果如图 5-16 所示。

```
Epoch 41/50
40/40 [==============================] - 0s 4ms/step - loss: 0.2798 - acc: 0.8945 - val_loss: 0.2741 - val_acc: 0.8960
Epoch 42/50
40/40 [==============================] - 0s 4ms/step - loss: 0.2734 - acc: 0.9015 - val_loss: 0.2687 - val_acc: 0.9040
Epoch 43/50
40/40 [==============================] - 0s 4ms/step - loss: 0.2677 - acc: 0.8965 - val_loss: 0.2675 - val_acc: 0.9010
Epoch 44/50
40/40 [==============================] - 0s 4ms/step - loss: 0.2655 - acc: 0.9000 - val_loss: 0.2662 - val_acc: 0.9020
Epoch 45/50
40/40 [==============================] - 0s 4ms/step - loss: 0.2643 - acc: 0.8950 - val_loss: 0.2640 - val_acc: 0.9010
Epoch 46/50
40/40 [==============================] - 0s 4ms/step - loss: 0.2657 - acc: 0.8970 - val_loss: 0.2615 - val_acc: 0.9020
Epoch 47/50
40/40 [==============================] - 0s 4ms/step - loss: 0.2625 - acc: 0.8975 - val_loss: 0.2603 - val_acc: 0.9030
Epoch 48/50
40/40 [==============================] - 0s 4ms/step - loss: 0.2612 - acc: 0.9020 - val_loss: 0.2586 - val_acc: 0.9040
Epoch 49/50
40/40 [==============================] - 0s 4ms/step - loss: 0.2579 - acc: 0.9020 - val_loss: 0.2568 - val_acc: 0.9050
Epoch 50/50
40/40 [==============================] - 0s 4ms/step - loss: 0.2583 - acc: 0.9065 - val_loss: 0.2582 - val_acc: 0.9020
```

图 5-16 训练模型 50 次

2. 绘制准确率曲线

使用 Matplotlib 绘制训练集和测试集的准确率曲线，可以更清晰地看出训练过程的变化，代码如下。

```
history = model.fit(train_featrues,train_labels, epochs=50,
batch_size=50, validation_data=(test_featrues, test_labels))
```

运行结果如图 5-17 所示。

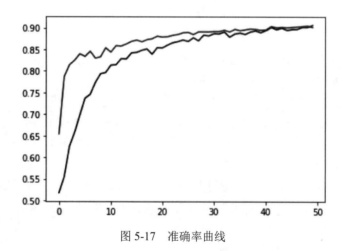

图 5-17 准确率曲线

3. 保存训练模型

将训练好的模型保存为本地的 h5 类型文件，代码如下。

```
model.save('cat_dog_model.h5')
```

5.4.5 任务 5 使用模型进行预测

1. 安装 OpenCV

这里，我们使用 OpenCV 来读取图片。运行代码前，需要找一张猫或狗的图片并命名为 img5.2.jpg，上传到 Jupyter Notebook，并将图片尺寸改为 200×200（像素）的大小，将图像数

据扩展为 VGG16 所需要的数据格式。所以先安装并导入 OpenCV 包，命令如下，如图 5-18 所示。

```
pip install opencv-python
```

```
(base) C:\Users\DELL>pip install opencv-python
Looking in indexes: https://pypi.douban.com/simple
Collecting opencv-python
  Downloading https://pypi.doubanio.com/packages/48/c3/798bd7b8f78430f82ec0660b753106717e4e4bb8032ce56f77d85
cv_python-4.5.5.64-cp36-abi3-win_amd64.whl (35.4 MB)
                                       | 31.4 MB 1.1 MB/s eta 0:00:04
```

图 5-18　安装 opencv 包

2. 导入需要的包

导入的代码如下。

```
import tensorflow as tf
import numpy as np
from keras.models import load_model
import cv2
```

3. 加载训练模型

加载 VGG16 的权重以及保存的训练模型，代码如下。

```
covn_base = tf.keras.applications.VGG16(weights = 'imagenet', include_top = False,
input_shape = (200, 200, 3))
cat_dog_model = load_model('./cat_dog_model.h5')
```

4. 使用 OpenCV 读取图片

使用 OpenCV 读取图片，并将图片尺寸重新设置为 200×200（像素）的大小，将图像数据扩展为 VGG16 所需要的数据格式，代码如下。

```
image = cv2.imread('img5.2.jpeg')
resize_image = cv2.resize(image, (200, 200), interpolation=cv2.INTER_AREA)
input_data = np.expand_dims(resize_image, axis=0)
```

5. 使用训练好的模型对图像进行预测

使用 VGG16 和自己训练好的模型对图像进行 predict 预测，代码如下。

```
result = int(cat_dog_model.predict(covn_base.predict(input_data))[0][0])
```

6. 输出识别结果

输出识别结果并展示输入图像，代码如下。

```
if result == 1:
    print("狗")
if result == 0:
    print("猫")
plt.imshow(image)
```

程序运行结果如图 5-19 所示，准确识别出猫的图片。

以上便是一个简单的图像分类案例，使用该案例可实现猫狗识别。

图 5-19 输出模型预测结果

本章小结

本章主要介绍了图像分类领域的相关知识，包括图像分类的概念、图像分类方法、图像分类与检测的区别、图像分类类型，并通过实例向读者展示了利用 VGG16 预训练网络模型实现猫狗图像分类的步骤。

练习5

一、选择题

1. 常用的图像分类方法中，属于深度学习算法的是（   ）。

   A．CNN   B．kNN   C．SVM   D．BP

2. VGG16 神经网络共有（   ）层卷积层。

   A．12   B．13   C．15   D．16

3. 图像分类与检测的难点与挑战包括实例层次、类别层次和语义层次，以下属于语义层次难点与挑战的是（   ）。

   A．类内差大   B．类间模糊   C．背景干扰   D．多重稳定

4. 图像分类问题分为哪三大类别（   ）。

   A．跨物种   B．细粒度   C．粗粒度   D．多标签

5. 被称为浅层神经网络和深度神经网络的分界线的神经网络是（   ）。

   A．VGG   B．ResNet   C．AlexNet   D．GoogleNet

二、填空题

1. VGG 网络常用的有 2 种结构，分别为_____和_____。

2. 在卷积神经网络中，对于给定的感受野，采用堆积的_____优于采用_____。

3. VGG19 神经网络共有_____层卷积层和_____层全连接层。

4. 图像分类和识别的主要任务是学习和判断图像中是否包含某种特定的目标内容，并依据其内容信息进行_____或者_____的分类和识别。

5. 基于深度学习的细粒度图像分类分为_____细粒度图像分类和_____细粒度图像分类。

三、判断题

1. 在大样本数据上，传统机器学习模型能进行精确的分类识别，并且具备较强的鲁棒性。

2. 猫狗分类属于二分类问题，所以损失函数可使用 binary_crossentropy。

3. 导入 OpenCV 包的语句是 import opencv。

4. 在图像分类领域，AlexNet 网络模型准确度相比于传统机器学习方法有一个很大的提升。

5. VGG16 和 VGG19 网络模型并无本质上的区别，只是 VGG16 全连接层有 3 层，而 VGG19 全连接层有 6 层。

第6章 语音识别

语音识别是人工智能技术的一个典型应用，适应于语音聊天、语音输入、语音搜索、语音下单、语音指令、语音问答等多种场景。近年来，语音识别技术已经进入家电、汽车电子、通信、医疗、家庭服务等各行各业。本章主要介绍了语音识别的概念、国内外发展历史、原理、分类、方法。并通过简单案例的实现进一步了解了语音识别的应用。

- 了解语音识别的概念
- 了解语音识别的发展历史
- 理解语音识别的原理、分类及方法
- 掌握语音识别的简单应用

6.1 语音识别综述

语音是人类最自然的交互方式。计算机被发明之后，让机器能够"听懂"人类的语言，理解语言中的内在含义，并能做出正确的回答就成为了人们追求的目标。我们都希望身边的计算机像科幻电影中那些智能先进的机器人助手一样，能与人进行流利的语音交流，语音识别技术将人类这一曾经的梦想变成了现实。语音识别就好比"机器的听觉系统"，该技术让机器通过识别和理解，把语音信号转变为相应的文本或命令。

语音识别（Voice recognition）是一门交叉学科，其所涉及的领域包括信号处理、模式识别、概率论和信息论、发声机理和听觉机理、人工智能等。近二十年来，语音识别技术取得显著进步，开始从实验室走向市场。目前，语音识别技术已经进入工业、家电、通信、汽车电子、医疗、家庭服务、消费电子产品等各个领域。

6.1.1 语音识别技术概述

语音识别技术也被称为自动语音识别（Automatic Speech Recognition，ASR），其目标是将人类的语音中的词汇内容转换为计算机可读的输入，例如按键、二进制编码或者字符序列。

语音识别较语音合成而言，技术上要更复杂，但应用却更加广泛。语音识别的最大优势

在于使得人机用户界面更加自然和容易使用。语音识别技术有狭义和广义之分，具体如下。

- 狭义的语音识别技术是将语音转换为文字。
- 广义的语音识别技术是将语音转换为文字，并能够识别出文字的意图并进行相应的回答，其更应该被称为智能语音。

语音识别是将人类的语音中的词汇内容转化为计算机可读的输入，也就是将人所说出的话转化为计算机中的文字信息。语音识别优势在于使人机交互更为便捷，让用户有更好的网络体验，其在十多个学科交叉中也有巨大的发展前景。但语音识别的技术却十分复杂，其常用方法有四种。

（1）基于语言学和声学的方法。

（2）随机模型法。

（3）利用人工神经网络的方法。

（4）概率语法分析。

其中随机模型法最为常用，该方法主要采用提取特征、训练模板、对模板进行分类及对模板进行判断的步骤来对语音进行识别。

国内研究语音识别的厂商数量虽然不算太多，但技术水平基本成熟。例如图普科技有限公司的语音识别的功能应用在研究与实际应用中都有不错的表现，市场占有率比较靠前，对语音识别感兴趣的同学可以浏览该公司的官网，会获取更多有用信息。

6.1.2 语音识别技术发展历史

1. 国外发展史

早在计算机发明之前，自动语音识别的设想就已经被提上了议程，早期的声码器可被视作语音识别及合成的雏形。1920 年生产的 "Radio Rex" 玩具狗可能是最早的语音识别器，当呼唤这只玩具狗的名字的时候，它能够从底座上弹出来。最早的基于电子计算机的语音识别系统是由贝尔实验室开发的 Audrey 语音识别系统，它能够识别 10 个英文数字。其识别方法是跟踪语音中的共振峰，该系统得到了 98% 的正确率。

但真正取得实质性进展，并将语言识别作为一个重要的课题开展研究则是在 20 世纪 60 年代末至 20 世纪 70 年代初。这首先是因为计算机技术的发展为语音识别的实现提供了硬件和软件的支持，更重要的是语音信号线性预测编码（LPC）技术和动态时间规整（DTW）技术的提出，有效地解决了语音信号的特征提取和不等长匹配问题。这一时期的语音识别主要基于模板匹配原理，研究的领域局限在特定人和小词汇表的孤立词识别，实现了基于线性预测倒谱和 DTW 技术的特定人孤立词语音识别系统；同时提出了矢量量化（VQ）和隐马尔可夫模型（HMM）理论。

随着应用领域的扩大，小词汇表、特定人、孤立词等这些对语音识别的约束条件放宽，与此同时也带来了许多新的问题：第一，词汇表的扩大使得模板的选取和建立发生困难；第二，连续语音中，各个音素、音节以及词之间没有明显的边界，各个发音单位存在受上下文强烈影响的协同发音（Coarticulation）现象；第三，非特定人识别时，不同的人说相同的话相应的声学特征有很大的差异，即使相同的人在不同的时间、生理、心理状态下，说同样内容的话也会有很大的差异；第四，识别的语音中有背景噪声或其他干扰。因此原有的模板匹配方法已不再适用。

实验室语音识别研究的巨大突破发生于 20 世纪 80 年代末，人们终于在实验室突破了大词汇量、连续语音和非特定人这三大障碍，第一次把这三个特性都集成在一个系统中，比较典型的是卡耐基梅隆大学的 Sphinx 系统，它是第一个高性能的非特定人大词汇量连续语音识别系统。

这一时期，语音识别研究进一步走向深入，其显著特征是 HMM 模型和人工神经元网络（ANN）在语音识别中的成功应用。HMM 模型的广泛应用应归功于贝尔实验室拉宾纳（Rabiner）等科学家的努力，他们把原本艰涩的 HMM 纯数学模型工程化，从而为更多研究者了解和认识，从而使统计方法成为了语音识别技术的主流。

统计方法将研究者的视线从微观转向宏观，不再刻意追求语音特征的细化，而是更多地从整体平均（统计）的角度来建立最佳的语音识别系统。在声学模型方面，以马尔可夫链为基础的语音序列建模方法 HMM（隐式马尔可夫链）比较有效地解决了语音信号短时稳定、长时时变化的特性，并且能根据一些基本建模单元构造成连续语音的句子模型，达到了比较高的建模精度和建模灵活性。在语言层面上，通过统计真实大规模语料的词之间同现概率，即 N 元统计模型来区分识别带来的模糊音和同音词。另外，人工神经网络方法、基于文法规则的语言处理机制等也在语音识别中得到了应用。

20 世纪 90 年代前期，许多著名的大公司如 IBM、Apple、AT&T 和 NTT 都对语音识别系统的实用化研究投以巨资。语音识别技术有一个很好的评估机制，那就是识别的准确率（识别率），而这项指标的结果在 20 世纪 90 年代中后期的实验室研究中得到了不断地提高。比较有代表性的系统有 IBM 公司推出的 ViaVoice、DragonSystem 公司的 Dragon Naturally Speaking、Nuance 公司的 Nuance Voice Platform 语音平台、Microsoft 公司的 Whisper、Sun 公司的 VoiceTone 等。

其中 IBM 公司于 1997 年开发出汉语 ViaVoice 语音识别系统，次年又开发出可以识别上海话、广东话和四川话等地方口音的语音识别系统 ViaVoice98。ViaVoice98 带有一个 32000 词的基本词汇表，可以扩展到 65000 词，还包括办公常用词条，具有"纠错机制"，其平均识别率可以达到 95%。该系统对新闻语音识别具有较高的精度，是目前具有代表性的汉语连续语音识别系统。到了 21 世纪，语音识别技术研究重点转变为即兴口语和自然对话以及多种语种的同声翻译。

2. 国内发展史

我国语音识别研究工作起步于 20 世纪 50 年代，但近年来发展迅速，研究水平也从实验室逐步走向实用。从 1987 年开始执行国家"863 计划"后，国家"863"智能计算机专家组为语音识别技术研究专门立项，每两年滚动一次。我国语音识别技术的研究水平已经基本与国外同步，在汉语语音识别技术上还有自己的特点与优势，并达到国际先进水平。中国科学院自动化研究所、中国科学院声学研究所、清华大学、北京大学、哈尔滨工业大学、上海交通大学、中国科技大学、北京邮电大学、华中科技大学等科研机构都有实验室进行过语音识别方面的研究，其中具有代表性的研究单位为清华大学电子工程系与中国科学院自动化研究所模式识别国家重点实验室。

清华大学研发的语音识别技术以 1183 个单音节作为识别基元，并对其音节进行分解，最后进行识别，使三字词和四字词的识别率高达 98%；中国科学院采用连续密度的 HMM，整个系统的识别率达到 89.5%，声调和词语的识别率分别是 99.5% 和 95%。目前，我国的语音识别技术已经和国际上的超级大国实力相当，其综合错误率可控制在 10% 以内。

清华大学电子工程系语音技术与专用芯片设计课题组研发的非特定人汉语数码串连续语音识别系统的识别达到 94.8%（不定长数字串）和 96.8%（定长数字串），在有 5% 的拒识率情况下，系统识别率可以达到 96.9%（不定长数字串）和 98.7%（定长数字串），这是目前国际最好的识别结果之一，其性能已经接近实用水平。

中国科学院自动化研究所及其所属的北京中科模式科技有限公司（Pattek）在 2002 年发布了共同推出的面向不同计算平台和应用的"天语"中文语音系列产品——PattekASR，结束了中文语音识别产品自 1998 年以来一直由国外公司垄断的历史。

6.2　语音识别知识介绍

语音识别技术是将声音转化为文字的过程，也是语音交互技术中最基础的一个 AI 技术环节，常见的语音识别技术应用如 Siri、智能音箱等。

6.2.1　语音识别原理

1. 语音识别系统的构成

一个完整的基于统计的语音识别系统（图 6-1）可大致分为三部分，具体如下。

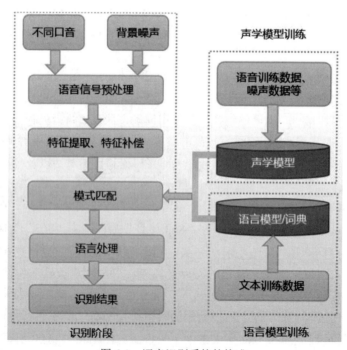

图 6-1　语音识别系统的构成

- 语音信号预处理与特征提取。
- 声学模型与模式匹配。
- 语言模型与语言处理。

（1）语音信号预处理与特征提取。选择识别单元是语音识别研究的第一步。语音识别单元有单词（句）、音节和音素三种，具体选择哪一种，由具体的研究任务决定。

单词（句）单元广泛应用于中小词汇语音识别系统，但不适合大词汇系统，原因在于模型库太庞大，训练模型任务繁重，模型匹配算法复杂，难以满足实时性要求。

音节单元多见于汉语语音识别，主要因为汉语是单音节结构的语言，而英语是多音节结构语言，并且汉语虽然有大约1300个音节，但若不考虑声调，约有408个无调音节，数量相对较少。因此，对于中、大词汇量汉语语音识别系统来说，以音节为识别单元基本是可行的。

音素单元以前多见于英语语音识别的研究中，但目前中、大词汇量汉语语音识别系统也在越来越多地采用音素单元。原因在于汉语音节仅由声母（包括零声母有22个）和韵母（共有28个）构成，且声、韵母声学特性相差很大。实际应用中常把声母依后续韵母的不同而构成细化声母，这样虽然增加了模型数目，但提高了易混淆音节的区分能力。由于协同发音的影响，音素单元不稳定，所以如何获得稳定的音素单元还有待研究。

语音识别一个根本的问题是合理地选用特征。特征参数提取的目的是对语音信号进行分析处理，去掉与语音识别无关的冗余信息，获得影响语音识别的重要信息，同时对语音信号进行压缩。在实际应用中，语音信号的压缩率介于10～100之间。语音信号包含了大量各种不同的信息，提取哪些信息，用哪种方式提取，需要综合考虑各方面的因素，如成本、性能、响应时间、计算量等。非特定人语音识别系统一般侧重于提取反映语义的特征参数，尽量去除说话人的个人信息；而特定人语音识别系统则希望在提取反映语义的特征参数的同时，尽量也包含说话人的个人信息。

线性预测（LP）分析技术是目前应用广泛的特征参数提取技术，许多成功的应用系统都采用基于LP技术提取的倒谱参数。但线性预测模型是纯数学模型，没有考虑人类听觉系统对语音的处理特点。

梅尔刻度式倒频谱参数（Mel）和基于感知线性预测（PLP）分析提取的感知线性预测倒频谱在一定程度上模拟了人耳对语音的处理特点，应用了人耳听觉感知方面的一些研究成果。实验证明，采用这种技术后语音识别系统的性能有一定提高。从目前使用的情况来看，梅尔刻度式倒频谱参数已逐渐取代原本常用的线性预测编码导出的倒频谱参数，原因是它考虑了人类发声与接收声音的特性，具有更好的鲁棒性。

也有研究者尝试把小波分析技术应用于特征提取，但目前此方法的性能难以与上述技术相比，有待进一步研究。

（2）声学模型与模式匹配。声学模型通常是将获取的语音特征使用训练算法进行训练后产生的。在识别时将输入的语音特征同声学模型（模式）进行匹配与比较，得到最佳的识别结果。

声学模型是识别系统的底层模型，并且是语音识别系统中最关键的一部分。声学模型的目的是提供一种有效的方法计算语音的特征矢量序列和每个发音模板之间的距离。声学模型的设计和语言发音特点密切相关。声学模型单元大小（字发音模型、半音节模型或音素模型）对

语音训练数据量大小、系统识别率以及灵活性有较大的影响。必须根据不同语言的特点、识别系统词汇量的大小决定识别单元的大小。

以汉语为例，汉语按音素的发音特征可分为辅音、单元音、复元音、复鼻尾音四种，按音节结构可分为声母和韵母，并且由音素构成声母或韵母。有时，将含有声调的韵母称为调母。由单个调母或由声母与调母拼音成为音节。汉语的一个音节就是汉语一个字的音，即音节字，由音节字构成词，最后再由词构成句子。汉语声母共有22个，其中包括零声母、韵母共有38个。按音素分类，汉语辅音共有22个，单元音13个，复元音13个，复鼻尾音16个。

目前常用的声学模型基元为声韵母、音节或词，根据实现目的不同来选取不同的基元。汉语加上语气词共有412个音节，包括轻音字后共有1282个有调音节字，所以当在小词汇表孤立词语音识别时常选用词作为基元，在大词汇表语音识别时常采用音节或声韵母建模，而在连续语音识别时，由于协同发音的影响，常采用声韵母建模。

（3）语言模型与语言处理。语言模型包括由识别语音命令构成的语法网络或由统计方法构成的语言模型，语言处理可以进行语法、语义分析。

语言模型对中、大词汇量的语音识别系统特别重要。当分类发生错误时可以根据语言学模型、语法结构、语义学进行判断纠正，特别是一些同音字必须通过上下文结构才能确定词义。语言学理论包括语义结构、语法规则、语言的数学描述模型等有关方面。目前比较成功的语言模型通常是采用统计语法的语言模型与基于规则语法结构命令的语言模型。语法结构可以限定不同词之间的相互连接关系，减少了识别系统的搜索空间，这有利于提高系统的识别能力。

语音识别原理流程主要分为四步：语言输入——编码——解码——文字输出，如图6-2所示。语音识别大体可分为"传统"识别方式与"端到端"识别方式，其主要差异体现在声学模型上。"传统"方式的声学模型一般采用隐马尔可夫模型（HMM），而"端到端"方式一般采用深度神经网络（DNN）。

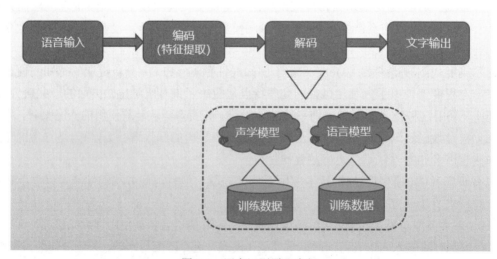

图6-2　语音识别原理流程

实际场景中很多异常情况都会导致语音识别的效果大打折扣，例如距离太远了、发音不标准、环境嘈杂、打断等。所以，还需要有各种解决方案来配合完成语音识别。

2. 语音识别的评价指标

语音识别的评价指标主要是识别率，包括纯引擎的识别率以及不同信噪比状态下的识别率（信噪比模拟不同车速、车窗、空调状态等），还有在线/离线识别的区别。

实际工作中，一般识别率的直接指标是词错误率（Word Error Rate，WER）。WER：为了使识别出来的词序列和标准的词序列之间保持一致，需要进行替换、删除或者插入某些词，这些插入、替换或删除的词的总个数，除以标准的词序列中词的总个数的百分比。公式为

$$\text{WER} = 100 \bullet \frac{S+D+I}{N}\%$$

其中，S 为替换词数（Substitution），D 为删除词数（Deletion），I 为插入词个数（Insertion），N 为标准词序列中词的总个数（Number）。

公式有如下三点说明。

（1）WER 可以分男女、快慢、口音、数字、英文、中文等情况。

（2）因为有插入词，所以理论上 WER 有可能大于 100%，但实际中，特别是大样本量的时候，WER 是不可能的，否则说明效果太差，不可能被商用。

（3）站在纯产品体验角度，很多人会认为识别率应该等于"句子识别正确的个数/总的句子个数"，即"识别（正确）率等于××%"，但在实际工作中，这种计算方式应该对应于句错误率（Sentence Error Rate，SER），即"句子识别错误的个数/总的句子个数"。

6.2.2　语音识别系统的分类

语音识别系统可以根据对输入语音的限制进行分类。如果从说话者与识别系统的相关性考虑，可以将识别系统分为 3 类，具体如下。

（1）特定人语音识别系统：仅考虑对于专人的话音进行识别。

（2）非特定人语音系统：识别的语音与人无关，通常要用大量不同人的语音数据库让识别系统进行学习。

（3）多人的识别系统：通常能识别一组人的语音，或者成为特定组语音识别系统，该系统仅要求对要识别的那组人的语音进行训练。

如果从说话的方式考虑，也可以将识别系统分为 3 类，具体如下。

（1）孤立词语音识别系统：孤立词识别系统要求输入每个词后要停顿。

（2）连接词语音识别系统：连接词输入系统要求对每个词都清楚发音，一些连音现象开始出现。

（3）连续语音识别系统：连续语音输入是自然流利的连续语音输入，大量连音和变音会出现。

如果从识别系统的词汇量大小考虑，也可以将识别系统分为 3 类，具体如下。

（1）小词汇量语音识别系统：通常包括几十个词的语音识别系统。

（2）中等词汇量的语音识别系统：通常包括几百个词到上千个词的识别系统。

（3）大词汇量语音识别系统：通常包括几千词到几万个词的语音识别系统。

随着计算机与数字信号处理器运算能力以及识别系统精度的提高，识别系统根据词汇量大小进行分类也不断进行变化，目前的中等词汇量的识别系统在未来可能就是小词汇量的语音识别系统。这些不同的限制也决定了语音识别系统的困难度。

6.2.3　语音识别的几种基本方法

一般来说，语音识别的方法有三种：基于声道模型和语音知识的方法、模板匹配的方法以及利用人工神经网络的方法。

（1）基于声道模型和语音知识的方法。该方法起步较早，在语音识别技术提出的开始就有了对这方面的研究，但由于其模型及语音知识过于复杂，目前没有达到实用的阶段。

通常认为常用语言中有有限个不同的语音基元，而且可以通过其语音信号的频域或时域特性来区分。这样基于声道模型和语音知识的方法分为两步实现，具体如下。

1）分段和标号。把语音信号按时间分成离散的段，每段对应一个或几个语音基元的声学特性，然后根据相应声学特性对每个分段给出相近的语音标号。

2）得到词序列。根据第一步所得语音标号序列得到一个语音基元网格，从词典得到有效的词序列，也可结合句子的文法和语义同时进行。

（2）模板匹配的方法。模板匹配的方法发展比较成熟，目前已达到了实用阶段。在模板匹配方法中，要经过四个步骤：特征提取、模板训练、模板分类、判决。

模型匹配方法常用的技术有三种：动态时间规整（DTW）技术、隐马尔可夫（HMM）技术、矢量量化（VQ）技术。

1）动态时间规整技术。语音信号的端点检测是进行语音识别中的一个基本步骤，它是特征训练和识别的基础。所谓端点检测就是在语音信号中的各种段落（如音素、音节、词素）的始点和终点的位置，从语音信号中排除无声段。在早期，进行端点检测的主要依据是能量、振幅和过零率，但效果往往不明显。20世纪60年代，日本学者板仓提出了动态时间规整算法。算法的思想就是把未知量均匀地升长或缩短，直到与参考模式的长度一致。在这一过程中，未知单词的时间轴要不均匀地扭曲或弯折，以使其特征与模型特征对正。

2）隐马尔可夫技术。隐马尔可夫技术是在20世纪70年代引入语音识别理论的，它的出现使得自然语音识别系统取得了实质性的突破。HMM技术现已成为语音识别的主流技术，目前大多数大词汇量、连续语音的非特定人语音识别系统都是基于HMM模型的。HMM是对语音信号的时间序列结构建立统计模型，将之看作一个数学上的双重随机过程：一个是用具有有限状态数的马尔可夫链来模拟语音信号统计特性变化的隐含的随机过程，另一个是与马尔可夫链的每一个状态相关联的观测序列的随机过程。前者通过后者表现出来，但前者的具体参数是不可测的。人的言语过程实际上就是一个双重随机过程，语音信号本身是一个可观测的时变序列，是由大脑根据语法知识和言语需要（不可观测的状态）发出的音素的参数流。可见HMM合理地模仿了这一过程，很好地描述了语音信号的整体非平稳性和局部平稳性，是较为理想的一种语音模型。隐马尔可夫模型如图6-3所示。

3）矢量量化技术。矢量量化技术是一种重要的信号压缩方法，与HMM相比，矢量量化主要适用于小词汇量、孤立词的语音识别中。其过程是将语音信号波形的 k 个样点的每一帧或

有 k 个参数的每一参数帧，构成 k 维空间中的一个矢量，然后对矢量进行量化。量化时，将 k 维无限空间划分为 M 个区域边界，然后将输入矢量与这些边界进行比较，并被量化为"距离"最小的区域边界的中心矢量值。矢量量化器的设计就是从大量信号样本中训练出好的码书，从实际效果出发寻找到好的失真测度定义公式，设计出最佳的矢量量化系统，用最少的搜索和计算失真的运算量，实现最大可能的平均信噪比。

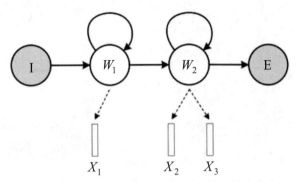

图 6-3　隐马尔可夫模型（I、E 表示开始和结束状态）

模板匹配方法的核心思想可以这样理解：如果一个码书是为某一特定的信息源而优化设计的，那么由这一信息源产生的信号与该码书的平均量化失真就应小于其他信息源的信号与该码书的平均量化失真，也就是说编码器本身存在区分能力。

在实际的应用过程中，人们还研究了多种降低复杂度的方法，这些方法大致可以分为两类：无记忆的矢量量化方法和有记忆的矢量量化方法。其中，无记忆的矢量量化方法包括树形搜索的矢量量化方法和多级矢量量化方法。

（3）人工神经网络的方法。利用人工神经网络是 20 世纪 80 年代末期提出的一种新的语音识别方法。人工神经网络本质上是一个自适应非线性动力学系统，模拟了人类神经活动的原理，具有自适应性、并行性、鲁棒性、容错性和学习特性，其强大的分类能力和输入/输出映射能力在语音识别中都很有吸引力。但由于存在训练、识别时间太长的缺点，目前仍处于实验探索阶段。

由于人工神经网络不能很好地描述语音信号的时间动态特性，所以常把人工神经网络与传统识别方法结合，分别利用各自优点来进行语音识别。

6.3　语音识别应用案例

语音识别技术早期的应用主要是语音听写，即用户说一句，机器识别一句。后来发展成语音转写，随着 AI 的发展，语音识别开始作为智能交互应用中的重要一环。下面简单介绍一些语音识别应用案例。

1. 语音听写

语音听写中最为典型的应用案例就是讯飞输入法，除此之外，语音听写的应用还有科大讯飞语音电子病例系统。科大讯飞语音电子病例中，医生佩戴上讯飞定制的麦克风，在给病人

诊断时，会将病情、用药、需要注意事项等信息说出来，系统将医生说的话自动识别出来，生成病例。科大讯飞语音电子病例系统如图 6-4 所示。

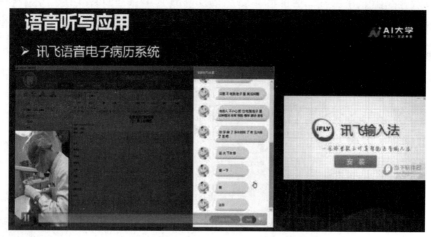

图 6-4 科大讯飞语音电子病历系统

2. 录音转文字助手

录音转文字助手的操作步骤如下。

（1）首先需要在手机浏览器或者应用商店里面下载"录音转文字助手"软件，软件下载界面如图 6-5 所示。

图 6-5 软件下载界面

（2）打开软件后，可以看到图 6-6 所示的功能界面，根据自己的需要导入外部音频或录音机录音识别，然后进入下一步。

图 6-6　"录音转文字助手"软件界面

（3）若使用导入外部音频识别功能，有三种导入方式：方式一，从本地选择文件导入；方式二，从录音软件导入；方式三，从社交软件分享导入。根据提示导入文件，如图 6-7 所示。

图 6-7　导入外部音频

（4）点击导入文件最右侧的小图标，打开如图 6-8 所示的选项，选择"转文字"功能。

图 6-8　准备转换

（5）识别完成后即可看到如图 6-9 所示的界面，音频文件已经翻译成文字了（会员方可无限转换，非会员只能转换 1 分钟的语音文件）。

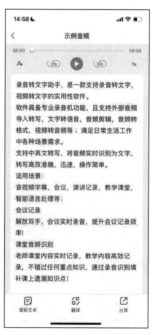

图 6-9　转换完成界面

本章小结

语音识别技术目标是将人类的语音中的词汇内容转换为计算机可读的输入，目前语音识别已进入工业、家电、通信、汽车电子、医疗、家庭服务、消费电子产品等各个领域。本章从语音识别的概念、国内外发展历史入手，分别介绍了语音识别的原理、分类、方法，并选取简单案例实现了语音识别，进一步了解了语音识别的应用。

练习6

一、选择题

1. 选择识别单元是语音识别研究的第一步，不属于语音识别单元的是（　　）。
   A．单词（句）　　　B．语法　　　　　C．音节　　　　　D．音素
2. 语音识别原理流程为（　　）。
   ①文字输出　②语音输入　③解码　④编码
   A．②①③④　　　　B．②①④③　　　C．②④③①　　　D．②③④①
3. 下列的生活应用中，不属于语音识别的应用范畴的是（　　）。
   A．智能音箱　　　　B．语音输入法　　C．语音导航　　　D．智能车载设备
4. 目前大多数大词汇量、连续语音的非特定人语音识别系统是基于（　　）模型的。
   A．DTW　　　　　　B．HMM　　　　　C．VQ　　　　　　D．ANN
5. 语音识别的模板匹配方法中，要经历的步骤为（　　）。
   ①特征提取　②模板训练　③模板分类　④判决
   A．①②③④　　　　B．②①④③　　　C．②④③①　　　D．②③①④

二、简答题

1. 一个完整的基于统计的语音识别系统可大致分为哪三部分？
2. 语音识别系统可以根据对输入语音的限制加以分类，如果从说话的方式考虑，也可以将语音识别系统分为哪三类？
3. 语音识别的方法有哪三种？

第 7 章　语音交互

随着智能音箱、智能手机、智能家居等智能硬件的普及，语音交互热度也不断飙升，语音交互逐渐成为我们主流的交互方式之一，正在各大个领域被大众所接受，一方面是因为语音交互更加自然，一方面也得益于技术的发展。2011 年，语音助手 Siri 跟随 iPhone 4s 一同发布；2014 年，亚马逊发布 Alexa；2018 年，天猫精灵、小爱同学、小度等音箱相继问世……如今，各种科技公司、互联网公司、车企，甚至是房地产企业都在做语音助手，目前已经很难找到一台新发布且不带语音助手的手机或汽车了。

本章从语音交互的概念出发，梳理分析了语音交互的优缺点，介绍了语音交互遵循的原则以及应用场景、交互框架。最后以小米智能音箱"小爱音箱 Play"为例，介绍了利用智能音箱实现语音交互的一般流程，通过用例体验语音交互的实际应用。

- 了解语音交互的概念
- 了解语音交互的优缺点
- 理解语音交互的原则
- 了解语音交互的应用场景
- 理解语音交互框架
- 语音交互案例

7.1　语音交互的概念

自从工业革命以来，人机交互就逐渐进入人们的视野。早期的人机交互是传统的按压交互，即按下一个机械按键以后机器会有相应的反馈，类似于现在手机的开机键。然后出现了鼠键交互，通过"鼠标+键盘"这个组合，映射到可视的显示器上，通过点击来进行交互。紧接着出现了触控交互，自从触摸屏的普及，人们开始习惯在屏幕上戳戳点点，这就是我们每天都在使用的触摸交互。一直到现在，在以上几种交互的基础之上，又衍生出了语音交互和手势交互，这都得益于大数据和人工智能的发展，其典型应用是智能音箱和手机助手。未来最有可能被普及的就是意识交互，即计算机可以识别人脑的想法，从而直接进行反馈，例如 Facebook 推出了可以通过脑电波输入的输入法，又如埃隆·里夫·马斯克（Elon Reeve Musk）的脑机接口演示，意识交互离我们越来越近。多种交互方式如图 7-1 所示。

按压交互　　　鼠键交互　　　触控交互　　　语音交互　　　意识交互

图 7-1　多种交互方式

语音交互是一项人机交互技术，可以通过说话跟计算机交互来获取信息、服务等，语音交互并不是要替代触控交互，而是在一些场景中让人与计算机的交互变得更简单、自然。现在语音交互在技术上越来越成熟，识别的准确率和处理的效率越来越高，已经有了很多落地的产品，这些足以证明语音交互的可行性。随着 5G 和物联网的普及，语音交互会有更大的应用场景，让所有的物体都"会说话"。

语音具有很广阔的应用场景，而语音交互则是语音应用中的一个很重要的方向。在 20 世纪 90 代，电话客服领域就已经有了语音交互的商业化应用，但是受限于数据、算力、算法以及硬件形态等条件，语音交互相关的应用范围较小，直到 21 世纪后智能手机助理和智能音箱的出现极大地推动了语音交互的发展。

语音交互的发展经历了三个阶段，具体如下。

第一阶段 20 世纪 80 年代，语音交互能够实现一问一答，但前后回答并不具有内容的相关性。随着人工智能和深度学习的发展，机器的理解能力越来越强。

第二阶段。自从 2009 年开始，随着 iPhone 手机助手 Siri 的出现，语音交互进入第二阶段，语音的对话能做到有问有答，机器能够理解上下文，但是这种应用场景还比较局限。

第三阶段。2014 年智能音箱 Amazon Echo 的出现实现了应用领域的革新，拓展了语音交互的场景，智能语音交互的爆发则体现在智能音响的发展，语音交互得到巨大的突破，语音和语意的理解更加准确，具有代表性的产品有小爱音箱、天猫精灵和小度音箱等。

7.2　语音交互的优缺点

从最开始的按压交互到现在的语音交互，中间经历了几十年的时间，但是按压交互依然没有被完全替代，例如手机上的音量按键、电脑上的键盘等，在我们身边随处可见。语音识别和自然语言处理技术这么成熟，为什么我们不能完全采用语音控制呢？

上述问题涉及交互的基本原则，即尽可能地降低用户的学习成本、能够准确地完成用户想做的事情、符合人体工程设计。首先对比鼠键交互和触控交互，鼠键交互相比触摸交互的最大优势是精准，而简单和自然就不如触控交互了。触摸是人类的天性，触控相比于鼠标的映射更加简单，学习成本低，操作起来也更自然，不用正襟危坐在电脑前，随时随地都可以操作，这也是为什么手机的交互方式能碾压电脑。但是触控交互因为有更精准的特点也会一直存在。鼠键交互和触控交互如图 7-2 所示。

鼠键交互 　　　　　　　　　　　　　　　　　　　触控交互

图 7-2　鼠键交互和触控交互

　　没有什么方式能够比直接说话来得更简单、更自然、更不需要学习成本，但是语音交互（图 7-3）最大的问题是不够精准。首先是受环境的影响，导致语音识别的准确率较低；其次，表达一个意图的说法千变万化，目前的系统无法覆盖所有表达方式；最后，语音交互是一个开放域的事情，需要处理很多意外的情况。此外还有些场景不适合语音交互，例如会议场景、家人睡觉的时候等。

　　语音交互的优点和它的缺点一样突出，这也就导致语音交互最终无法取代其他的交互模式的原因，多种交互模式会长期并存。所以我们需要结合实际场景，充分发挥语音交互的优势，而不是一味地追求语音交互。

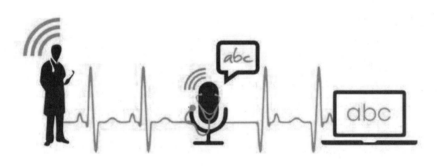

图 7-3　语音交互

7.3　语音交互的原则

1. 语音交互的通用原则

（1）及时反馈原则。用户在与系统进行语音交互的过程中，系统要给予及时的反馈。

（2）合适的速度。语音的播报速度、结果呈现速度、IP 形象展示速度、文字展示及纠错速度都在一个合适的范围内。

（3）易取原则。尽量减少用户对操作目标的记忆负荷，交互动作和结果都是可见、可听的。

（4）人性化帮助原则。在用户需要帮助的时候提供必要的帮助说明和引导。

（5）灵活高效原则。语音交互可以跨越层级，直接高效地触达目标。

（6）防错原则。在用户意图不明确的时候，可以向用户询问，还可以预测用户的可能的意图并提示用户。

（7）消除歧义原则。交互的形式和内容不会让用户感到困惑，当用户的命令存在歧义时，通过交互的形式消除歧义，帮助用户达成目标。

（8）适应当地文化原则。语音的形象 IP 和话术的提问及回答都要符合用户所处的文化背景和地域文化。

2. 交互的可用性要素

（1）轮流对话。在对话中应基于信号的传递进行轮流的表达，回答的机制宜采用一问一答的形式。

（2）上下文串联。在对话的语言中需要将上下文的语意串联起来进行回答，这样有助于提升对话的准确性。

（3）多样性。对于具体的场景，应该有多样的问与答，即结合情景进行多样性回答。

（4）理解行为。在对话的过程中尽可能地真诚、翔实和有效地理解对话的内容。

（5）反馈。对于用户的请求应给予反馈，无论是以声音、文字还是图像的形式。

（6）语音的效率。在对话的过程中往往有一些隐晦的潜台词，要理解口语之下的更深层次的意图，并给予准确的回答。

3. 人性化的表达

语言是人类表达情感的重要方式，在语音交互的过程中，人性化的设计是必不可少的。在整个语音交互的对话过程中，对于场景、角色都需要从人与人对话的角度出发，具体表现为以下几个方面。

（1）对话逻辑。语言对话逻辑应该遵循人类语言的本能，不应该强迫用户为了适应机器对话而采用层级递进的逻辑思维，用户只需要正常进行表达就可以。

（2）情感化。语音交互需要人格化、情感化，需要与产品的品牌调性相契合。语音人格方向特征应具有有趣、正能量、机智和温暖等特点。

（3）口语。语音交互应采用口语化的交流，同时也需要避免说显而易见的内容，对话需要多样性，使用户体验更加自然。

（4）环境贴切。要使用简单易懂和约定俗成的表达，尽可能地贴近用户所在的环境。

（5）地方语言。语言的本身要有地域的特色，语音的表达要有广泛的群众基础，其中方言识别也是语音交互中重要的技能。

7.4　语音交互产品主要应用场景

从功能机时代到智能机时代，人与机器的交互方式一直在变化，语音交互在生活中已经是一件非常常见的事情。未来，语音识别技术将更好地与其他语音交互技术及软件功能融合，智能语音市场将迎来更大的发展空间。根据相关调研数据显示，2020 年中国智能语音市场规模达到 113.96 亿元，同比增长 19.2%，预计 2026 年中国智能语音市场规模将进一步增长，达到 326.88 亿元，如图 7-4 所示。

接下来对主要应用场景进行简要分析和举例。

1. 家居场景

家居场景的语音产品主要集中在家庭娱乐、家居控制、医疗健康和陪伴教育。典型的设备有智能音箱、智能电视、空调、儿童教育机器人等。接下来以智能音箱和儿童教育机器人为例进行详细介绍。

（1）智能音箱。智能音箱搭载智能助手，通过语音交互的模式让用户熟悉之后，将可以成为连接整个用户家庭中的智能家居系统的核心。目前小米的智能音箱就是朝着这个方向研发的，其内部搭载环形阵列360°收音的数字麦克风，能够做到远程语音控制。和 Siri 的使用模式一样，只要对着音箱说"小爱同学"，音箱就会被唤醒，然后根据人的指令完成操作。如果智能音箱接通了电视、电饭煲、空调、智能灯等智能家居，用户就可以通过智能音箱来控制智能家居所有的链条交互。

（2）儿童教育机器人。儿童教育机器人结合了语音交互功能，市场目标用户是 K12 阶段的人群（3-18 岁），主要用途是儿童娱乐、互动和教育启蒙。排行榜 123 网依托全网大数据，根据品牌评价以及销量评选出了 2022 年儿童教育机器人十大品牌排行榜，前十名分别是科大讯飞、布丁/pudding、芭米/BAMI、智力快车、巴巴腾/BABATENG、迪士尼/DISNEY、蓝宝贝、越疆/DOBOT、狗尾草、好儿优/How Are You，如图 7-5 所示。

图 7-4　2015—2026 年中国 AI 智能语音识别行业市场规模统计情况及预测

2. 车载场景

车载场景的语音产品主要用于路线导航、周边搜索和目的地推荐，典型的设备是整车系统、后视镜、行车记录仪等设备。通过车载语音交互，释放驾驶员的手和眼，让驾驶员专注于路况。全球车载语音市场主要参与者有 Cerence、Apple、Google、科大讯飞、云知声和百度，主要产品有 Cerence Drive、Cerence ARK、CarPlay、AndroidAuto、飞鱼智能车机系统、飞鱼 AI 套件、UniCar 和小度车载 OS 等。

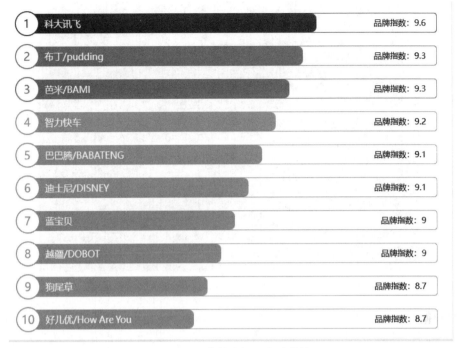

图 7-5　儿童教育机器人品牌榜

以科大讯飞的飞鱼智能车机系统为例，在语音交互方面，飞鱼智能车机系统采用了"云+端"的技术方案。这也就意味着，当车机在线联网时，其可以利用云端服务让用户在语音交互时体验更稳定更实时的服务；在网络不好的情况下，则可以利用端上功能解决用户基本语音服务诉求，保证服务可用性。

在娱乐方面，飞鱼智能车机系统集成了 QQ 音乐、喜马拉雅、有声读物、游戏等软件。通过语音方式，飞鱼智能车机系统不仅能够播放音乐，还能够随意进行切换，还可以打开相关排行榜播放音乐。值得一提的是其集成的游戏功能，这里的游戏并不是复杂的竞技游戏，仅仅是简单的成语接龙、对诗词。用户可通过语音调出游戏界面，即可以与车机进行游戏。当前，行业内对是否要在车机系统中添加游戏功能各执一词，毕竟行车安全问题不容忽视。

在生活服务方面，飞鱼智能车机系统支持天气查询、票务查询、酒店、电影院、餐饮、加油站等相关场景查询，这些功能均支持语音和触屏交互。举例来说，在查询美食和外卖时，通过语音调出交互界面，可显示店铺名称、距离、评价、人均消费、餐厅种类、优惠信息和团购信息等，同时还可以通过语音直接导航和电话预定。此外，基于这些生活服务以及定位功能，车机系统可以为用户进行自主推荐，例如用户说到了饭店的时候，车机系统可以为用户主动推荐周边排行较高的美食。图 7-6 是飞鱼智能车机系统中的酒店查询功能显示界面。

3. 随身/移动场景

（1）App 移动应用类。随身场景中最典型的是智能手机上的语音助理，如 Siri、Google Now、Hound 等。现在还有很多 App 中都有语音交互功能，如搜索、地图、购物、输入法、视频游戏等。

图7-6　飞鱼智能车机系统中的酒店查询功能显示界面

据百度地图2021年10月发布的消息，其智能语音助手用户量突破5亿，全景照片超过20亿张，个性化定制语音包每日播报次数达2亿、累计下载量超1.5亿，再度印证了"新一代人工智能地图"在AI技术和产品创新上的双重价值。

5亿智能语音用户的认可和选择是百度地图全场景语音交互能力的绝佳体现。伴随着语音领域多项领先技术的应用，百度地图智能语音助手可以在驾车等各场景中完成语音的准确唤醒和精准识别。通过自然语言处理、知识图谱、深度学习等AI技术的深入结合和大数据积累，百度地图在"听清"和"听懂"复杂、口语化语音指令的基础上，全方位满足用户查路线、搜周边、问天气等不同出行需求。值得一提的是，最新版本的百度地图中还上线了"营业时间信息化播报"功能，能够主动播报提示商铺、景区等场所的营业状态。

（2）设备类。除了App类，还有典型的硬件设备如智能耳机、手表、手环等，主要应用于户外运动、路线导航和周边搜索。

4. 办公场景/企业应用

语音/聊天机器人在企业运营方面，特别是帮助改善客户和员工体验方面有重要的作用。将解决客户问询、指引、信息录入等重复性工作由语音交互产品或者服务类机器人代劳，可以释放人力资源。目前其最常见的办公场景/企业应用语音机器人是智能客服机器人，如小i机器人、智齿客服、阿里小蜜、百度夜莺、网易七鱼等。

7.5　语音交互框架

1. 语音交互流程

一次完整的语音交互流程包括唤醒—自动语音识别（ASR）—自然语言处理（NLP）—技能（Skill）—语言合成（TTS）语音应答/界面结果展示，如图7-7所示。

2. 远场与近场

远场应用以华为的小艺为例，用户直接说："小艺小艺"即可唤醒语音助手，唤醒后可以远程进行语音交互，远场应用设计用例如图 7-8 所示。

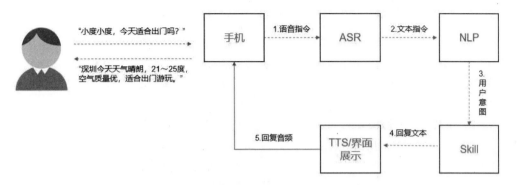

图 7-7　语音交互流程

用户："小艺小艺，定个闹钟。"
语音助手："你要定什么时候呢？"
用户："明天早上 8 点。"

图 7-8　远场应用设计用例

近场应用以智能电视为例，用户使用遥控器，按住语音键，对着遥控器发布命令进行近距离语音交互。

3. 正常/异常状态

正常状态：语音交互的过程中，通过 TTS 和小艺状态（包括等待与加载）来满足及时反馈。

异常状态：语音交互过程中，判断外网终端->提示：待命+网络异常，请检查网络。

注：无界面时，直接 TTS 反馈：【网络异常，请检查网络】（要求 TTS 写在本地）。

4. 对话澄清

对话澄清指语音交互系统主动与用户的对话，确认用户意图。对话澄清应注意以下几个方面。

（1）当用户意图不清晰，必须进行再次对话才能进行意图确定，否则导致机器执行的任务错误的情况。

（2）在远程的交互中，澄清的过程需要语音交互系统一直处于待命状态（也就是无需再次唤醒即可对话）。

（3）在澄清的过程中，需要关键词引导，以便于用户表达明确的意图。

（4）为了让用户能自然地回复和应答，同时也防止自然口语化，语音交互系统的澄清话术需要采用封闭式关键词引导。

（5）根据人的记忆及听力的规则，关键词的引导每次应小于等于 3 个，且近两个关键字文字个数在 7±2 个之间。

对话澄清设计用例如图 7-9 所示。

| 用户："帮我定下明天闹钟。"（意图不明） |
| 语音助手："你要定几点闹钟？"（几点钟为关键词） |
| 用户："明天早上 8:00。"（意图明确） |

图 7-9　对话澄清设计用例

5.　多轮对话

多轮对话指语音助手与用户进行一轮（一问一答）以上的对话，多轮对话应注意以下几个方面。

（1）应用于意图虽然清楚、可执行，但任务执行结果不清晰的情况。例如：结果的集合过大，用户没有找到具体的内容。

（2）多轮的引导应能帮助用户完成任务，同时防止用户自然语言的发散。

（3）多轮对话的轮次意味着用户与智能设备的多次交流。在搜索工具语言中，语音交互较快地达到目标是关键，轮次越多代表执行的效果越不理想，通常以小于 3 轮较为合适。但是在闲聊类型功能中，轮次越多代表用户聊天的意愿越强。

多轮对话设计用例如图 7-10 所示。

| 用户："能帮我找一下好看的电视剧吗？"（意图清晰，任务集合过大） |
| 语音助手："你要看中国的？还是国外的？"（关键词引导） |
| 用户："中国的。"（意图明确） |

图 7-10　多轮对话设计用例

6.　话术

接下来介绍话术指用户与智能设备对话的形式。在用户心中，好的话术要兼顾理性和感性原则。理性原则体现在"机器的话是有用的"，话术应该是以目标为中心、准确、简洁的；感性原则强调"对话过程令人愉悦"，话术应该是自然、友好、有个性的。根据两个原则可以将话术分为 A、B 两种类型，A 种话术是语音产品中需要互动交流产生的场景话术，而 B 种话术则是基于人与人对话的原则撰写而成的话术。话术设计原则如图 7-11 所示。话术设计用例如图 7-12 所示。

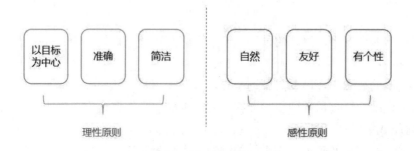

图 7-11　话术设计原则

用户："深圳明天适合爬山吗？"
语音助手 a："深圳明天天气不错，适合爬山，空气质量指数 12。"（期望回复）
语音助手 b："深圳明天晴，15～20 度，北风 2 级，空气质量指数 12，空气不错。"（不大满意的回复）

图 7-12　话术设计用例

7．语音话术设计

语音话术指在语音交互过程中语音助手通过语言与用户进行的互动，包括文字话术和语音话术。语音话术设计应注意以下几个方面。

（1）显示的文字话术与语音助手的形象关联，并配合出现。

（2）显示话术与当前语音逻辑相呼应。

（3）用户发出请求后，需要给予语音应答。例如用户发出指令"定今天下午 3 点闹钟"，语音助手应给予反馈，如"好的，已经定好下午 3 点闹钟"。

（4）在引导过程中，应根据业务的需要进行声音与文字的引导。

● 声音引导：引导澄清用户的意图。

● 文字引导：语音域中的引导话术。

● 声音+文字引导：问题及内容的搜索结果。

（5）运营类话术应针对高频词的结果及当前热门的内容定制话术，其目的是增加产品的情感，更加贴切用户的反馈。实现的方式：由运营后台配置。

8．用户对话引导

语言具有自然性，为了避免由于用户语言的随意泛化导致无法识别用户指令，需要在语音中进行话术规范性引导。引导话术结构一般采用"唤醒方式+需引导的技能话术"的形式，具体分为全局性引导、相关域引导和运营类的引导。

（1）全局性引导：由话术平台统一部署。全局性引导分为 3 类，具体如下。

● 语音功能引导。

● 当下热门内容引导。

● 新上线或主推的功能引导。

（2）相关域引导：在语音交互过程中，提供当前领域的相关话术引导。相关域引导分为 2 类，具体如下。

● 当前领域中多维度的引导。

● 多轮进阶式引导。

（3）运营类的引导：专门为运营类产品定制的语音话术引导。

9．情感表达机制

人性化是语音交互重要特征之一。情感表达机制包括基础状态和基础情绪。

（1）基础状态。

● 唤醒状态。

● 待命。

● 加载。

- 免唤醒。
- 声源定位。

（2）基础情绪。

- 欢呼。
- 陪伴。
- 安抚。
- 帮助。
- 其他（更多的类型根据业务需要进行添加）。

7.6 语音交互案例

语音交互常应用于智能音箱产品上，智能音箱是一个音箱升级的产物，是家庭消费者用语音进行交互上网的工具，其功能一般包括点播歌曲、上网购物、了解天气预报，它也可以对智能家居设备进行控制，如打开窗帘、设置冰箱温度、提前让热水器升温等。智能音箱品牌有很多，如小米智能音箱、小度智能音箱、华为智能音箱、天猫精灵智能音箱等，本节以小米智能音箱系列中的"小爱音箱 Play"产品为例进行介绍。

1. 小爱音箱 Play 简介

2021 年 8 月 3 日，小米公司正式公布开启小米小爱音箱 Play（增强版），其延续了上一代的立式设计，下部是四面镂空设计，方便声音输出，上半部分的正面则是一个隐藏的 LED 屏幕，息屏时完全与机身融为一体。小爱音箱 Play 可以语音定闹钟、设置提醒、倒计时，音乐闹钟能随意设置歌曲、歌手、收藏歌单。同时，它也是一台可以遥控传统家电的智能音箱，通过内置红外发射模组，可实现语音控制 6000 多个品牌的传统家电，可一句话操控同一房间的所有可关联家电。有声内容方面，这款音箱能自动同步 QQ 音乐账户，喜欢的音乐想听就听，与喜马拉雅、蜻蜓 FM 等热门平台深度合作，相声、有声书、电台一句话点播。小爱音箱 Play 实物图片如图 7-13 所示。

图 7-13　小爱音箱 Play

2. 小爱音箱 Play 的作用

（1）作为音箱使用。由于小爱音箱 Play 可在一定程度上理解人类思维，在播放音乐时，不只可以使用"暂停"这样的死板命令，也可以通过说"闭嘴"让它及时停下。作为家庭音箱，小爱音箱 Play 涵盖 3500 万个海量音乐与优质有声读物，既是人工智能音箱，也是网络音箱、蓝牙音箱，除了语音点歌，还可以使用小米 AI App 播放音乐，或通过连接蓝牙、Wi-Fi 播放手机、Pad 上的音乐。

（2）日常生活助理。小爱音箱 Play 中的智能语音助手"小爱同学"可以像朋友一样和人聊天，对于各种棘手问题小爱同学的回复也很可爱。除了聊天，小爱同学还可以进行儿童教育，对于家长比较忙的家庭来说，这是一个相当重要的功能，它不仅可以讲故事、而且还会答题、背诗歌等，深受小朋友的欢迎。小爱同学还提供智能化回复，可以使用语音查询天气、出行、日期、闹钟、计算器、时间、股票等设定功能。小爱同学会越用越"聪明"，对于主人的回复也会越来越智能化。

（3）米家智能家居控制。小爱智能音箱 Play 还有一个非常独特的地方就是可以控制家中其他米家设备，其中包括小米空气净化器、扫地机、电动窗帘、控制器等，当家中同时拥有多台小爱音箱时，其能通过空间感知能力，根据说话人的朝向、距离等维度进行智能判断，选择最合适的小爱音箱来应答，极大地方便了生活。

3. 网络配置流程

首次使用照例需要在手机上安装小爱音箱 App 进行配网，根据提示输入 Wi-Fi 密码，简单几步就可以完成配置。具体步骤如下：

（1）为小爱音箱 Play 接通电源。

（2）手机安装小爱音箱 App。在应用商店搜索"小爱音箱"或扫描二维码下载安装小爱音箱 App，如图 7-14 所示。

图 7-14　下载小爱音箱 App

（3）为小爱音箱 Play 配网。打开小爱音箱 App 登录小米账号后，根据提示点击"开始连接"按钮，进入搜索页面，直到找到音箱设备，选择音箱后点击"开始配网"按钮。（注：也可长按音箱顶部"播放/暂停键"直到听到"即将进入配置模式"语音提示进行配置），如图 7-15 所示。

图 7-15　为小爱音箱 Play 配网

（4）选择音箱接入的 Wi-Fi 网络，输入正确的 Wi-Fi 密码，然后点击"连接"按钮，如图 7-16 所示。

图 7-16　设置网络

大概 5 秒后，音箱发出语音提示"配网成功了"，选择音箱所在房间，如果暂时不想设置，可点击下方的"跳过，以后再说"按钮，随后就会出现"恭喜你，配置成功了"表示配置完成，如图 7-17 所示。

图 7-17　配置成功

4. 语音交互用例

（1）音箱使用交互用例。作为音箱，小爱同学已经具备多种 App 中的技能，包括 QQ 音乐、凯叔讲故事、喜马拉雅，懒人听书、中译英翻译等，实际交互的用例如图 7-18 所示。

用户："小爱同学，播放热门音乐。"
小爱同学："没问题，播放热门歌曲《我和我的祖国》。""好了，开始播放热门歌曲。"等
用户："小爱同学，我想听故事。"
小爱同学："好的，格林童话《狼和狐狸来》了。""好呀，帮你播放宝宝巴士的《想看雪的大笨熊》。"等
用户："小爱同学，我想听小说。"
小爱同学："好啊，小爱陪你一起听小说《高级定制》，如果不想听，可以跟我说'换一个'。"

图 7-18　音箱使用交互用例

（2）日常生活交互用例。作为日常生活助手，小爱同学可以设置闹钟、预报天气、播放新闻等，它在交互时还可以根据语音进行连续对话，使用时应注意下一句指令应在音箱发出"咚"的一声后再给出，实际交互的用例如图 7-19 所示。

用户："小爱同学，明天我能去爬山吗？"
小爱同学："来，给你播报天气，帮你做个参考吧。"
用户："小爱同学，我想定明天早上的闹钟。"
小爱同学："好的，你想定几点的。"（注：请在音箱发出"咚"的一声后再给出闹钟时间）
用户："六点五十分。"
小爱同学："好的，已为你定好明天早上六点五十分的闹钟，明天早上有雨，记得带伞哦。"

图 7-19　日常生活交互用例

（3）米家智能家居控制用例。小爱同学只需要接收一句话的指令即可控制智能家电，实际交互的用例如图 7-20 所示。

用户："小爱同学，查询新风机 PM2.5 浓度。"
小爱同学："新风机 PM2.5 浓度为 9，空气质量优。"
用户："小爱同学，打开客厅风扇。"
小爱同学："好啊。""没问题，开了。"等
用户："小爱同学，设置大宝房风扇。"
小爱同学："想要风扇做什么呢？"

图 7-20　智能家居控制用例

本章小结

本章从语音交互的概念出发，主要介绍了语音交互的概念、语音交互的优缺点、语音交互的原则、语音交互的四类应用场景以及语音交互框架。最后以小米智能音箱"小爱音箱 Play"为例，介绍了利用智能音箱实现语音交互一般流程的步骤环节，通过用例体验语音交互在三种方面的实际应用。

练习 7

一、选择题

1. 下列是常用的交互模式的是（　　）。
    A. 按压交互　　　　B. 鼠键交互　　　C. 触控交互　　　　D. 语音交互
    E. 手势交互　　　　F. 意识交互

2. 下列说法正确的有（　　）。
    A. 触摸是人类的天性，触控交互相比于鼠标的映射更加简单，学习成本低
    B. 语音交互最终无法取代其他的交互模式
    C. 我们需要结合实际场景，充分发挥语音交互的优势，而不是一味地追求语音交互。

D．语音交互是一个开放域的事情，需要处理很多意外的情况。

3．以下是语音交互的通用性原则的是（　　）。

    A．及时反馈原则　　　　B．合适的速度原则　　　　C．易取原则

    D．人性化帮助原则　　　E．防错原则

4．语音交互的发展经历了（　　）个阶段。

    A．一　　　　　　B．二　　　　　　C．三　　　　　　D．四

5．语言是人类表达情感的重要方式，在语音交互的过程中，（　　）的设计必不可少的。

    A．通用化　　　　B．多样化　　　　C．灵活化　　　　D．人性化

二、填空题

1．语音交互的应用场景有_____、_____、_____和_____。

2．语音交互是一项_____技术，可以通过说话跟计算机交互来获取信息、服务等，语音交互并不是要替代_____交互，而是在一些场景中让人与计算机的交互变得更_____、_____。

3．一次完整的语音交互流程包括_____—_____（自动语音识别）—_____（自然语言处理）—_____（技能）—_____（语言合成）语音应答/界面结果展示。

4．语音话术指在语音交互过程中语音助手通过语言与用户进行互动，包括_____话术和_____话术。

5．语音交互通用原则中的易取原则是要尽量减少用户对操作目标的记忆负荷，交互动作和结果都是_____、_____的。

三、操作题

从小爱同学的作为音箱、生活助理以及智能家居控制三个方面的作用出发，设计相关的十个交互用例，并记录小爱同学的答案。

第8章 机器翻译

机器翻译,又称为自动翻译,是利用计算机将一种自然语言(源语言)转换为另一种自然语言(目标语言)的过程。它是计算语言学的一个分支,是人工智能的终极目标之一,具有重要的科学研究价值。随着经济全球化及互联网的飞速发展,机器翻译技术在促进政治、经济、文化交流等方面起到越来越重要的作用,因此机器翻译又具有重要的实用价值,肩负着架起语言沟通桥梁的重任。本章利用百度 AI 开放平台提供的依托领先的自然语言处理技术推出的在线文本翻译服务与图片翻译功能实现识别图片中的文字并翻译成十种语言的案例。

- 理解机器翻译的概念与基本原理
- 理解机器翻译的核心技术
- 理解机器翻译的应用领域
- 掌握文本翻译与图片翻译的接口调用方法

8.1 机器翻译概述

机器翻译(Machine Translation,MT)是利用计算机将一种自然语言(源语言)转换为另一种自然语言(目标语言)的过程,其输入为源语言句子,输出为相应的目标语言的句子。机器翻译技术的发展一直与计算机技术、信息论、语言学等学科的发展紧密相连。从早期的词典匹配,到词典结合语言学专家知识的规则翻译,再到基于语料库的统计机器翻译,随着计算机计算能力的提升和多语言信息的爆发式增长,机器翻译技术逐渐走出象牙塔,开始为普通用户提供实时便捷的翻译服务。

8.1.1 机器翻译的起源与发展

机器翻译的故事始于 1933 年,从最开始的只是科学家脑海中一个大胆设想,到现在大规模的应用,机器翻译技术的发展有 6 个阶段。

(1)起源阶段。机器翻译起源于 1933 年,由法国工程师 G.B.阿尔楚尼(G.B. Artsouni)提出机器翻译设想,并获得一项翻译机专利。

(2)萌芽时期。1954 年,美国乔治敦大学在 IBM 公司协同下用 IBM701 计算机首次完成了英俄机器翻译试验，拉开了机器翻译研究的序幕。

（3）沉寂阶段。1964 年，美国国家科学院成立了语言自动处理咨询委员会（ALPAC），于 1966 年公布了一份名为"Languages and Machines"（《语言与机器》）的报告，该报告否认机器翻译的可行性，机器翻译研究进入萧条期。

（4）复苏阶段。1976 年，加拿大蒙特利尔大学与加拿大联邦政府翻译局联合开发了 TAUM-METEO 系统，标志着机器翻译的全面复苏。

（5）发展阶段。1993 年，IBM 提出基于词对齐的统计翻译模型，基于语料库的方法开始盛行；2003 年，爱丁堡大学的 Koehn 提出短语翻译模型，使机器翻译效果显著提升，推动了机器翻译的工业应用；2005 年，David Chang 进一步提出了层次短语模型，同时基于语法树的翻译模型方面研究也取得了长足的进步。

（6）繁荣阶段。2013 年和 2014 年，牛津大学、谷歌、蒙特利尔大学研究人员提出端到端的神经机器翻译，开创了深度学习翻译新时代；2015 年，蒙特利尔大学引入注意力（Attention）机制，神经机器翻译达到实用阶段；2016 年，谷歌发布 GNMT 系统，讯飞上线 NMT 系统，神经翻译开始被大规模应用。

8.1.2　机器翻译的基本原理

机器翻译其实是利用计算机把一种自然语言翻译成另一种自然语言的过程。机器翻译的基本流程大概分为三块：预处理、核心翻译、后处理，如图 8-1 所示。

图 8-1　机器翻译的基本流程

预处理是对语言文字进行规整，把过长的句子通过标点符号分成几个短句子，过滤一些语气词和与意思无关的文字，将一些数字和表达不规范的地方归整成符合规范的句子。核心翻译模块是将输入的字符单元、序列翻译成目标语言序列的过程，这是机器翻译中最关键、最核心的环节。后处理模块是将翻译结果进行大小写转化、拼接建模单元、处理特殊符号，使得翻译结果更加符合人们的阅读习惯。

机器翻译是人工智能的重要方向之一，自提出以来历经多次技术革新，尤其是近 10 年来从统计机器翻译（SMT）到神经网络机器翻译（NMT）的跨越，促进了机器翻译大规模产业应用。机器翻译主要面临如下问题。

1. 译文选择

由于语言中一词多义的现象比较普遍，因此在翻译一个句子的时候，会面临很多选词的问题。如图 8-2 所示，源语言句子中的"看"，可以翻译成"look""watch""read"和"see"等词，如果不考虑后面的宾语"书"的话，这几个译文都是正确的。在这个句子中，只有机器翻译系统知道"看"的宾语是"书"，才能做出正确的译文选择，把"看"翻译为"read"，最终的翻译结果为"read a book"。

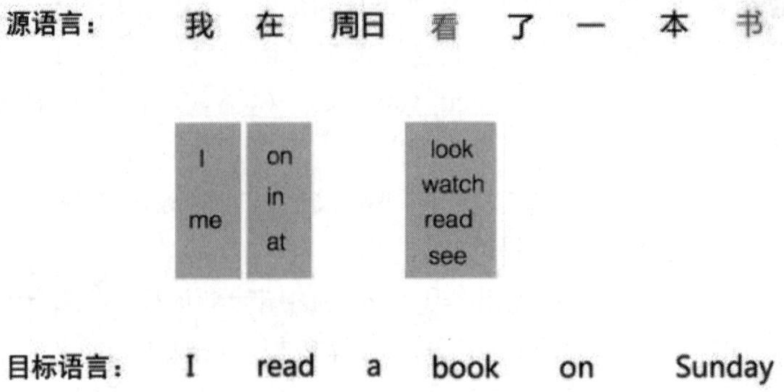

源语言：　我　在　周日　看　了　一　本　书

I
on
in
at
me

look
watch
read
see

目标语言：　I　read　a　book　on　Sunday

图 8-2　机器翻译实例

2．译文调序

由于文化及语言发展上的差异，我们在表述的时候，有时候先说一个成分，再说另外一个成分，但是在另外一种语言中，这些语言成分的顺序可能是完全相反的。如图 8-2 所示，"在周日"，这样一个时间状语在英语中习惯上放在句子后面，而在中文中习惯放在句子中间。再例如，中文的句法是"主谓宾"，而日文的句法是"主宾谓"，日文把动词放在句子最后，例如中文说"我吃饭"，那么日语中就会说"我饭吃"。当句子变长时，语序调整会更加复杂。

3．数据稀疏

据不完全统计，现在人类的语言大约有超过五千种。现在的机器翻译技术大部分都是基于大数据的，只有在大量的数据上训练才能获得一个比较好的效果。而实际上，语言数量的分布非常不均匀，在非常少的数据上想训练一个好的系统是非常困难的。

8.1.3　在线机译

目前国内市场上的翻译软件产品可以划分为四大类：全文翻译（专业翻译）、在线翻译、汉化软件和电子词典。

全文翻译：全文翻译软件以"译星"以及"雅信 CAT2.5"为代表。

在线翻译：词典类软件如金山词霸、有道词典等，基于大数据的互联网机器翻译系统如百度翻译、谷歌翻译等。

汉化软件：汉化类翻译软件主要以"东方快车 3000"为代表。

电子词典：词典工具软件以"金山词霸.net2001"为主要代表。

8.2　机器翻译的核心技术

20 世纪 80 年代基于规则的机器翻译开始走向应用，这是第一代机器翻译技术。随着机器翻译的应用领域越来越复杂，基于规则的机器翻译的局限性开始显现，应用场景越多，需要的规则也越来越多，规则之间的冲突也逐渐出现。于是很多研究者开始思考，是否能让机器自动从数据库里学习相应的规则，1993 年 IBM 提出基于词的统计翻译模型标志着第二代机器翻译技术的兴起。2014 年谷歌和蒙特利尔大学提出的第三代机器翻译技术，也就是基于端到端的神经机器翻译，标志着第三代机器翻译技术的到来。从机器翻译技术的迭代发展可以看出三代机器翻译的核心技术分别为规则机器翻译、统计机器翻译、神经机器翻译。

8.2.1 基于规则的机器翻译

基于规则的机器翻译中，翻译知识来自人类专家。找人类语言学家来写规则，如这一个词翻译成另外一个词，这个成分翻译成另外一个成分，在句子中出现在什么位置，这些都用规则表示出来。这种方法的优点是直接用语言学专家知识，准确率非常高。缺点是成本很高，例如要开发中文和英文的翻译系统，需要找同时会中文和英文的语言学家。要开发另外一种语言的翻译系统，就要再找到另外一种语言的语言学家。因此，基于规则的系统开发周期很长，成本很高。

8.2.2 基于统计的机器翻译

基于统计的机器翻译的核心在于设计概率模型对翻译过程建模。例如用 x 来表示原句子，用 y 来表示目标语言的句子，任务就是找到一个翻译模型 θ。最早应用于统计翻译的模型是信源信道模型，在这个模型下假设源语言文本 x 是由一段目标语言文本 y 经过某种奇怪的编码得到的，那么翻译的目标就是要将 y 还原成 x，这也就是一个解码的过程。

如图 8-3 所示，基于短语的统计翻译模型包括三个基本步骤：

（1）源短语切分：把源语言句子切分成若干短语。

（2）源短语翻译：翻译每一个源短语。

（3）目标短语调序：按某种顺序把目标短语组合成句子。

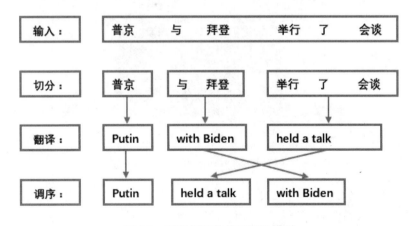

图 8-3　基于短语的统计翻译模型

由于统计机器翻译的模型假设较多，上下文建模能力不足，调序困难，因此翻译结果比较生硬。

8.2.3 基于端到端的神经机器翻译

神经机器翻译不再以统计机器翻译系统为框架，而是直接用神经网络将源语言映射到目

标语言，即端到端的神经网络机器翻译（End-to-End Neural Machine Translation，End-to-End NMT），简称为 NMT 模型，如图 8-4 所示。

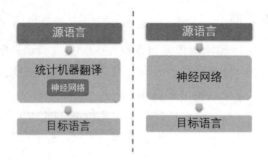

图 8-4　分别基于统计与基于神经网络的机器翻译系统

2013 年以来，随着深度学习的研究取得较大进展，基于人工神经网络的机器翻译逐渐兴起。其技术核心是利用一个拥有海量结点（神经元）的深度神经网络，自动地从语料库中学习翻译知识。一种语言的句子被向量化之后，在网络中层层传递，转化为计算机可以"理解"的表示形式，再经过多层复杂的传导运算，生成另一种语言的译文，实现了"理解语言，生成译文"的翻译方式。这种翻译方法最大的优势在于译文流畅，更加符合语法规范，容易理解。相比之前的翻译技术，质量有"跃进式"的提升。神经机器翻译通常采用编码器-解码器结构，实现对变长输入句子的建模，如图 8-5 所示。

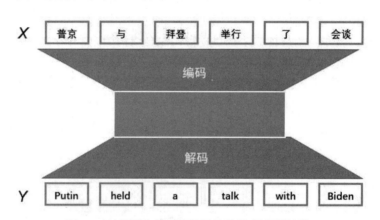

图 8-5　神经网络机器翻译的编码器-解码器结构

编码器实现对源语言句子的"理解"，形成一个特定维度的浮点数向量，之后解码器根据此向量逐字生成目标语言的翻译结果。在神经机器翻译发展初期，广泛采用循环神经网络（Recurrent Neural Network，RNN）作为编码器和解码器的网络结构。该网络擅长对自然语言建模，以长短期记忆网络 LSTM（Long Short-Term Memory Networks）和门控循环单元网络 GRU（Gated Recurrent Unit Networks）为代表的 RNN 网络通过门控机制"记住"句子中比较重要的单词，让"记忆"保存比较长的时间。2017 年，采用卷积神经网络和自注意力网络作为编码器和解码器结构的神经机器翻译模型不但在翻译效果上大幅超越了基于 RNN 的翻译模型，还通过训练时的并行化实现了训练效率的提升。目前业界神经机器翻译主流框架采用自注意力网络，该网络不仅应用于机器翻译，在自监督学习等领域也有突出的表现。

自注意力网络核心部分有两点，一是如何表征输入序列（编码），二是如何获得输出序列（解码）。对于机器翻译而言不仅包括了编码和解码两个部分，还引入了额外的机制——注意力机制来帮助调序。首先通过分词得到输入源语言词序列，接下来每个词都用一个词向量进行表示，得到相应的词向量序列，然后用前向的 RNN 得到它的正向编码表示，再用一个反向的 RNN 得到它的反向编码表示，最后将正向和反向的编码表示进行拼接，用注意力机制来预测哪个时刻需要翻译哪个词。通过不断地预测和翻译，就可以得到目标语言的译文。

8.3　机器翻译的基本应用

机器翻译的基本应用可分为三大场景：以信息获取为目的的场景、以信息发布为目的的场景、以信息交流为目的的场景。

以信息获取为目的的应用场景在生活中最为常见，例如海外购物时遇到一些生僻的词就可以借助机器翻译技术来了解它的真正意思。

以信息发布为目的的场景的典型的应用是辅助笔译。例如在写论文时需要用英文写摘要，可以利用百度翻译，将中文摘要翻译成英文摘要，然后再做一些简单的调序，得出最终的英文摘要，其实这就是一个简单的辅助笔译的过程。

以信息交流为目的的场景主要解决人与人之间的语言沟通问题。

8.4　文本与图片翻译案例

8.4.1　案例描述

利用百度 AI 开放平台提供的依托领先的自然语言处理技术推出的在线文本翻译服务，以及基于业界领先的深度学习技术及翻译技术推出的多场景、多语种、高精度的"整图识别+翻译"服务，实现识别图片的文字并翻译成十种语言的案例。本案例共分成 3 个任务，具体如下。

（1）任务 1：文本的单语言翻译。

（2）任务 2：文本的多语言翻译。

（3）任务 3：图片中文字的识别与翻译。

8.4.2　知识准备

（1）在 AI.baidu.com 注册账号并认证。

（2）创建机器翻译的应用。

1）如图 8-6 所示，在百度 AI 开放平台中依次选择"开放能力"→"自然语言处理"→"机器翻译"选项。

2）创建一个应用。单击"创建应用"按钮，依次输入应用名称、选择应用类型、选择接口选择（按默认）、输入应用描述，最后单击"立即创建"按钮。创建应用后，在应用列表中

可以看到创建好的应用名称以及每一个应用的 APPID、API Key、Secret Key 等信息，如图 8-7 所示。

图 8-6　百度 AI 开放平台的机器翻译功能

图 8-7　创建机器翻译应用

3）查看 API 文档。选择"技术文档"选项，再选择"API 文档"选项，然后选择"文本翻译-通用版"选项，如图 8-8 所示。

图 8-8　查看机器翻译的 API 文档

8.4.3 任务 1　文本的单语言翻译

文本翻译是百度翻译依托领先的自然语言处理技术推出的在线文本翻译服务，可支持中、英、日、韩等 200 多种语言互译，100 多个语种自动检测。本任务要求实现将"人类命运共同体"文本翻译成英语。

1. 新建 Python 文件并复制 API 文档中的示例程序

在 Pycharm 中新建一个"8-1.py"文件，将"文本翻译-通用版"中的 Python 示例代码（图 8-9），复制到的"8-1.py"文件中。

图 8-9　"文本翻译-通用版"中的 Python 示例代码

2. 获取 Access Token

针对 HTTP API 调用者，百度 AI 开放平台使用 OAuth2.0 授权调用开放 API，调用 API 时必须在 URL 中带上 access_token 参数。注意 Access Token 的有效期（以秒为单位，有效期为 30 天）。

（1）单击图 8-8 中的"URL 参数"说明表格中的"值"说明中的"Access Token"超链接获取 Acess Token，在打开的页面（图 8-10）中将获取"access_token 示例代码"中的 Python 代码直接复制到"8-1.py"文件中的　"token = '【调用鉴权接口获取的 token】"语句上方。

（2）修改代码中 host 赋值语句为"host = 'https://aip.baidubce.com/oauth/2.0/token?grant_type=client_credentials&client_id=【官网获取的 AK】&client_secret=【官网获取的 SK】'"。修改方法为将【官网获取的 AK】改为自己所创建应用的 API Key；将【官网获取的 SK】改为自己所创应用的 Secret Key。API Key 和 Secret Key 为图 8-7 中内容。例如，"host = 'https://aip.baidubce.com/oauth/2.0/token?grant_type=client_credentials&client_id=SaqjHglAFTSLm8llVb0oO5Zc&client_secret=QTso2KTIfs1eZzPn74pnQD3PPcSbXGwA'"。

图 8-10　"获取Access Token"中的 Python 示例代码

（3）修改 token 赋值语句：将"token = '【调用鉴权接口获取的 token】"改为"token = response.json()"。

（4）修改 url 赋值语句：将"url = 'https://aip.baidubce.com/rpc/2.0/mt/texttrans/v1?access_token=' + token"改为"url = 'https://aip.baidubce.com/rpc/2.0/mt/texttrans/v1?access_token=' + token['access_ token']"。

（5）修改文本翻译 Python 代码。将"人类命运共同体"由中文翻译成英文。通过查找 API 文档，只需要给相应的变量赋值即可修改相应的接口参数。赋值语句如下：

```
q = '人类命运共同体';        #请求翻译的内容
from_lang = 'zh';          #翻译源语言：zh 表示中文（简体）
to_lang = 'en';            #翻译目标语言：en 表示（英语）
term_ids = '';             #术语库 id，多个逗号隔开
```

程序整体代码如下：

```
import requests
import random
import json
#client_id 为官网获取的 AK，  client_secret 为官网获取的 SK
host = 'https://aip.baidubce.com/oauth/2.0/token?grant_type=client_credentials&client_id=
       SaqjHglAFTSLm8llVb0oO5Zc&client_secret=QTso2KTIfs1eZzPn74pnQD3PPcSbXGwA'
response = requests.get(host)
if response:
    print(response.json())

token = response.json()
url = 'https://aip.baidubce.com/rpc/2.0/mt/texttrans/v1?access_token=' + token['access_token']
```

```
q = '人类命运共同体';          #请求翻译的内容
#有关语言代码列表请参阅"https://ai.baidu.com/ai-doc/MT/4kqryjku9#语种列表"
from_lang = 'zh';            #翻译源语言: zh 表示中文(简体)
to_lang = 'en';             #翻译目标语言: en 表示（英语）
term_ids = '';              #术语库 id，多个逗号隔开

#建立请求
headers = {'Content-Type': 'application/json'}
payload = {'q': q, 'from': from_lang, 'to': to_lang, 'termIds' : term_ids}

#发送请求
r = requests.post(url, params=payload, headers=headers)
result = r.json()

#演示响应
print(json.dumps(result, indent=4, ensure_ascii=False))
```

（6）分析接口调用返回结果。程序中最后一条语句输出接口调用结果如图 8-11 所示。

```
{
    "result": {
        "from": "zh",
        "trans_result": [
            {
                "dst": "community of common destiny for all mankind",
                "src": "人类命运共同体"
            }
        ],
        "to": "en"
    },
    "log_id": 1522951076950245570
}
```

图 8-11　接口调用结果

从输出结果可以看出，结果为 JSON 格式，通过查看 API 文档，接口返回参数 result 为返回结果 json 串，其内包含要调用的各个模型服务的返回结果。trans_result 是翻译结果，src 是翻译原文，而 dst 为译文。因此要输出译文可以在程序的最后面添加如下代码：

```
print(result['result']['trans_result'][0]['dst'])    #打印输出译文
```

程序运行结果如下：

```
community of common destiny for all mankind
```

8.4.4　任务2　文本的多语言翻译

将任务 1 的代码复制成"8-2.py"文件。任务 2 要求将"人类命运共同体"文本翻译成英语、俄语、法语、韩语、马来语、葡萄牙语、希腊语、泰语、西班牙语、德语共十种语言。

（1）修改目标语种方向变量。因为目标语种有十种，因此可将其定义成一个数组，每一个元素是一个字典，每一个字典都由两个键组成，code 表示语种代码，country 表示语句名称。如下所示：

```
to_lang=[{'code':'en', 'country':'英语'},
         {'code':'ru', 'country':'俄语'},
         {'code':'fra', 'country':'法语'},
         {'code':'kor', 'country':'韩语'},
         {'code':'may', 'country':'马来语'},
         {'code':'pt', 'country':'葡萄牙语'},
         {'code':'el', 'country':'希腊语'},
         {'code':'th', 'country':'泰语'},
         {'code':'spa', 'country':'西班牙语'},
         {'code':'de', 'country':'德语'}]
```

（2）使用循环结构调用接口，并输出调用结果。代码如下：

```
headers = {'Content-Type': 'application/json'}
for i in range(10):
    payload = {'q': q, 'from': from_lang, 'to': to_lang[i]['code'], 'termIds' : term_ids}
    #发送请求
    r = requests.post(url, params=payload, headers=headers)
    result = r.json()
    #演示响应
    #print(json.dumps(result1, indent=4, ensure_ascii=False))
    print(to_lang[i]['country'],':',result['result']['trans_result'][0]['dst'])        #打印输出译文
```

程序运行结果如图 8-12 所示。

中文：人类命运共同体
英语 ：community of common destiny for all mankind
俄语 ：сообщество человеческой судьбы
法语 ：Communauté de destin humain
韩语 ：인류 운명 공동체
马来语 ：komuniti takdir yang sama bagi seluruh umat manusia
葡萄牙语 ：comunidade de destino comum para toda a humanidade
希腊语 ：κοινότητα κοινού πεπρωμένου για όλη την ανθρωπότητα
泰语 ：ชะตากรรมของมนุษย์
西班牙语 ：Comunidad del destino humano
德语 ：Gemeinschaft des gemeinsamen Schicksals für die ganze Menschheit

图 8-12　任务 2 程序运行结果

8.4.5　任务 3　图片中文字的识别与翻译

百度 AI 开放平台基于业界领先的深度学习技术及翻译技术，提供多场景、多语种、高精度的"整图识别+翻译"服务。只需传入图片，即可识别图片中的文字并进行翻译。

1. 新建 Python 文件并复制 API 文档中的示例程序

在 Pycharm 中新建一个"8-3.py"文件，将"图片翻译"中的 Python 示例代码复制到"8-3.py"文件中，代码如下：

```
import requests
import random
import json
import os
```

```
import sys
from hashlib import md5


file_name = '【图片路径】'

url = 'https://aip.baidubce.com/file/2.0/mt/pictrans/v1?access_token=【access_token】'

from_lang = 'zh'
to_lang = 'en'

#建立请求
payload = {'from': from_lang, 'to': to_lang, 'v': '3', 'paste': '1'}
image = {'image': (os.path.basename(file_name), open(file_name, 'rb'), "multipart/form-data")}

#发送请求
response = requests.post(url, params = payload, files = image)
result = response.json()

#演示响应
print(json.dumps(result, indent = 4, ensure_ascii = False))
```

2. 获取 Access Token

获取 Access Token 的方法与前面的方法类似，在此不再详述，代码如下：

```
#client_id 为官网获取的 AK，   client_secret 为官网获取的 SK
host = 'https://aip.baidubce.com/oauth/2.0/token?grant_type=client_credentials&client_id=
SaqjHglAFTSLm8llVb0oO5Zc&client_secret=QTso2KTIfs1eZzPn74pnQD3PPcSbXGwA'
response = requests.get(host)

token = response.json()
url = 'https://aip.baidubce.com/file/2.0/mt/pictrans/v1?access_token=' + token['access_token']
```

3. 识别图片

将图片"test.jpg"（图 8-13）复制到与"8-3.py"同一个工程项中，并修改第 9 行代码，将"【图片路径】"改为"test.jpg"。

图 8-13　test.jpg 图片

4. 运行程序并分析程序运行结果

程序运行结果如下。从结果可以看出，返回结果是一个字典结构，共识别出两行文字，存放在 data（返回数据）参数中的 content（分段翻译内容，包含每一段识别内容详情及定位信息）中。content 数组中的每一个元素又是一下字典结构，其中"src"与"dst"分别为"识别原文"与"识别译文"（默认为 en 英语）。

```
{
    "error_code": "0",
    "error_msg": "success",
    "data": {
        "from": "zh",
        "to": "en",
        "content": [
            {
                "src": "我们在一起 ",
                "dst": "We're together",
                "rect": "118 60 667 186",
                "lineCount": 1,
                "points": [
                    {
                        "x": 99,
                        "y": 63
                    },
                    {
                        "x": 796,
                        "y": 56
                    },
                    {
                        "x": 798,
                        "y": 245
                    },
                    {
                        "x": 101,
                        "y": 252
                    }
                ],
                "pasteImg": ""
            },
            {
                "src": "构建人类命运共同体 ",
                "dst": "Building a community with a shared future for mankind",
                "rect": "156 270 585 56",
                "lineCount": 1,
                "points": [
                    {
                        "x": 151,
                        "y": 267
                    },
                    {
```

```
                                "x": 745,
                                "y": 267
                            },
                            {
                                "x": 745,
                                "y": 327
                            },
                            {
                                "x": 151,
                                "y": 327
                            }
                        ],
                        "pasteImg": ""
                    }
                ],
                "sumSrc": "我们在一起  \n 构建人类命运共同体 ",
                "sumDst": "We're together\nBuilding a community with a shared future for mankind",
                "pasteImg": "/9j/4AAQSkZJRgABAQAAAQABAAD/2wBDAAMCA..."
            }
        }
```

5. 输出图片中文本识别与翻译的内容

通过循环遍历 content 数组，输出数组中每一段文本，代码如下：

```
for content in result['data']['content']:
    print(content['src'])
    print(content['dst'])
```

程序运行结果如图 8-14 所示。

我们在一起
We're together
构建人类命运共同体
Building a community with a shared future for mankind

图 8-14　程序运行结果

6. 将识别出的文本翻译成十种语言

（1）将文本识别与翻译的内容存放在一个数组 srcs 中。修改 31～35 行代码，修改结果如下：

```
srcs=[]                          #请求翻译的内容
for content in result['data']['content']:
    src=content['src']          #识别原文
    srcs.append(src)
print(srcs)
```

程序运行结果如下：

```
['我们在一起', '构建人类命运共同体']
```

（2）将翻译目标语言 to_lang 定义成一个数组，如图 8-15 所示。

（3）将任务 2 中的从第 4 行开始的代码全部复制到"8-1.py"文件的最后面。并删除 q 赋值语句（第 46 行代码 q = '人类命运共同体'; # 请求翻译的内容）。

```
48    to_lang=[{'code':'en','country':'英语'},
49            {'code':'ru','country':'俄语'},
50            {'code':'fra','country':'法语'},
51            {'code':'kor','country':'韩语'},
52            {'code':'may','country':'马来语'},
53            {'code':'pt','country':'葡萄牙语'},
54            {'code':'el','country':'希腊语'},
55            {'code':'th','country':'泰语'},
56            {'code':'spa','country':'西班牙语'},
57            {'code':'de','country':'德语'}]
```

图 8-15   定义翻译目标语言 to_lang 数组

（4）外循环遍历数组 srcs，内循环为遍历十次，将每一个识别出的原文翻译成十种语言。对应程序代码如下：

```
for q in srcs:
    print('中文:',q)
    for i in range(10):
        #建立请求
        headers = {'Content-Type': 'application/json'}
        payload = {'q': q, 'from': from_lang, 'to': to_lang[i]['code'], 'termIds': term_ids}
        #发送请求
        r = requests.post(url, params=payload, headers=headers)
        result = r.json()
        #演示响应
        #print(json.dumps(result, indent=4, ensure_ascii=False))
        print(to_lang[i]['country'], ':', result['result']['trans_result'][0]['dst'])    #打印输出译文
    print('\n\n')
```

（5）程序运行结果如图 8-16 所示。

```
['我们在一起 ', '构建人类命运共同体 ']
{'refresh_token': '25.4ce7415c9874f1567cd902ad7fe65e36.315360000.1967326974.282335-26078478', 'expir
中文: 我们在一起
英语 : We're together
俄语 : мы вместе
法语 : On est ensemble.
韩语 : 우리 함께
马来语 : Kita bersama.
葡萄牙语 : Estamos juntos
希腊语 : Είμαστε μαξί
泰语 : เราอยู่ด้วยกัน
西班牙语 : Estamos juntos.
德语 : Wir sind zusammen


中文: 构建人类命运共同体
英语 : Building a community with a shared future for mankind
俄语 : Создание сообщества судьбы человечества
法语 : Construire une communauté de destin humain
韩语 : 인류 운명 공동체를 세우다
马来语 : Building a community with a shared future for mankind
葡萄牙语 : Construir uma comunidade com um futuro compartilhado para a humanidade
希腊语 : Χτίζοντας μια κοινότητα με κοινό μέλλον για την ανθρωπότητα
泰语 : การสร้างชุมชนแห่งชะตากรรมของมนุษย์
西班牙语 : Construir la Comunidad del destino humano
德语 : Aufbau einer Gemeinschaft mit einer gemeinsamen Zukunft für die Menschheit
```

图 8-16   任务 3 程序运行结果

本章小结

本章主要是介绍了机器翻译的起源与发展史、机器翻译的基本原理和机器翻译的应用领域，以及基于规则的机器翻译、基于统计的机器翻译和基于神经网络的机器翻译三种机器翻译核心技术。最后通过百度 AI 开放平台提供的在线文本翻译服务与图片翻译功能实现图片的文字识别并翻译。

练习 8

一、选择题

1. 目前，机器翻译处于（　　）阶段？

　　A. 沉寂阶段　　　　B. 复苏阶段　　　　C. 发展阶段　　　　D. 繁荣阶段

2.（　　）过程是对语言文字进行规整，把过长的句子通过标点符号分成几个短句子，过滤一些语气词和与意思无关的文字，将一些数字和表达不规范的地方归整成符合规范的句子。

　　A. 预处理　　　　B. 核心翻译　　　　C. 后处理　　　　D. 机器翻译

3. 词典类软件如金山词霸、有道词典等属于（　　）产品。

　　A. 全文翻译　　　　B. 在线翻译　　　　C. 汉化软件　　　　D. 电子词典

二、填空题

1. 机器翻译（Machine Translation，MT）是利用计算机将一种自然语言_____转换为另一种自然语言_____的过程，输入为源语言句子，输出为相应的目标语言的句子。

2. 从机器翻译技术的迭代发展可以看出三代机器翻译的核心技术：规则机器翻译、_____、_____。

3. 基于短语的统计翻译模型包括三个基本步骤：_____、源短语翻译、_____。

三、设计题

请下载一张有关冬奥会的图片（要求里面有多行文字），将其他翻译成英语、俄语和一种除汉语外的其他语言（自选）。

169

第9章 人工智能的开发环境

本章将介绍人工智能开发所使用的环境，学习 Python 的基础和环境的搭建，人工智能开发时所需要使用到的框架，采用结合例子说明的方式进行各部分知识点的讲解，给予读者更好的理解空间和动手能力。

- 掌握 Python 的基础
- 掌握 Anaconda 的安装与使用
- 掌握 TensorFlow 的安装与使用
- 理解人工智能的开发框架

9.1 Python 基础

Python 是一门功能强大、简单易学的编程语言，由于其第三方库丰富且免费开源等特点，Python 在人工智能技术和大数据分析技术领域得到了广泛的应用。

9.1.1 变量

1. 变量的定义

变量是用于存放数据值的容器。与其他编程语言不同，Python 没有声明变量的命令，首次为其赋值时，才会创建变量。变量不需要使用任何特定类型的声明，甚至可以在设置后更改其类型。

变量可以以任何数字、字母、下划线及组合的形式进行命名，较为常用的命名方法如下。

（1）小写字母形式：a、b、student、apple。

（2）大写字母形式：A、B、STUDENT、APPLE。

（3）下划线形式：student_name、student_class。

（4）大小写结合形式（驼峰式）：StudentName。

（5）混合形式：Student1、stu_1。

其中较为常用的方式是以单个单词和驼峰式进行命名。但是需要注意的是，变量的命名不可以使用 Python 内部的关键词。Python 的关键词见表 9-1。

表 9-1 Python 的关键词

序号	关键词	序号	关键词	序号	关键词	序号	关键词	序号	关键词
1	false	8	class	15	from	22	or	29	await
2	true	9	continue	16	global	23	pass	30	break
3	none	10	def	17	if	24	raise	31	finally
4	and	11	del	18	import	25	return	32	for
5	as	12	elif	19	in	26	ty	33	nonlocal
6	asser	13	else	20	is	27	while	34	not
7	async	14	ecvrpt	21	lambda	28	with	35	yield

2. 变量的赋值

将数值赋给变量的过程称为赋值，实现这个赋值过程的语句称为赋值语句。Python 中规定变量在使用之前必须被赋值，这一点就与其他编程语言有所不同，Python 中如果仅对变量定义但未进行赋值，系统就会报错，因此 Python 的特点是变量在定义时就进行了赋值。

变量赋值的语法格式如下：

变量 = 数值

示例如下：

Student_score = 90

在内存中，变量保持的不是数值而是引用，这与 C 语言中的指针类似。在该例子当中，系统在定义变量后就会为其划分内存，内存中存放变量的数值"90"，Student_score 保存的是变量的引用，相当于保存指向内存数值为"90"的指针，因此 Python 中的变量并不存放对应的数值，而是引用对应的数值。

3. 数据类型

Python 的数据类型分为两大类，一类是数字类型，另一类是组合类型。数字类型分为 4 种，分别是整型、浮点型、布尔型和复数类型。组合类型分为 5 种，分别是字符串、列表、元组、字典和集合。本节主要对数字类型进行讲解。Python 的数据类型如图 9-1 所示。

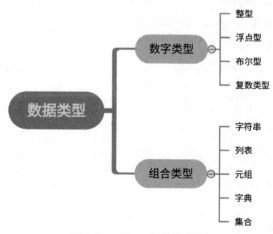

图 9-1 Python 的数据类型

（1）整型（int）。在 Python 中可以使用 4 种进制表示整型，分别为十进制（默认表示方式）、二进制（以"0B"或"0b"开头）、八进制（以"0o 或 0O"开头）和十六进制（以"0x 或 0X"开头）。示例如下：

```
0b1100      #二进制
0o14        #八进制
0xC         #十六进制
```

（2）浮点型（float）。浮点型数据用于保存带有小数点的数值，Python 的浮点型数据一般以十进制形式表示，较大或较小的浮点型数据可以使用科学计数法表示。示例如下：

```
one=2.7      #二进制
two=3e3      #科学计数法表示（3*103，即 3000，e 表示底数 10）
three=3e-3   #科学计数法表示（3*10-3，即 0.003，e 表示底数 10）
```

（3）布尔型（bool）。Python 中的布尔型数据只有两个取值，即 True、False。布尔型是一种特殊的整型，其中 True 对应整数 1，False 对应整数 0。Python 中的任何对象都可以转换为布尔型数据，符合以下条件的数据集都会被转换为 False。

- None。
- 任何为 0 的数字类型，如 0、0.0、0j。
- 任何空序列，如""、0、[]。
- 任何空字典，如{}。
- 用户定义的类实例，如类中定义了__bool__()或者__len__()。

除了以上对象外，其他对象都会被转换成 True。

可以使用 bool()函数检测对象的布尔值。示例如下：

```
>>>bool(0)
False
>>>bool(1)
True
```

（4）复数类型。类似 5+7j、1.6+3.7j 这样的数据称为复数类型数据，简称"复数"。Python 中的复数有以下 3 个特点：

- 复数由实部和虚部构成，其一般形式为 real+imagj。
- 实部 real 和虚部的 imag 都是浮点型。
- 虚部必须有后缀 j 或 J。

在 Python 中有两种创建复数的方式：一种是按照复数的一般形式直接创建；另一种是通过内置函数 complex()创建。示例如下：

```
one=5+7j           #按照复数格式使用赋值运算符直接创建
two=complex(5,7)   #使用内置函数 complex()函数创建
```

9.1.2　字符串

字符串是一组由字符组成的序列，是 Python 组合数据类型中的一种。与其他编程语言不同，Python 中的字符串并不支持动态修改。

字符串是字符的序列表示，可以由一对单引号（''）、双引号（""）、三引号（'''　'''）构成。

其中单引号和双引号都能表示为单行字符串，两者的作用相同，使用单引号时，双引号可以作为字符串的一部分；使用双引号时，单引号可以作为字符串的一部分，三引号可以作为单行或者多行字符串。

1. 单行字符串

```
#正确用法
'Hello World'
"Hello ' World"
#错误用法
'Hello ' World"
"Hello " World"
```

2. 多行字符串

```
str='''这是一个多行字符串
这是一个多行字符串
'''
print(str)
```

运行结果如下：

```
这是一个多行字符串
这是一个多行字符串
```

3. 转义字符

实现多行字符串还有一种不使用三引号（''' '''）的方法，就是使用转义字符。转义字符是以反斜杠"\"开头的字符，实现多行字符串时需要用到换行符"\n"。示例如下：

```
Str="这是第一行字符串 \n 这是第二行字符串"
Print(Str)
```

运行结果如下：

```
这是第一行字符串
这是第二行字符串
```

更多的转义字符见表9-2。

表9-2　转义字符表

转义字符	说明	转义字符	说明
\n	换行符，将光标位置移到下一行开头	\\	反斜线
\r	回车符，将光标位置移到本行开头	\'	单引号
\t	水平制表符，即 Tab 键，一般相当于四个空格	\"	双引号
\a	蜂鸣器响铃，现在的计算机很多都没有蜂鸣器了，所以响铃不一定有效	\	在字符串行尾的续行符，即一行未完转到下一行继续续写
\b	退格（Backspace），将光标位置移到前一列		

4. 字符串的切片

字符串是由多个字符构成的，字符之间是有顺序的，这个顺序号就称为索引（Index）。Python 允许通过索引来操作字符串中的单个或者多个字符，例如获取指定索引处的字符，返

回指定字符的索引值等。

语法格式如下：

String[index]

通过这个方法可以获取到字符串中某个位置的单个字符，示例如下：

String="ABCDEFGHI"
Print(String[0])
Print(String[2])
Print(String[4])

运行结果如下：

A
C
E

在 Python 中索引值是以 0 开始的，所以 0 就是第一个字符"A"，2 就是第三个字符"C"，4 就是第五个字符"E"。

还有一种方法可以获取多个字符，示例如下：

String[start : end : step]

对各个部分的说明如下：

String：要截取的字符串。

start：要截取的第一个字符所在的索引（截取时包含该字符）。如果不指定，默认为 0，也就是从字符串的开头截取。

end：要截取的最后一个字符所在的索引（截取时不包含该字符）。如果不指定，默认为字符串的长度。

step：是从 start 索引处的字符开始，每 step 个距离获取一个字符，直至 end 索引出的字符。step 默认值为 1，当省略该值时，最后一个冒号也可以省略。

示例如下：

String="ABCDEFGHI"
print(String[0:5])
print(String[0:5:2])

运行结果如下：

ABCDE
ACE

9.1.3 流程控制——分支结构

程序中的语句在默认情况下按由上往下的顺序执行，但在有些时候，顺序执行不能满足需求。流程控制是指在程序运行时，通过一些特定的指令来更改程序中语句的运行顺序，使其产生跳跃、回溯等现象。

分支结构又称为选择结构，这种结构必定包含判断条件。如果满足该判断条件，则执行某件事，如果不满足该判断条件，那么就不会执行这件事。

1. 单分支结构

Python 单分支结构流程图如图 9-2 所示，其语法格式如下：

```
if 判断条件：
        代码块
```

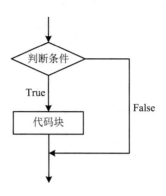

图 9-2　单分支结构流程图

　　if 语句是最简单的条件判断语句，它由三部分组成，分别是 if 关键词、条件表达式、代码块。上述格式中，可将 if 关键字理解为"如果"。如果判断条件表达式的值为 True，则执行 if 语句后的代码块；如果判断条件不成立，则跳过 if 语句后的代码块。单分支结构中的代码块只有"执行"与"跳过"两种情况。

　　例如，使用 if 语句判断一个整数的奇偶性，用户输入一个整数，程序对这个整数进行判断，如果是奇数，则输出"这个数为奇数"，如果是偶数，则输出"这个数是偶数"。具体代码如下：

```
num=int(input("请输入一个整数："))        #获取用户输入
if(num%2!=0):                              #如果这个整数不能被 2 整除，则此数为奇数
        print("这个数为奇数")
if(num%2==0):                             #如果这个整数能被 2 整除，则此数为偶数
        print("这个数为偶数")
```

2. 双分支结构

　　双分支结构产生两个分支，可根据条件表达式的判断结果来选择执行哪一个分支的语句。双分支结构流程图如图 9-3 所示。

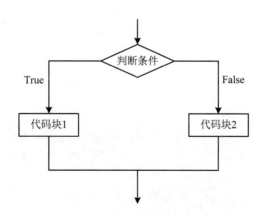

图 9-3　双分支结构流程图

双分支结构语法格式如下：

```
if 判断条件：
    代码块 1
else:
    代码块 2
```

结合前面单分支结构中判断一个整数的奇偶性的问题，如果一个整数是奇数，那么肯定不是偶数，因为偶数和奇数存在互斥关系。这恰好符合双分支结构，使用双分支结构对代码进行改写，可以避免执行不必要的条件结果、提高程序执行效率。使用双分支结构优化后的代码如下：

```
num=int(input("请输入一个整数:"))
if(num%2!=0):
    print("这个数为奇数")
else:
    print("这个数为偶数")
```

3. 多分支结构

双分支结构可以处理两种情况，如果程序需要处理多种情况，则可以使用多分支结构。多分支结构流程图如图 9-4 所示。

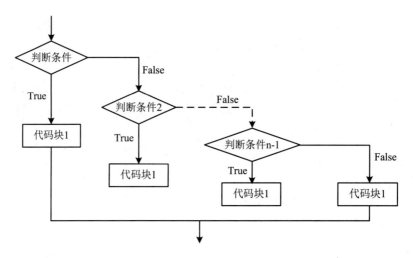

图 9-4　多分支结构流程图

多分支结构的语法格式如下：

```
if 判断条件：
    代码块 1
elif 判断条件 2:
    代码块 2
......
elif 判断条件 n-1:
    代码块 n-1
else:
    代码块 n
```

在该格式中，if结构之后可以有任意数量的elif语句。

4. 分支嵌套结构（if嵌套）

除了多分支结构，Python中还有一种选择结构，那就是分支嵌套结构，语法格式如下：

```
if 判断条件1:
    代码块1
        if 判断条件2:
        代码块2
```

在执行该嵌套语句时，先判断外层if语句中的判断条件1的结果是否为True，如果为True，则执行代码块1，然后判断内层if语句的判断条件2的结果是否为True，如果判断条件2的结果为True，则执行代码块2。

针对if嵌套，需要注意以下几点：

（1）if语句可以多层嵌套，而不仅限于两层。

（2）外层和内层的if判断都可以使用if语句、if-else语句、elif语句。

5. 案例1：计算体脂率

本案例运用了流程控制中的分支结构的知识，具体如下。

（1）数据输入部分：程序要对身高、体重、年龄和性别进行数据有效性验证（限制身高范围、体重范围、年龄范围，性别只能输入"0"或"1"）。

（2）数据处理部分：利用分支结构，分别根据男女体脂率的不同标准进行判断。

（3）数据输出部分：程序输出结果应根据性别分别进行问好，并输出体脂率判断结果。

具体要求如下：

● 如果性别为男，则输出"先生，您好"。

● 如果性别为女，则输出"女士，您好"。

● 如果体脂率达标，则输出"体脂率达标"。

● 如果体脂率不达标，则输出"请注意，您的身体偏瘦/偏胖"。

完整代码如下：

```
'''
    案例：计算体脂率案例
    知识点：分支结构

'''

#获取用户信息
Height=float(input("请输入身高（m）："))
Weight=float(input("请输入体重（kg）："))
Age=int(input("请输入年龄："))
Sex=int(input("请输入性别（男：1；女：0）："))

'''
    对数据有效性进行验证
    1.身高：大于0，小于3m
    2.体重：大于0，小于300kg
```

3.年龄：大于 0，小于 150 岁

性别：只能输入 0 或 1

```
'''

if not(0<Height<3 and 0<Weight<300 and 0<Age<150 and(Sex==1 or Sex==0)):
    print("数据不符合标准，程序退出")
    exit()
#如果数据不符合标准 则退出程序


#如果通过数据有效性的验证，则开始计算体脂率
BMI=Weight/(Height*Height)
TZ=1.2*BMI+0.23*Age-5.4-10.8*Sex
TZ=TZ/100


#判断性别 输出欢迎语
if(Sex):
    print("先生，您好",end='   ')
else:
    print("女士，您好",end='   ')
 #判断体脂率
if(0.15+10*(1-Sex)<TZ<0.18+10*(1-Sex)):
        print("恭喜您，身体非常健康，请继续保持") #体脂率达标输出
elif (0.15+10*(1-Sex)<TZ):     #体脂率小于范围则输出偏瘦
    print("请注意，您的身体偏瘦")
elif (TZ<0.18+10*(1-Sex)):     #体脂率大于范围则输出偏胖
    print("请注意，您的身体偏胖")
```

输入某位男生的数据，运行结果如下：

请输入身高（m）：1.78
请输入体重（kg）：72
请输入年龄：45
请输入性别（男：1；女：0）：1
先生，您好 请注意，您的身体偏瘦

输入某位女生的数据，运行结果如下：

请输入身高（m）：1.63
请输入体重（kg）：52
请输入年龄：32
请输入性别（男：1；女：0）：0
女士，您好 恭喜您，身体非常健康，请继续保持

9.1.4 流程控制——循环结构

循环结构是一种让指定的代码块重复执行的机制。构造循环结构有两个要素：一个是循环体，即重复执行的语句和代码；另一个是循环条件，即重复执行代码所要满足的条件。Python中循环结构分为 while 循环和 for 循环两种，while 循环一般用于实现满足条件的循环，for 循环一般用于实现遍历循环。

1. while 循环

while 循环是指 while 语句可以在条件为 True 的前提下重复执行某语句块。while 循环的语法格式如下：

```
while 循环条件：
    代码块
```

使用 while 循环编程实现拉茨猜想。拉茨猜想又称为 3n+1 猜想或冰雹猜想，是指对于每一个正整数，如果它是奇数则对他乘以 3 再加 1，如果它是偶数则对它除以 2，如此循环，最终都能得到 1。示例如下：

```
num = int(input("请输入初始值："))
while num != 1:
    if num%2 == 0:
        num =num/2
    else:
        num = num * 3 + 1
    print(num)
```

运行上面代码，得到的运行结果如下：

```
输入初始值：10
5.0
16.0
8.0
4.0
2.0
1.0
```

2. for 循环

for 循环用于遍历任何序列。所谓遍历，就是指逐一访问序列中的数据。for 循环的语法格式如下：

```
for 循环变量 in 序列：
    代码块
```

循环变量用于保存本次循环中访问到的遍历结构中的元素，for 循环的遍历次数取决于序列中元素的个数。

（1）遍历字符串。可以使用 for 循环遍历字符串，并逐个输出字符串中的字符。示例如下：

```
for i in 'Pyhon':
    print(i)
```

运行结果如下：

```
P
y
t
h
o
n
```

（2）for 循环与 range()函数。Python 中的 range()函数可以创建一个整数列表。range()函

数的用法如下：

```
range(start,end,step)
```

range()函数的参数说明如下：

- start：表示列表起始位置。该参数可以省略，此时列表默认从 0 开始。例如 range(5) 等同于 range(0,5)。
- end：表示列表结束位置，但不包括 end。例如 range(0,5)表示列表[0,1,2,3,4]。
- step：表示列表中元素的增幅（步长）。该参数可以省略，此时列表的步长默认为 1。例如 range(0,5)等同于 range(0,5,1)。

range()不同取值示例如下：

```
>>>range(10)            #从 0 开始到 9
[0,1,2,3,4,5,6,7,8,9]
>>>range(1,11)          #从 1 开始到 10
[1,2,3,4,5,6,7,8,9,10]
>>>range(0,10,3)        #步长为 3
[0,3,6,9]
>>>range(0,-10,-1)      #负数
[0,-1,-2,-3,-4,-5,-6,-7,-8,-9]
```

for 循环常与 range()函数搭配使用，以控制 for 循环中代码块的执行次数。例如，将其搭配后编程计算 1~100 的和，代码如下：

```
sum=0
for i in range(1,101):      #产生 1~100 的数字序列
    sum=sum + i
print(sum)
```

运行结果如下：

```
5050
```

3. 循环嵌套

前面讲到 if 的嵌套用法，循环可以进行嵌套，下面介绍使用九九乘法表例子，分别使用 while 和 for 的嵌套进行实现。

使用 while 嵌套实现九九乘法表，代码如下：

```
i=1
while(i<=9):
    j=1
    while(j<=i):       #取 1 到 i 的数
        print("%d*%d=%d\t" % (j, i, j * i), end='') #end 为结束符，默认为换行符，此处修改为空
        j=j+1
    print()            #换行
    i=i+1
```

运行结果如下：

```
1*1=1
1*2=2      2*2=4
1*3=3      2*3=6      3*3=9
1*4=4      2*4=8      3*4=12     4*4=16
1*5=5      2*5=10     3*5=15     4*5=20     5*5=25
```

1*6=6	2*6=12	3*6=18	4*6=24	5*6=30	6*6=36			
1*7=7	2*7=14	3*7=21	4*7=28	5*7=35	6*7=42	7*7=49		
1*8=8	2*8=16	3*8=24	4*8=32	5*8=40	6*8=48	7*8=56	8*8=64	
1*9=9	2*9=18	3*9=27	4*9=36	5*9=45	6*9=54	7*9=63	8*9=72	9*9=81

使用 for 嵌套实现九九乘法表，代码如下：

```
for i in range(1,10):
    for j in range(1,i+1):   #取 1 到 i 的数
        print("%d*%d=%d\t" %(j,i,j*i),end='') #end 为结束符，默认为换行符，此处修改为空
    print()   #换行
```

运行结果如下：

```
1*1=1
1*2=2    2*2=4
1*3=3    2*3=6    3*3=9
1*4=4    2*4=8    3*4=12   4*4=16
1*5=5    2*5=10   3*5=15   4*5=20   5*5=25
1*6=6    2*6=12   3*6=18   4*6=24   5*6=30   6*6=36
1*7=7    2*7=14   3*7=21   4*7=28   5*7=35   6*7=42   7*7=49
1*8=8    2*8=16   3*8=24   4*8=32   5*8=40   6*8=48   7*8=56   8*8=64
1*9=9    2*9=18   3*9=27   4*9=36   5*9=45   6*9=54   7*9=63   8*9=72   9*9=81
```

4. 案例2：模拟定时器

输入想倒数的时间（精确到分和秒），计时器会倒计时到 0:00，程序中要挨个输出分钟数和秒钟数的倒计时，并输出剩余时间，每次倒计时都分行输出。注意：输出每一行的时候不需要真的等待 1 秒；需要考虑三种输入情况 0:12、10:34、00:96。

完整代码如下：

```
'''
    案例：模拟定时器
    技术：循环结构
'''
str=input("请输入时间（分:秒）：")
strlist=str.split(':')          #按照 ":" 将字符串分隔开，得到分和秒
minute=eval(strlist[0])         #分钟数
second=eval(strlist[1])         #秒钟数

#设置第一圈循环为 True
fristloop=True

#考虑到 0:95 这种情况，即秒数大于 60s 的情况
#在第一圈循环中将秒数耗尽
#不管是否大于 60s，从第二圈循环开始，都从每分钟 60s 开始
for i in range(minute,-1,-1):
    if fristloop:
        for j in range(second,-1,-1):
            print("%d:%02d" %(i,j))     #格式化输出，在数字左侧自动补位，如将 0:9 改为 0:09
        fristloop = False
    else:
```

```
        for j in range(59,-1,-1):
            print("%d:%2d" %(i,j))
```

以输入"0:12"为例，运行结果如下：

```
请输入时间（分:秒）：0:12
0:12
0:11
0:10
0:09
0:08
0:07
0:06
0:05
0:04
0:03
0:02
0:01
0:00
```

5．其他语句

（1）break 语句。break 语句用于跳出离它最近一级的循环，能够用于 for 循环和 while 循环中，通常与 if 语句结合使用，放在 if 语句代码块中。

例如，循环遍历"python"字符串，当遇到字母"h"的时候结束循环。示例如下：

```
for i in "Python":
    if i=='h':
        break
    print(i)
```

运行结果如下：

```
P
y
t
```

（2）continue 语句。用于跳出当前循环，继续执行下一次循环。当执行到 continue 语句时，程序会忽略当前循环中剩余的代码，重新开始执行下一次循环。示例如下：

```
for i in "Python":
    if i=='h':
        continue
    print(i)
```

运行结果如下：

```
P
y
t
o
n
```

（3）else 语句。Python 中的循环语句可以有 else 分支。

格式语法如下：

```
while 表达式:
    语句块 1
else:
    语句块 2
for 循环变量 in 序列:
    语句块 1
else:
    语句块 2
```

执行带有 else 语句的循环语句时，会先正常执行循环结构，如果该循环正常执行结束，接下来就执行 else 语句中的语句块 2，否则不执行 else 中的语句块 2。示例如下：

```
for i in "Python":
    print(i)
else:
    print("字符串遍历完毕")
```

运行结果如下：

```
p
y
t
h
o
n
字符串遍历完毕
```

遇到循环未完全执行的示例如下：

```
for i in "Python":
    if i=='h':
        break
    print(i)
else:
    print("字符串遍历完毕")
```

运行结果如下：

```
p
y
t
```

9.1.5 函数

函数是组织好的，可重复使用的，用来实现单一或相关联功能的代码段。函数能提高应用的模块性和代码的重复利用率。Python 提供了许多内建函数如 print()，但用户也可以自己创建函数，这被称作用户自定义函数。

1. 函数的定义

Python 中使用 def 关键字来定义函数，语法格式如下：

```
def 函数名([参数 1,参数 2,…]):
    程序块
    return [返回值 1,返回值 2,…]
```

此格式中，各部分参数的含义如下。

函数名：其实就是一个符合 Python 语法的标识符，但不建议读者使用 a、b、c 这类简单的标识符作为函数名，函数名最好能够体现出该函数的功能（如 my_len，即表示我们自定义的 len() 函数）。

形参列表：设置该函数可以接收多少个参数，多个参数之间用逗号（,）分隔。

[return [返回值]]：整体作为函数的可选参数，用于设置该函数的返回值。也就是说，一个函数可以有返回值，也可以没有返回值，是否有返回值根据实际情况而定。

定义一个计算矩形面积的函数，代码如下：

```
def get_area(width,height):
    area=width*height
    return area
```

2. 函数的调用

函数在定义后不会立即执行，需要被程序调用时才会生效，调用函数的方式非常简单，示例如下：

```
函数名(参数列表)
```

其中，参数列表是调用带有参数的函数时传入的参数，传入的参数称为实际参数，简称"实参"。实参是程序执行过程中真正会使用的参数，可以是常量、变量、表达式、函数等。

接下来调用上面定义的计算矩形面积的函数 get_area()，示例如下：

```
def get_area(width,height):
    area=width*height
    return area
s=get_area(3,5)
print(s)
```

运行结果如下：

```
15
```

注意：函数在使用前必须被定义，否则解释器会报错。

3. 变量的作用域

（1）局部变量。局部变量是在函数内定义的变量，只在定义它的函数内生效。示例如下：

```
def demo():
    num=2          #局部变量
    print(num)     #函数内部访问局部变量
demo()
print(num)         #函数外部访问局部变量
```

运行结果如下：

```
Traceback (most recent call last):
  File "C:\Users\Z\Desktop\1.py", line 254, in <module>
    print(num)
NameError: name 'num' is not defined
2
```

以上程序在输出变量 num 值之后又输出了 NameError 的错误信息。由此可知，函数中定义的变量在函数内部可使用，但无法在函数外部使用。

（2）全局变量。全局变量是指在函数之外定义的变量，它在程序的整个运行周期内都占用存储单元。默认情况下，函数的内部只能获取全局变量，而不能修改全局变量的值。示例如下：

```
num=10            #全局变量
def demo():
    num=20        #实际上定义了局部变量，局部变量与全局变量重名
    print(num)
demo()
print(num)
```

运行结果如下：

```
20
10
```

从以上结果可知，程序在函数 demo()内部访问的变量是 num=20，函数外部访问的变量为 num=10。也就是说，函数的内部并没有修改全局变量的值，而是定义了一个与全局变量同名的局部变量。

如果要在函数内对全局变量进行修改，就需要用到关键字 global 进行声明。示例如下：

```
num=10            #全局变量
def demo():
    global num    #声明 num 为全局变量
    num=num+10
    print(num)
demo()
print(num)
```

运行结果如下：

```
20
20
```

由运行结果可知，在函数内部使用关键字 global 对全局变量进行声明后，函数中对全局变量进行的修改在整个程序中都有效。

9.1.6　组合数据类型

前面讲到数据类型共有两种，一种是常用到的数字类型，还有一种就是组合数据类型，组合数据类型能够将多个相同类型的数据或不同类型的数据组织起来，通过单一的表示使数据更加有序、更易于使用。

1. 序列索引

序列中的每个元素都有属于自己的编号，从起始元素开始，索引值从 0 开始递增，如图 9-5 所示。

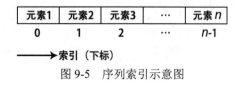

元素1	元素2	元素3	…	元素n
0	1	2	…	$n-1$

———▶ 索引（下标）

图 9-5　序列索引示意图

Python 还支持索引值是负数，此类索引从最右端的元素开始向左计数，索引值从-1 开始，如图 9-6 所示。

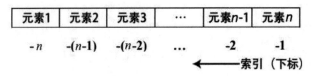

图 9-6　负值索引示意图

注意： 在使用负值作为序列中各元素的索引值时，是从-1 开始，而不是从 0 开始。

2. 列表

Python 列表的元素表现形式类似于其他编程语言中的数组，列表中的元素使用 "[]" 包含，各元素之间使用英文逗号分隔。

需要注意的是，在 Python 中列表内是可以存放列表的，例如 list=[1,[2,3]]。

（1）创建列表，示例如下：

```
list=[]                      #创建空列表
list2=[1,2,3,4,5]            #列表元素的类型均是整型
list3=['hello',10,True,[6,1]] #列表中元素的类型不同
```

（2）访问列表中的元素，示例如下：

```
list=['p','y','t','h','o','n']
print(list[0])
print(list[4])
```

运行结果如下：

```
p
o
```

（3）列表的遍历。

1）使用 for 循环遍历，示例如下：

```
list=['p','y','t','h','o','n']
for i in list:
    print(i)
```

运行结果如下：

```
p
y
t
h
o
n
```

2）使用 while 循环遍历，示例如下：

```
i=0
while i<len(list):
    print(list[i])
    i=i+1
```

运行结果如下：

p
y
t
h
o
n

（4）添加列表元素。

1）通过 append()方法添加元素到列表中，示例如下：

```
list=['Python','Java']
list.append("C")
print(list)
```

运行结果如下：

```
['Python', 'Java', 'C']
```

2）通过 insert()方法向列表指定位置添加元素，示例如下：

```
list=['Python','Java']
list.insert(1,"C")
print(list)
```

运行结果如下：

```
['Python', 'C', 'Java']
```

（5）修改元素。可以直接通过索引对列表的值进行修改，示例如下：

```
list=['Python','Java']
list[1]="C"
print(list)
```

运行结果如下：

```
['Python', 'C']
```

（6）删除列表元素。

1）使用 del()方法删除列表元素，del()可以根据索引删除单个元素，如果没有索引值则直接删除整个列表，示例如下：

```
list=['Python','Java','C']
del list[0]
print(list)
```

运行结果如下：

```
['Java', 'C']
```

2）使用 pop()方法可以删除列表的最后一个元素，示例如下：

```
list=['Python','Java','C']
list.pop()
print(list)
```

运行结果如下：

```
['Python', 'Java']
```

3）使用 remove()方法删除列表中指定元素，示例如下：

```
list=['Python','Java','C']
list.remove('Java')
print(list)
```

运行结果如下：

```
['Python', 'C']
```

（7）列表排序。

1）使用 sort()方法对列表进行从小到大排序，示例如下：

```
list=[1,4,6,3,7,2,5]
list.sort()
print(list)
```

运行结果如下：

```
[1, 2, 3, 4, 5, 6, 7]
```

2）使用 sort()方法对列表进行从大到小排序，示例如下：

```
list=[1,4,6,3,7,2,5]
list.sort(reverse=True)
print(list)
```

运行结果如下：

```
[7, 6, 5, 4, 3, 2, 1]
```

3. 元组

Python 的元组与列表类似，不同之处在于元组的元素不能修改；元组用圆括号包含元素，而列表用方括号包含元素。元组的创建很简单，只需要在圆括号中添加元素，并使用逗号分隔，非空元组的括号可以省略。示例如下：

```
tuple1=('Python','Java','C')
tuple2=(1,2,3,4,5)
tuple3="a","b","c","d"
```

（1）访问元组。在 Python 中，可以使用索引来访问元组中的元素。示例如下：

```
tuple=('Python','Java','C')
print(tuple[0])
print(tuple[1])
```

运行结果如下：

```
Python
Java
```

（2）修改元组。元组中的元素值是不允许修改的，但可以对元组进行连接组合。示例如下：

```
tuple1=('Python','Java','C')
tuple2=('PHP','C++')
tuple3=tuple2+tuple1
print(tuple3)
```

运行结果如下：

```
('PHP', 'C++', 'Python', 'Java', 'C')
```

需要注意的是，元组是不支持以如下方式进行修改的。

```
tuple1[0]='PHP'
```

（3）遍历元组。使用 for 循环遍历元组，示例如下：

```
tuple1=('Python','Java','C')
for i in tuple1:
```

```
    print(i,end=' ')
```

运行结果如下：

Python Java C

（4）元组内置函数。Python 中提供了一些元组内置函数，见表 9-3。

表 9-3　元组内置函数

函数名称	函数功能
len(tuple)	计算元组中元素的个数
max(tuple)	返回元组中元组的最大值
min(tuplc)	返回元组中元组的最小值
typle(tuple)	将列表、字符串转换为元组

示例如下：

```
tuple1=(1,4,11,15,18)
#计算元组个数
print(len(tuple1))
#返回元组中元素的最大值和最小值
print(max(tuple1),min(tuple1))
#将列表转换为元组
list=['Python','C','Java']
tuple2=tuple(list)
print(tuple2)
```

运行结果如下：

```
5
18 1
('Python', 'C', 'Java')
```

4. 字典

字典是 Python 提供的一种常用的数据结构，用于存放具有映射关系的数据。在编程中，提供"键"（key）查找"值"（value）的过程称为映射。

注意： 由于字典中的 key 是非常关键的数据，而且程序需要通过 key 来访问 value，因此字典中的 key 不允许重复。

（1）字典的创建。字典的创建方式有两种：使用大括号语法或者使用 dict() 函数进行创建。

1）使用大括号语法创建字典的示例如下：

```
scores={'语文':90,'数学':92,'英语':89}
print(scores)
```

运行结果如下：

```
{'语文': 90, '数学': 92, '英语': 89}
```

2）使用 dict() 函数创建字典的示例如下：

```
scores1=dict([['语文',90],['数学',92],['英语',89]])      #使用多个列表进行创建
scores2=dict([('语文',90),('数学',92),('英语',89)])      #使用多个元组进行创建
scores3=dict(语文=90,数学=92,英语=89)                    #使用关键字进行创建
print(scores1)
```

```
print(scores2)
print(scores3)
```

运行结果如下：

```
{'语文': 90, '数学': 92, '英语': 89}
{'语文': 90, '数学': 92, '英语': 89}
{'语文': 90, '数学': 92, '英语': 89}
```

（2）字典的查找。字典的查找和序列十分相似，区别在于序列通过索引查找，而字典通过 key 值来进行查找。字典查找示例如下：

```
scores={'语文':90,'数学':92,'英语':89}
print(scores['语文'])
print(scores['数学'])
```

运行结果如下：

```
90
92
```

（3）字典的修改。字典的修改需要通过 key 找到要修改的元素，然后进行赋值，如果这个元素不存在，那么就会进行添加。字典的修改示例如下：

```
scores={'语文':90,'数学':92,'英语':89}
scores['语文']=93
scores['计算机']=96
print(scores)
```

运行结果如下：

```
{'语文': 93, '数学': 92, '英语': 89, '计算机': 96}
```

（4）字典的删除。字典中的删除使用 del()语句，示例如下：

```
scores={'语文':90,'数学':92,'英语':89}
del scores['语文']
print(scores)
```

运行结果如下：

```
{'数学': 92, '英语': 89}
```

（5）判断键值对是否存在。字典中可以使用 in 或 not in 运算符判断一个元素是否位于字典中。示例如下：

```
scores={'语文':90,'数学':92,'英语':89}
print('数学' in scores)
print('计算机' in scores)
print('计算机' not in scores)
```

运行结果如下：

```
True
False
True
```

5. 集合

Python 中的集合具有两大重要特性：无序、唯一。Python 集合中的元素与字典中的一样，都是无序的，但集合没有 key 的概念。在创建集合对象时，相同的元素会被去除，只留下一个。

（1）集合的创建。集合使用"{}"包含元素，各元素之间使用半角逗号进行分隔，还可以使用 set()函数创建集合。

1）使用大括号方法的示例如下：

```
set={1,2,3}
```

2）使用 set()函数方法的示例如下：

```
set_1=set('python')
set_2=set((100,True,'word'))
print(set_1)
print(set_2)
```

运行结果如下：

```
{'o', 'y', 't', 'n', 'h', 'p'}
{True, 100, 'word'}
```

注意：空集合只能使用 set()函数进行创建。

（2）访问元素。由于集合中的元素是无序的，也没有 key 这个概念，所以集合不能通过索引访问元素，只能通过循环遍历的方法进行元素的访问。示例如下：

```
set_1=set((100,123,'word'))
for i in set_1:
    print(i)
```

运行结果如下：

```
123
100
word
```

（3）添加元素。在 Python 中，可以使用 add()方法为集合添加元素。示例如下：

```
set_1=set()
set_1.add('Python')
print(set_1)
```

运行结果如下：

```
{'Python'}
```

（4）删除元素。在 Python 中，可以使用 remove()、discard()、pop()这三种方法对集合进行删除操作。

1）remove()方法的示例如下：

```
set= {'Python','Java','C'}
set.remove('C')
print(set)
```

运行结果如下：

```
{'Python', 'Java'}
```

注意：如果指定要删除的元素不在集合中，就会出现 KeyError 错误。

2）discard()方法的示例如下：

```
set= {'Python','Java','C'}
set.discard('C')
print(set)
```

运行结果如下：

```
{'Python', 'Java'}
```

3）pop()方法的示例如下：

```
set= {'Python','Java','C'}
set.pop()
print(set)
```

运行结果如下：

```
{'C', 'Python'}
```

注意：pop 方法删除的元素是随机的。

（5）清空集合。如果需要清空集合，可以使用 clear()方法来实现，示例如下：

```
set= {'Python','Java','C'}
set.clear()
print(set)
```

运行结果如下：

```
set()
```

9.1.7　文件操作

程序设计时，经常会对计算机中的文件进行一些相关的操作。文件是以硬盘等介质为载体的数据的集合，包括文本文件、图像、程序和音频等。本小节将介绍在 Python 中对文件的操作方法。

1．文件的使用

文件的使用包括打开文件、关闭文件、读取文件、写入文件等，可以通过 Python 中内置的方法或一些内置库进行操作。文件的常用方法和属性见表 9-4、表 9-5。

表 9-4　文件的常用方法

方法名称	方法功能
file.open()	打开文件
file.close()	关闭文件，关闭后文件不能再进行读写操作
file.flush()	刷新文件的内部缓存，直接把内部缓冲区的数据写入文件
file.next()	返回文件下一级
file.read([size])	文件的读取
file.readline([size])	读取整行，包括"\n"字符
file.readlines([size])	读取所有行并返回列表
file.seek(offset[whence])	设置文件当前位置
file.write(str)	将字符串写入文件
file.writelines(sequence)	向文件写入一个序列字符串列表，如果需要换行，则要加入每行的换行符

表 9-5　文件的常用属性

属性名称	属性功能
mode	获取文件对象的打开模式
name	获取文件对象的文件名

属性名称	属性功能
encoding	获取文件使用的编码格式
closed	若文件已关闭，则返回 True，否则返回 False

2. 文件的打开和关闭

Python 可通过内置的 open()方法打开文件，使用语法如下：

```
open(file,mode='r',buffering=-1)
```

参数说明：

（1）file：表示文件的路径。

（2）mode：用于设置文件的打开模式，参数取值有 r、w、a、b、+。

- r：以只读模式打开文件。
- w：以只写模式打开文件。
- a：以追加模式打开文件。
- b：以二进制模式打开文件
- +：以更新的模式打开文件（可读可写）。

文件的常用打开模式见表 9-6。

表 9-6　文件的常用打开模式

函数名称	含义	函数功能
r/rb	只读模式	以只读的模式打开文本文件/二进制文件。如果文件不存在或无法找到，则 open 方法调用失败
w/wb	只写模式	以只写的模式打开文本文件/二进制文件。如果文件存在则清空文件；如果文件不存在，则创建文件
a/ab	追加模式	以只写的模式打开文本文件/二进制文件，只允许在该文件末尾追加数据。如果文件不存在，则创建文件
r+/rb+	读取（更新）模式	以读/写的模式打开文本文件/二进制文件。如果文件不存在，则 open 方法调用失败
w+/wb+	写入（更新）模式	以读/写的模式打开文本文件/二进制文件。如果文件已存在则清空文件
a+/ab+	追加（更新）模式	以读/写的模式打开文本文件/二进制文件，但只允许在文件末尾添加数据。如果文件不存在，则创建新文件

使用 open()方法打开文件，示例如下：

```
file1=open('a1.txt')          #以只读模式打开文本文件
file2=open('a2.txt','w')      #以只写模式打开文件
file3=open('a3.txt','w+')     #以读/写模式打开文件
file4=open('a4.txt','wb+')    #以读/写模式打开二进制文件
```

Python 中可以通过 close()方法关闭文件。操作如下：

```
file1.close()
```

文件打开后就会占用计算机内存，而关闭文件就会释放这些内存。在操作完文件以后需要关闭文件以提高系统性能。

3．文件的读取

文件的读取常用的方法有 read()、readlline()和 readlines()。示例文件 a.txt 内容如图 9-7 所示。

图 9-7　示例文件 a.txt

（1）read()方法。语法格式如下：

```
read(size)
```

读取一定数量字符，实例代码如下：

```
file=open('a.txt',encoding='utf-8')        #转码到 utf-8
print(file.read(5))
file.close()
```

运行结果如下：

```
Hello
```

读取全部内容，实例代码如下：

```
file=open('a.txt',encoding='utf-8')        #转码到 utf-8
print(file.read())
file.close()
```

运行结果如下：

```
Hello，World！
这里是第二行
这里是第三行
这里是第四行
```

（2）readline()方法。readline()方法每次可以从指定文件读取一行数据，实例代码如下：

```
file=open('a.txt',encoding='utf-8')        #转码到 utf-8
print(file.readline())                     #第 1 次读取，读取第一行
print(file.readline())                     #第 2 次读取，读取第二行
print(file.readline())                     #第 3 次读取，读取第三行
print(file.readline())                     #第 4 次读取，读取第四行
file.close()
```

运行结果如下：

Hello，World！

这里是第二行

这里是第三行

这里是第四行

（3）readlines()方法。readlines()方法可以将指定文件中的数据一次性读出，并将每一行视为一个元素存储到表格中，实例代码如下：

```
file=open('a.txt',encoding='utf-8')        #转码到 utf-8
print(file.readlines())
file.close()
```

运行结果如下：

['Hello，World！\n', '这里是第二行\n', '这里是第三行\n', '这里是第四行']

4. 文件的写入

文件的写入可以使用 write()方法，使用语法如下：

```
write(str)
```

实例代码如下：

```
file=open('a.txt','a',encoding='utf-8')        #转码到 utf-8
file.write('\n 这里是第五行')
file.write('\n 这里是第六行')
file.close()
```

运行结果如图 9-8 所示。

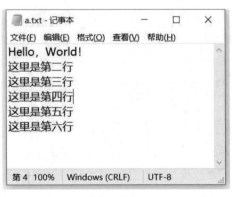

图 9-8 文件的写入

5. 案例 3：文件的加工

文件的加工在生活中很常见，例如读取一段文本并对其进行格式化再重新输出。

接下来以对一首古诗文的格式进行加工并写入另一个文件为案例对文件加进行讲解。操作如下：

（1）提取古诗文。

（2）根据句号分割。

（3）添加换行符，呈现出由上往下排版的格式。

（4）写入将进酒.txt 中。

源文件如图 9-9 所示。

图 9-9　源文件

效果如图 9-10 所示。

图 9-10　效果图

代码如下：

```
'''
    案例3：文件的加工
    知识点：文件的读写

'''

file=open('源文件.txt',encoding='utf-8')        #转码到 utf-8
gushi=file.read().split('。')                    #使用分隔"分割成列表
file.close()                                     #关闭源文件

file2=open('将进酒.txt','a',encoding='utf-8')    #打开保存文件
for i in gushi:                                  #取出每句诗句并写入
    file2.write(i+'\n')
print("加工完成")
file2.close()                                    #关闭保存文件
```

运行结果如下：

加工完成

9.1.8　Python 数据分析

随着大数据和人工智能时代的到来，网络和信息技术开始渗透到人类日常生活的方方面面，产生的数据量也呈现指数级增长的态势，同时现有数据的量级已经远远超过了目前人力所能处理的范畴。在此背景下，数据分析成为数据科学领域中一个全新的研究课题。在数据分析的程序语言选择上，由于 Python 语言在数据分析和处理方面的优势，大量的数据科学领域的从业者使用 Python 来进行数据科学相关的研究工作。

1. 数据分析

数据分析是一种解决问题的过程和方法，主要的步骤有需求分析、数据获取、数据预处理、分析建模、模型评价与优化、部署。

（1）需求分析。需求分析是数据分析环节中的第一步，也是非常重要的一步，决定了后续的分析方法和方向。需求分析的主要内容是根据业务、生产和财务等部门的需要，结合现有的数据情况，提出数据分析需求的整体分析方向、分析内容，最终和需求方达成一致。

（2）数据获取。数据获取是数据分析工作的基础，是指根据需求分析的结果提取、收集数据。数据获取主要有两种方式：网络爬虫获取和本地获取。网络爬虫获取指的是通过 Python 编写爬虫程序合法获取互联网中的各种文字、语音、图片和视频等信息；本地获取指的是通过计算机工具获取存储在本地数据库中的生产、营销和财务等系统的历史数据和实时数据。

（3）数据预处理。数据预处理是指对数据进行数据合并、数据清洗、数据标准化和数据变换，并直接用于分析建模的这一过程的总称。其中，数据合并可以将多张互相关联的表格合并为一张；数据清洗可以去掉重复、缺失、异常、不一致的数据；数据标准化可以去除特征间的量纲差异；数据交换则可以通过离散化、哑变量处理等技术满足后期分析与建模的数据要求。在数据分析过程中，数据预处理的各个过程互相交叉，并没有固定的先后顺序。

（4）分析建模。分析建模是指通过对比分析、分组分析、交叉分析、回归分析等分析方法，以及聚类模型、分类模型、关联规则、智能推荐等模型和算法，发现数据中的有价值信息，并得出结论的过程。

（5）模型评价与优化。模型评价是指对于已经建立的一个或多个模型，根据其模型的类别，使用不同的指标评价其性能优劣的过程。模型的优化则是指模型性能在经过模型评价后已经达到了要求，但在实际生产环境应用过程中，发现模型的性能并不理想，继而对模型进行重构与优化的过程。

（6）部署。部署是指将数据分析结果与结论应用至实际生产系统的过程。根据需求的不同，部署阶段可以是一份包含了现状具体整改措施的数据分析报告，也可以是将模型部署在整个生产系统的解决方案。在多数项目中，数据分析员提供的是一份数据分析报告或者一套解决方案，实际执行与部署的是需求方。

2．Python 数据分析学习路径

Python 数据分析的学习路径如图 9-11 所示。Python 拥有 IPython、NumPy、SciPy、pandas、Matplotlib、Scikit-learn 和 Spyder 等功能齐全、接口统一的库，能为数据分析工作提供极大的便利。其中，NumPy 主要有以下特点。

（1）具有快速高效的多维数组对象 ndarray。

（2）具有对数组执行元素级计算及直接对数组执行数学运算的函数。

（3）具有线性代数运算、傅里叶变换及随机数生成的功能。

（4）能将 C、C++、Fortran 代码集成到 Python。

（5）可作为算法之间传递数据的容器。

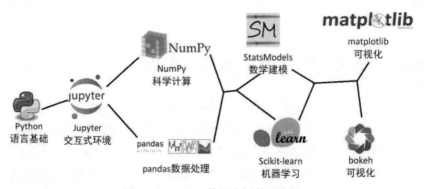

图 9-11　Python 数据分析学习路径

3．Python 进行数据分析的优势

Python 是一门应用非常广泛的计算机语言，在数据科学领域具有无可比拟的优势。Python 正在逐渐成为数据科学领域的主流语言。Python 数据分析具有以下几方面优势。

（1）语法简单精练。对于初学者来说，比起其他编程语言，Python 更容易上手。

（2）有许多功能强大的库。结合在编程方面的强大实力，只使用 Python 这一种语言就可以构建以数据为中心的应用程序。

（3）不仅适用于研究和原型构建，同时也适用于构建生产系统。研究人员和工程技术人员使用同一种编程工具能给企业带来显著的组织效益，并降低企业的运营成本。

（4）Python 程序能够以多种方式轻易地与其他语言的组件"粘接"在一起。例如，Python 的 C 语言 API 可以帮助 Python 程序灵活地调用 C 程序，这意味着用户可以根据需要给 Python 程序添加功能，或者在其他环境系统中使用 Python。

（5）Python 是一个混合体，丰富的工具集使它介于系统的脚本语言和系统语言之间。Python 不仅具备所有脚本语言简单和易用的特点，还提供了编译语言所具有的高级软件工程工具。

9.2　Anaconda 安装与使用

Python 中的模块分为内置模块、第三方模块和自定义模块。其中，内置模块是 Python 内置标准库中的模块，也是 Python 的官方模块，可直接导入程序；第三方模块由非官方制作发布，是供给大众使用的 Python 模块，在使用之前需要用户自行安装；自定义模块是指用户在程序编写中自行编写的、存放性代码的.py 文件。

Anaconda 是一个开源的 Python 发行版本，包含了 conda、Python 等 180 多个科学包及其依赖项。由于包含了大量的科学包，Anaconda 的下载文件比较大，如"Python 3.7 version64Bit Graphical Installer"安装包约为 466 MB。如果用户只需要安装某些包，或者需要节省带宽或存储空间，可以使用 Miniconda 这个较小的版本（仅包含 conda 和 Python）。Anaconda 是一个基于 Python 的数据处理和科学计算平台，内置了许多非常有用的第三方模块，安装 Anaconda 后，就相当于把数十个第三方模块自动安装好了。

1.　下载 Anaconda

以 Windows 操作系统为例，介绍 Anaconda 下载过程。访问 Anaconda 官网，网址为 https://www.anaconda.com，如图 9-12 所示。

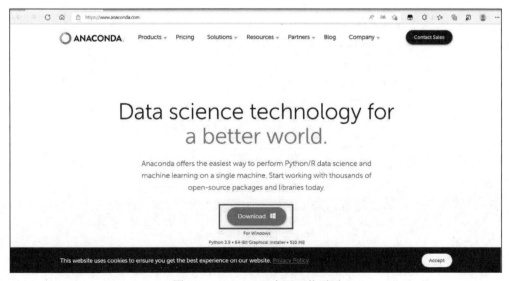

图 9-12　Anaconda 官网下载页面

单击图 9-12 所示页面中"Download"按钮，网页会根据操作系统下载相应的 64 位系统或 32 位系统的安装包。

2. 安装 Anaconda

（1）下载完成后，双击安装包启动安装程序，进入欢迎界面，如图 9-13 所示，单击 Next 按钮继续安装。

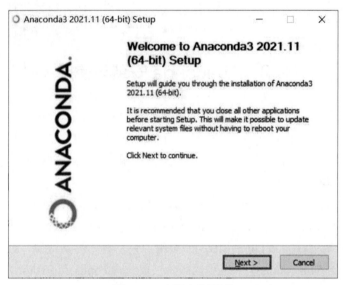

图 9-13　欢迎安装页面

（2）阅读协议后单击 I Agree 按钮，如图 9-14 所示，进入下一步。

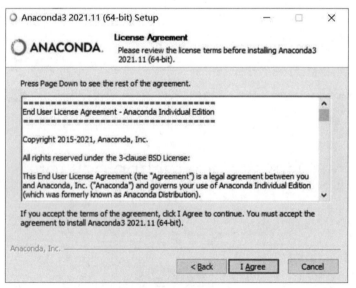

图 9-14　阅读协议

（3）选择软件使用权限，此步骤是指选择针对当前登录用户还是所有用户，一般而言二者都行，无特殊要求。如图 9-15 所示，选择完成后单击 Next 按钮进入下一步。

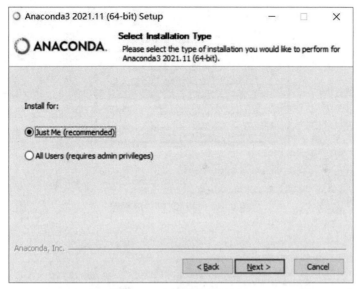

图 9-15　选择软件使用权限

（4）选择安装路径。最好所有路径均是英文，避免有空格以及中文字符导致安装失败，如图 9-16 所示。单击 Next 进入下一步。

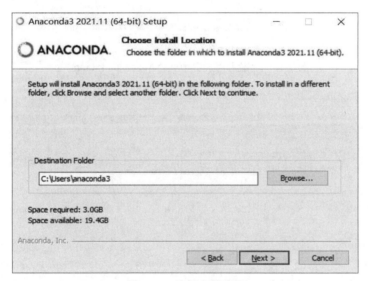

图 9-16　选择安装路径

（5）勾选配置环境变量复选框，如图 9-17 所示，完成后单击 Install 按钮开始安装。

3.　Anaconda 的使用

（1）查看 Anaconda 中存在的环境（通过 Anaconda Prompt），如图 9-18 所示。

（2）查看自己配置的环境。运行 Anaconda Prompt，在控制台输入 conda env list，如图 9-19 所示。

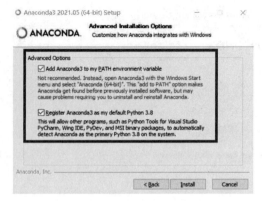

图 9-17　勾选配置环境变量

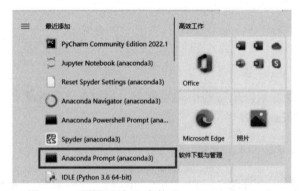

图 9-18　"最近添加"中的"Anaconda Prompt"

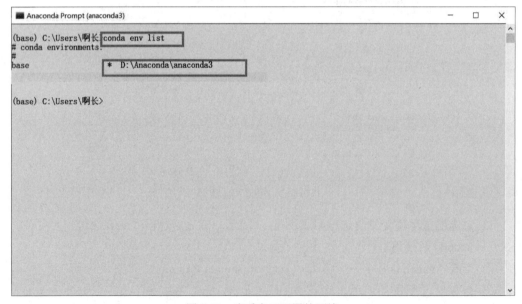

图 9-19　查看自己配置的环境

为了便于区分不同 Python 开发环境，可通过 Anaconda 创建新的 Python 环境。如下创建新的 env（这里演示 GUI 版本的操作），搜索栏搜索并运行 Anaconda Navigator，如图 9-20 所示。

图 9-20　搜索 Anaconda Navigator

进入 Anaconda Navigator 首页后选择 Environments 选项，如图 9-21 所示。

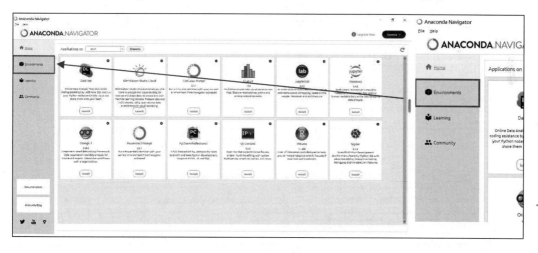

图 9-21　Anaconda Navigato 首页

在 Environments 页面单击左下角的 Ceate 按钮，添加 env1 文件夹，选择相关 Python 版本（图 9-22）。创建新环境需要等待一段时间，创建成功后即可在 Anaconda 安装目录下的 envs 目录下看见新创建的环境，如图 9-23 所示。

再次运行 Anaconda Prompt，输入 conda env list，查看 Anaconda 中 Python 的环境，如图 9-24 所示。

图 9-22　添加 env1 文件夹

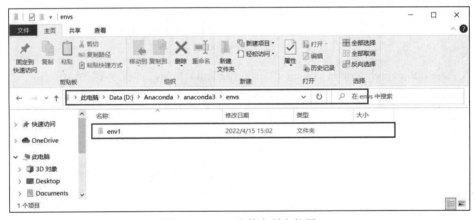

图 9-23　env1 文件夹所在位置

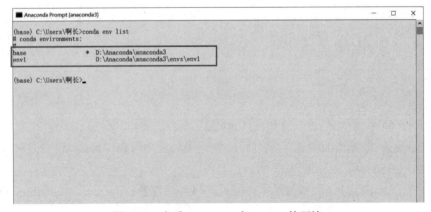

图 9-24　查看 Anaconda 中 Python 的环境

创建的环境和环境里的安装包可以在 Environments 里查看，如图 9-25 所示。

图 9-25　Environments 里查看创建的环境和环境里的安装包

9.3　TensorFlow 的安装与使用

TensorFlow 是一个基于数据流编程（Dataflow Programming）的符号数学系统，被广泛应用于各类机器学习（Machine Learning）算法的编程实现中，其前身是谷歌的神经网络算法库 DistBelief。

TensorFlow 拥有多层级结构，可部署于各类服务器、PC 终端和网页，TensorFlow 支持 GPU 和 CPU 高性能数值计算，被广泛应用于谷歌内部的产品开发和各领域的科学研究中。

1. 安装 TensorFlow

安装 TensorFlow 时，需要从 Anaconda 仓库中下载安装包，一般默认链接的都是国外镜像地址，下载速度较慢，本书推荐使用国内清华镜像地址，需要改一下链接镜像的地址，步骤如下。

打开安装好的 Anaconda 中的 Anaconda Prompt，然后输入：conda config --add channels https://mirrors.tuna.tsinghua.edu.cn/anaconda/pkgs/free/　conda config --set show_ channel_urls yes，修改成链接清华镜像的地址，如图 9-26 所示。

接下来安装 TensorFlow，在 Anaconda Prompt 中输入 conda create -n tensorflow python=3.6，如图 9-27 所示。（注意：Python 的版本号根据本机所安装的版本号进行修改），运行成功后输入 "y" 确认继续执行安装，如图 9-28 所示。

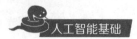

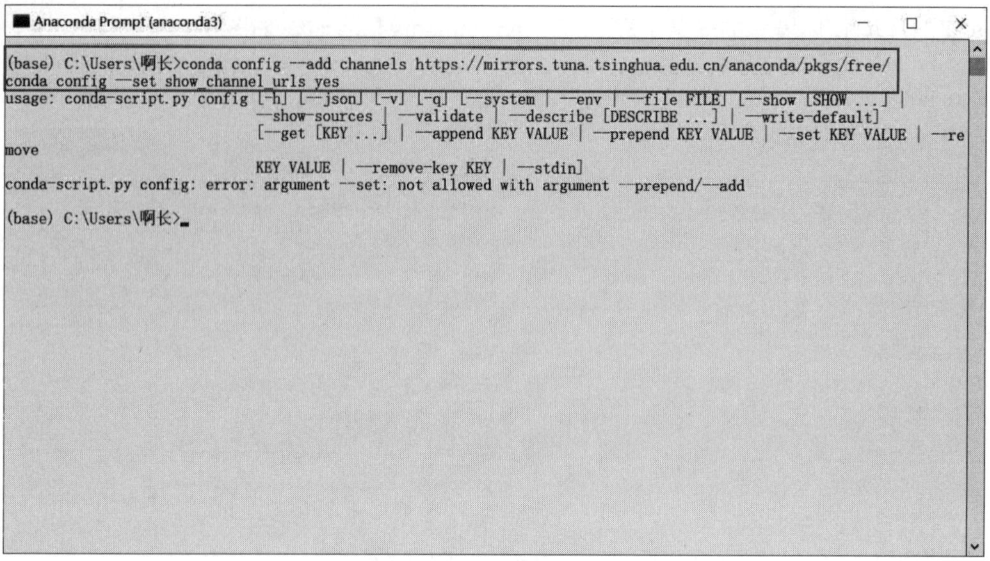

```
Anaconda Prompt (anaconda3)
(base) C:\Users\啊长>conda config --add channels https://mirrors.tuna.tsinghua.edu.cn/anaconda/pkgs/free/
conda config --set show_channel_urls yes
usage: conda-script.py config [-h] [--json] [-v] [-q] [--system | --env | --file FILE] [--show [SHOW ...] |
                              --show-sources | --validate | --describe [DESCRIBE ...] | --write-default]
                              [--get [KEY ...] | --append KEY VALUE | --prepend KEY VALUE | --set KEY VALUE | --re
move
                              KEY VALUE | --remove-key KEY | --stdin]
conda-script.py config: error: argument --set: not allowed with argument --prepend/--add

(base) C:\Users\啊长>
```

图 9-26　修改链接镜像的地址

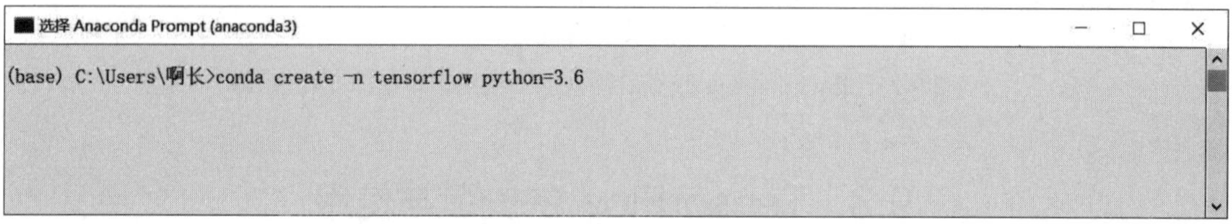

```
选择 Anaconda Prompt (anaconda3)
(base) C:\Users\啊长>conda create -n tensorflow python=3.6
```

图 9-27　开始安装 TensorFlow

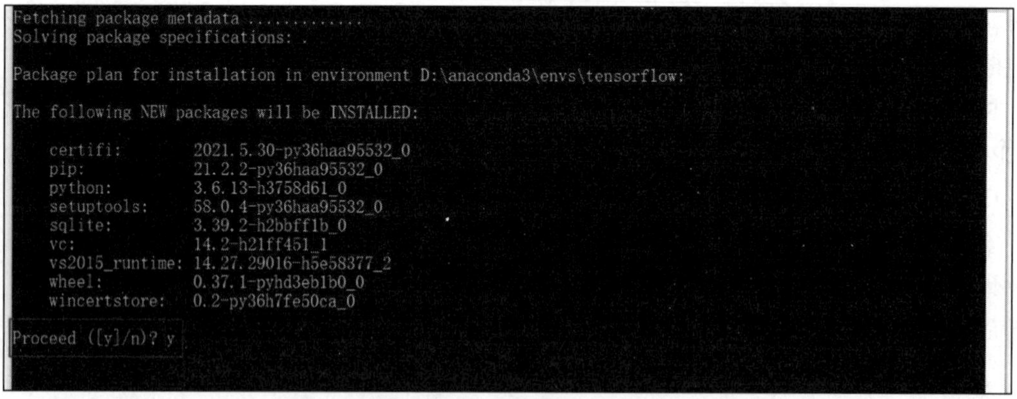

```
Fetching package metadata .............
Solving package specifications: .

Package plan for installation in environment D:\anaconda3\envs\tensorflow:

The following NEW packages will be INSTALLED:

    certifi:         2021.5.30-py36haa95532_0
    pip:             21.2.2-py36haa95532_0
    python:          3.6.13-h3758d61_0
    setuptools:      58.0.4-py36haa95532_0
    sqlite:          3.39.2-h2bbff1b_0
    vc:              14.2-h21ff451_1
    vs2015_runtime:  14.27.29016-h5e58377_2
    wheel:           0.37.1-pyhd3eb1b0_0
    wincertstore:    0.2-py36h7fe50ca_0

Proceed ([y]/n)? y
```

图 9-28　确认继续执行安装

完成后继续输入 activate tensorflow，激活 TensorFlow，如图 9-29 所示。

激活成功后输入 pip install tensorflow，安装 TensorFlow，如图 9-30 所示。

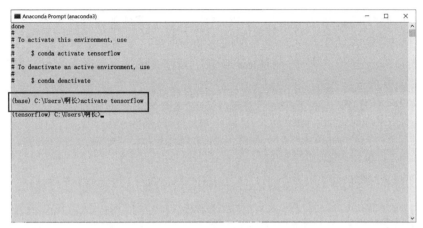

图 9-29　激活 TensorFlow

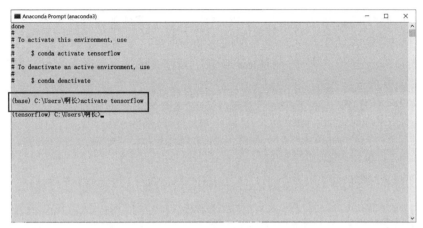

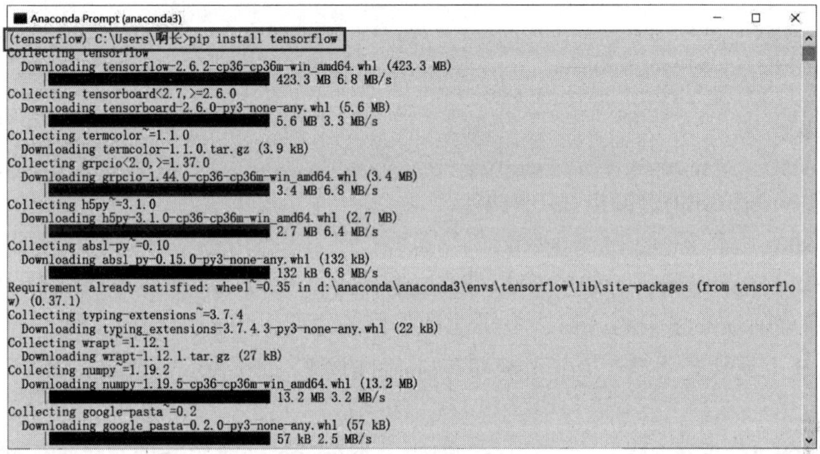

图 9-30　安装 TensorFlow

验证是否安装成功可在 PyCharm 中输入以下代码运行：

```
import tensorflow as tf
hello = tf.constant('Hello tensorfolw')
sess = tf.Session()
print(sess.run(hello))
```

成功运行如图 9-31 所示。

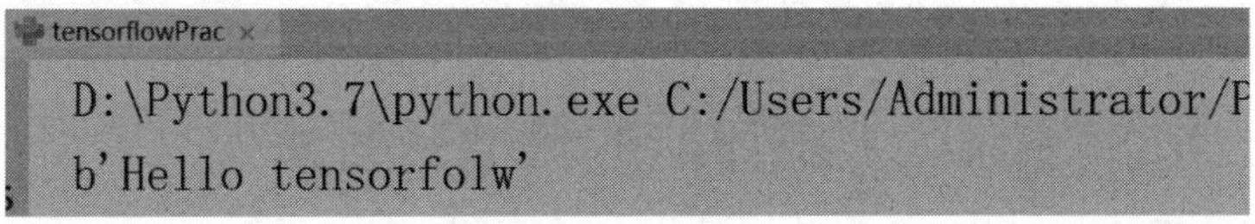

D:\Python3.7\python.exe C:/Users/Administrator/P
b'Hello tensorfolw'

图 9-31　运行成功结果

2．TensorFlow 的使用

在搭建网络训练模型时，由于网络中的参数众多、运算量大，所以训练过程比较缓慢，如果计算机不具有 GPU，可以基于 CPU 版本的 TensorFlow 使用更高级的指令集（如 SSE、

AVX）加速训练过程；如果计算机支持 GPU，可以使用 GPU 加速训练过程。

本书使用 CPU 版本的 TensorFlow 完成向量加法运算，举例介绍如下。

新建 TensorFlow 目录，在 TensorFlow 目录下新建文件，命名为 test.py，在 PyCharm 中编写代码实现向量的加法运算。

```
#tf.constant 是一个计算，计算结果是一个张量，保存在变量 a 或者 b 中
a = tf.constant([1.0, 2.0], name="a")
b = tf.constant([3.0, 4.0], name="b")
#将 a 和 b 相加，相加后的名字为"add"
result = tf.add( a, b, name="add")

#输出
print(result)
#创建一个会话，通过 Python 上下文管理器来管理该会话
#启动默认图表
with tf.Session() as sess:
print(" a = [1.0, 2.0], b =[3.0, 4.0]")
print("两个向量相加: a + b =", sess. run ( result ))
#将数据写到日志中
summary writer = tf. summary. FileWriter ("log", sess.graph)
```

代码中的 print(result)会输出如下内容：

```
Tensor("add:0", shape = (2),dtype = float32)
```

输出的张量有 3 个属性，第 1 个属性是名称，它不仅仅是该张量的唯一标识符，还可以表示该张量是如何计算出来的，第 2 个属性是张量的维度，"shape=(2)"表示一个一维数组，长度为 2；第 3 个属性是类型，每个张量都有自己的类型，如果两个张量在运算时类型不匹配，运算会报错。

本例中使用"with tf. Session() as sess"创建一个会话，创建的会话在执行完成后会自动关闭并释放资源。如果采用"sess = tf. Session()"的方式创建会话，需要使用 sess. close()函数手动关闭资源和进行资源回收。无论是哪种创建会话的方式，在创建会话的时候都会关联默认图。

本例使用"summary_writer = tf. Summary.FileWriter("log", sess.graph)"语句对数据进行记录，"log"为日志所在的位置，"sess.graph"为 TensorFlow 代码中的图。

执行完毕后会输出两者的和，具体如下：

```
a=[1.0,2.0], b=[3.0,4.0]
两个向量相加：a+b=[4. 6.]
```

9.4 人工智能的其他开发框架

1. 框架的概念

框架（Framework）是构成一类特定软件可复用设计的一组相互协作的类。框架规定了应用的体系结构，定义了整体结构、类和对象的分割，各部分的主要责任，类和对象如何协作以及控制流程。框架预定义了这些设计参数，以便于应用设计者或实现者能集中精力于应用本身

的特定细节。

2. 框架的开发和主要特点

（1）框架开发。框架的最大好处就是重用。面向对象系统获得的最大的复用方式就是框架，一个大的应用系统往往可能由多层互相协作的框架组成。

由于框架能重用代码，因此从一个已有构件库中建立应用变得非常容易，因为构件都采用框架统一定义的接口，从而使构件间的通信简单。

框架能重用设计。它提供可重用的抽象算法及高层设计，并能将大系统分解成更小的构件，而且能描述构件间的内部接口。这些标准接口使在已有的构件基础上通过组装建立各种各样的系统成为可能。只要符合接口定义，新的构件就能插入框架中，构件设计者就能重用构架的设计。

框架还能重用分析。所有的人员若按照框架的思想来分析事务，那么就能将它划分为同样的构件，采用相似的解决方法，从而使采用同一框架的分析人员之间能进行沟通。

（2）主要特点。

1）领域内的软件结构一致性好，可建立更加开放的系统。

2）重用代码大大增加，软件生产效率和质量也得到了提高。

3）软件设计人员要专注于对领域的了解，使需求分析更充分。

4）存储了经验，可以让那些经验丰富的人员去设计框架和领域构件，而不必限于低层编程。

5）允许采用快速原型技术。

6）有利于在一个项目内多人协同工作。

7）大力度的重用使得平均开发费用降低，开发速度加快，开发人员减少，维护费用降低，而参数化框架使得软件开发的适应性、灵活性增强。

3. 人工智能的开发框架

（1）TensorFlow——使用数据流图表的可伸缩机器学习的计算。

语言：C++或 Python。

当进入 AI 领域时，大部分人听到的第一个框架可能就是 Google 的 TensorFlow。TensorFlow 是一个使用数据流图表进行数值计算的开源软件。这个框架被称为具有允许在任何 CPU 或 GPU 上进行计算的架构，无论是台式机、服务器还是移动设备，都可以搭建 TensorFlow 框架。这个框架在 Python 编程语言中是可用的。

TensorFlow 对称为节点的数据层进行排序，并根据所获得的任何信息做出决定。

TensorFlow 优点如下。

● 使用易于学习的语言（Python）。

● 使用计算图表抽象。

● 用于 TensorBoard 的可用性的可视化。

TensorFlow 缺点如下。

● 速度慢，因为 Python 并不是速度最快的语言。

● 缺乏许多预先训练的模型。

● 不完全开源。

（2）Caffe——快速、开源的深度学习框架。

语言：C++。

Caffe 是一个强大的深度学习框架。借助 Caffe 可以非常轻松地构建用于图像分类的卷积神经网络。Caffe 在 GPU 上运行良好，这有助于在运行期间提高速度。

Caffe 优点如下。

● Python 和 MATLAB 均绑定可用。

● 性能表现良好。

● 无需编写代码即可进行模型的训练。

Caffe 缺点如下。

● 不支持精细粒度网络层。

● 不能处理复杂数据。

（3）Torch——一个开源的机器学习库。

语言：C。

Torch 是一个用于科学和数字操作的开源机器学习库。其基于 Lua 编程语言而非 Python。Torch 通过提供大量的算法，使得深度学习研究更容易，并且提高了效率和速度。它有一个强大的 N 维数组，这有助于切片和索引等操作。它还提供了线性代数程序和神经网络模型。

Torch 的优点如下。

● 非常灵活。

● 高水平的速度和效率。

● 拥有大量的预训练模型。

Torch 的缺点如下。

● 文献记录不清楚。

● 缺乏即时使用的即插即用代码。

● 它基于一种不流行的语言——Lua。

（4）Spark MLlib——可扩展的机器学习库。

语言：Scala。

Apache 的 Spark MLlib 是一个可扩展的机器学习库。它非常适用于诸如 Java、Scala、Python 甚至 R 等语言。Spark MLlib 非常高效，因为它可以与 Python 库和 R 库中的 NumPy 进行互操作。

Spark MLlib 可以轻松插入 Hadoop 工作流程中，它提供了机器学习算法，如分类、回归和聚类，且在处理大型数据时非常快速。

Spark MLlib 的优点如下。

● 对于大规模数据处理非常快速。

● 提供多种语言。

Spark MLlib 的缺点如下。

● 有陡峭的学习曲线。

● 即插即用仅适用于 Hadoop。

（5）CNTK——开源深度学习工具包。

语言：C++。

CNTK 称为微软对 Google 的 TensorFlow 的回应。微软的计算网络工具包是一个增强分离计算网络模块化和维护的库，提供学习算法和模型描述。在需要大量服务器进行操作的情况下，CNTK 可以同时利用多台服务器。CNTK 的功能与 Google 的 TensorFlow 相近，但是 CNTK 的速度更快。

CNTK 的优点如下。

- 非常灵活的。
- 允许分布式训练。
- 支持 C++、C#、Java 和 Python 语言。

CNTK 的缺点如下。

- 它以一种新的语言——网络描述语言（Network Description Language，NDL）来实现，泛化能力较差。
- 缺乏可视化功能。

本章小结

本章首先对 Python 进行了介绍，学习了 Python 的流程控制以及数据类型和文件操作等，介绍了 Anaconda 的安装和使用，学习了如何在 Anaconda 环境中书写 Python 的代码，最后介绍了人工智能的常用框架 TensorFlow 的安装与使用和人工智能的其他开发框架。

练习9

一、选择题

1. 下列选项中，Python 不支持的数据类型有（　　）。

    A．int　　　　　　　B．char　　　　　　C．float　　　　　　D．dict

2. 在字符串"Hello,World"中，字符"W"对应的下表位置为（　　）。

    A．4　　　　　　　　B．5　　　　　　　　C．6　　　　　　　　D．7

3. 下列 Python 关键字中，不用于表示分支结构的是（　　）。

    A．if　　　　　　　　B．elif　　　　　　　C．in　　　　　　　　D．else

4. 关于局部变量和全局变量，以下选项中描述错误的是（　　）。

    A．局部变量为组合数据类型且未创建，等同于全局变量

    B．函数运算结束后，局部变量不会被释放

    C．局部变量是函数内部的占位符，与全局变量可能重名但不同

    D．局部变量和全局变量是不同的变量，但可以使用 global 关键字在函数内部使用全局变量

5．下面程序执行的结果为（　　）。

```
list=[1,2,1,3]
nums=set(list)
for i in nums:
    print(i,end='')
```

    A．1213   B．213   C．321   D．123

二、填空题

1．流程控制分别由三个结构组成：顺序结构、＿＿＿＿＿＿＿＿、＿＿＿＿＿＿＿＿。

2．数据类型被分为两种类型，分别是＿＿＿＿＿＿＿＿、＿＿＿＿＿＿＿＿。

3．元组使用＿＿＿＿＿＿＿＿存放元素，列表使用方括号（"[]"）存放元素。

4．打开文件对文件进行读写，操作完成后应该调用＿＿＿＿＿＿＿＿方法关闭文件，以释放内存资源。

5．如果想在函数中修改全局变量，就要在变量的前面加上＿＿＿＿＿＿＿＿关键字。

三、设计题

1．使用循环输出下面金字塔，层数由用户来决定。

```
        *
      *  *
    *  *  *
  *  *  *  *
*  *  *  *  *
```

2．用户输入 3 个数，计算这 3 个数的均值、方差、标准差，并将其输出。

第 10 章　实现机器学习

本章导读

　　机器学习是人工智能技术的一个重要的分支，从人脸识别、语音交互、推荐系统到计算机视觉、自然语言处理等，今天在各行各业的应用场景中都可以看到机器学习的身影。本章利用机器学习实现"波士顿房价预测"经典案例，讲解了机器学习的概念、算法分类、机器学习的流程等，以"波士顿房价预测"为例，介绍了利用 Scikit-learn 实现机器学习一般流程的步骤环节。

本章要点

- 理解机器学习的概念
- 理解机器学习的算法分类
- 理解 Scikit-learn 的使用方法
- 掌握机器学习的一般流程

10.1　机器学习

　　机器学习作为人工智能领域的一个重要的分支，是一门建立在数学理论上，通过分析和计算数据归纳出普遍规律的综合性应用科学。依靠机器学习，系统可以通过计算手段利用经验来改善自身性能，从而实现对新情况做出有效的决策。因此，机器学习也可以理解为是一门研究系统"如何学习"的科学。

10.1.1　机器学习概述

　　所谓学习，是指一个计算程序中，对于某类任务 T 和性能度量 P，在 T 上以 P 衡量的性能随着经验 E 而自我完善，那么就说这个计算机程序在从经验 E 当中学习。如图 10-1 所示，可以将经验 E 对应为数据，将任务 T 对应为学习算法，将性能度量 P 对应为对学习算法的理解。因此，机器学习就是一个计算机程序，可以让计算机对学习算法的理解随着数据的训练而自我完善。

图 10-1　学习的定义

从经验归纳出规律是人类的典型学习过程，当再遇到新问题的时候，人类就会尝试用规律去预测未来，解决新问题。所谓新的问题其实就是一个输入，利用规律就得到了未来的一个结果。参照人类的学习，让计算机模拟这个过程，利用历史数据去训练得到一个模型，然后再利用模型去处理新的数据。此时，新的数据就作为模型的输入，然后得出的输出就是计算机下一步的属性或者动作。机器学习其实就是从历史数据中训练出模型，从而让计算机学习到了东西。机器学习的过程如图 10-2 所示。

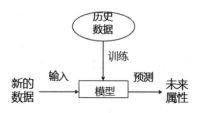

图 10-2　机器学习的过程

下面进一步尝试借助数学语言，对机器学习过程进行更理性的理解。如图 10-3 所示，在机器学习过程中，训练数据一般会有一个目标方程 f，但是这个 f 一开始肯定是未知的，而且一个完美的 f 大概率也是无法得到的。通过学习算法可以从数据当中学习到所有的特征参数，得到一个 g，让 g 尽可能地逼近 f，但是要注意 g 只是去尽可能逼近 f，与 f 还是会有所不同，这就是对机器学习算法的理性的认识。

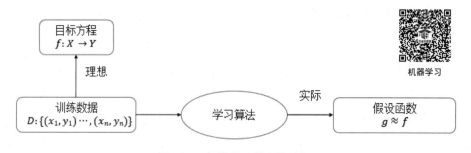

机器学习

图 10-3　机器学习的理性认识

10.1.2　机器学习问题的描述

机器学习能够解决的最典型的三类问题分别为分类、回归和聚类。先来看分类问题，这类问题相对比较好理解，例如人的性别可分为男、女，水果可分为苹果、橘子、梨等，这就是分类问题。也就是说计算机需要指出其待判断的输入属于哪一类，或者属于哪一个标签。再来看回归问题，回归问题中计算机会对给定的输入预测一个输出值，也就是输入与输出之间有一个函数 f，或者说输出是一个连续的值，而不是离散的几个类型。最后看聚类问题，聚类问题对大量没有标注的数据进行处理，根据数据内在的相似性，将数据划分为多种类，这与分类将输入根据标签分类是不同的。这三类问题中，分类和回归是机器学习中，特别是在处理预测问题时主要的两种类型。需要注意的是，分类的输出是离散的类别，而回归的输出是连续

AI 机器学习流程上（1）

的数值分类问题与回归问题如图 10-4 所示。

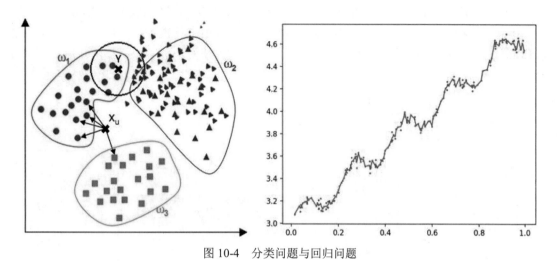

图 10-4　分类问题与回归问题

10.1.3　机器学习算法分类

机器学习算法分类

1. 有监督学习

利用已知类别的样本，这里的已知类别其实就是标签，即利用标注了标签的样本数据进行模型训练，这种机器学习的算法就是有监督学习。图 10-5 中，每一行是一条数据，假设我们要从一群人中区分出男人还是女人，那么每一行就是一个人，而每一个人都是有特征的，例如特征 1 是脸、特征 2 是胡子、特征 3 是腿等，对于男人来说就是有脸、有胡子、有腿；而女人则是有脸、没胡子、有腿；也就是每一条数据都有特征，而有监督学习最重要的是对每一条数据根据特征标注标签。那么这里就有同学会问，对于这些数据我都已经知道他们的类型了，还需要学习什么呢？这里给出标签的数据是训练样本，也就要利用这些已经标注类别的数据的不同特征构建出模型，日后再来一条新数据，也就是测试数据，通过模型分析新数据的特征就可以给新数据预测一个类型。

回归问题就是典型的有监督学习，回归问题的输出是一个连续值，是输入与输出间的一个函数，其实回归问题就是根据样本数据去拟合一个趋势。例如想知道下周的股市会给某人带来多少收益，假如已知现在是牛市股市上升的阶段，可以拟合出一个趋势从而合理地估计下周的股市收益。有监督学习的另外一个典型应用就是分类问题，其实分类问题比较简单，就是把 A 和 B 分开，非 A 即 B，事实上，我们生活中大量存在的也是这种分类问题。

2. 无监督学习

无监督学习就是样本数据是没有标签的，按照"物以类聚，人以群分"的方式对数据进行建模，按照样本间的相似度进行归类。如图 10-6 中的每一行仍然是一条数据，但是右边没有标签，事实上，对无监督学习来说，当给了大量数据以后，并不知道这些数据可能会分几类。例如图 10-6 中的示例，我们只能看到月消费多少，买的商品是多少以及消费时间是什么时候，可以推断出这里的每一行都是一个顾客，那么这些顾客可以分几类、有哪些特性呢？事实上京

东、淘宝等电商平台就在对每一位顾客做类似的分析，这就是用户画像，很多时候用户画像都是通过无监督学习来完成。例如图 10-6 中前两条在商品类型上就有相似性，都是爱运动者，那么就可以根据相似性聚为一类，而购买游戏机的就是爱电子竞技者，就是另外一类。当然，也可以根据其他特征进行聚类，例如第一行和第三行的月消费金额类似，都是高消费水平者，那么可以给他们聚为一类。这也是无监督学习的价值所在，事实上更多时候我们是不知道数据的内在价值，而无监督学习刚好可以帮助我们。

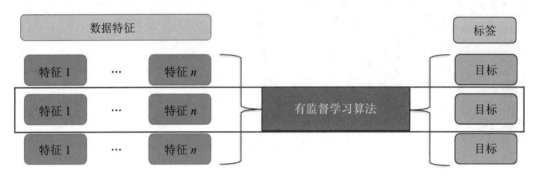

图 10-5　有监督学习算法

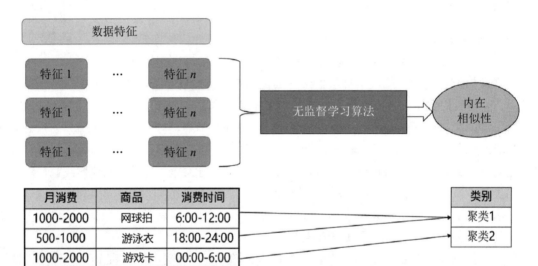

月消费	商品	消费时间
1000-2000	网球拍	6:00-12:00
500-1000	游泳衣	18:00-24:00
1000-2000	游戏卡	00:00-6:00

类别
聚类1
聚类2

图 10-6　无监督学习算法

3. 半监督学习

在了解了有监督学习和无监督学习的基础上，半监督学习就很好理解了。半监督学习就是用少量标注的数据以及大量未标注数据来进行模型训练。如图 10-7 右边有的有标签，有的没有标签，那么这种半监督学习如何实现呢？举一个例子，用半监督学习去解决分类问题，首先用有标签的数据去训练模型，然后把无标签的数据放入刚才的模型中，得到一个分类效果，在这其中选择好的数据，优化数据集，进而可以实现模型优化。也就是说，在半监督学习中，用没有标签的数据去辅助有标签的数据；当然也有可能是用有标签的数据去辅助没有标签的数据。

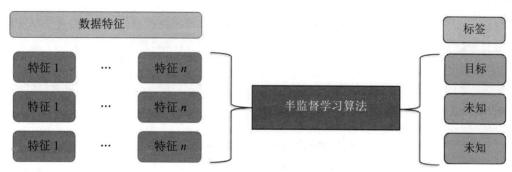

图 10-7 半监督学习算法

4. 强化学习

强化学习不同于前面的有监督学习、无监督学习、半监督学习，强化学习的模型训练是从环境到行为映射的学习过程，请注意这里的环境并不是标签，而是教师信号，教师信号可以让奖励信号（或者说强化信号）的函数值最大。模型感知环境，做出行动，根据状态与奖惩再做出调整和选择。这就像教师与学生的教学过程，学生先做一个行动给教师，教师说不对，然后改进算法。对于强化学习来说，最重要的就是找到一个最佳的行为，例如自动驾驶汽车在红灯闪烁时选择刹车还是加速，要看哪一个是从整体上看最佳的行动。强化学习的目的就是找到最佳的行为，更好地完成学习的任务。强化学习算法如图 10-8 所示。

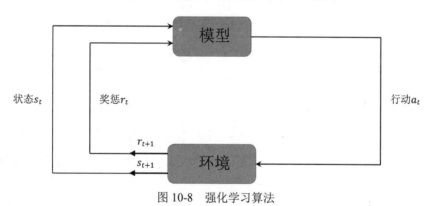

图 10-8 强化学习算法

10.2 机器学习的一般流程

当我们谈起如何实现人工智能或是机器学习的时候，一般脑海中会浮现什么场景呢？敏捷的机器人？成排的服务器？又或是晦涩难懂的数学公式？不管怎样，一般我们都会认为这是一件很困难的事情。但是，这一讲会告诉大家，人工智能一点都不难实现，只需要你在代码中加入 import sklearn，接下来就可以开启人工智能的大门。

10.2.1 Scikit-learn 的使用

sklearn 的全称叫作 Scikit-learn，是面向 Python 的免费机器学习库，在 sklearn 中包含了分类、回归、聚类等多种算法以及多种数据预处理、数据降

AI 机器学习流程上（2）

维的算法，利用 sklearn 可以方便快速地建立模型。sklearn 的使用流程一般包含 4 个主要环节：准备数据集、选择模型、训练模型及调参、测试模型及评估，如图 10-9 所示。

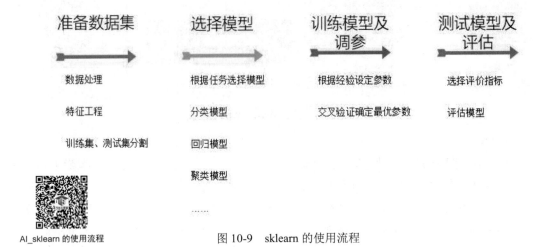

AI_sklearn 的使用流程

图 10-9　sklearn 的使用流程

接下来，以 sklearn 库中最经典的鸢尾花数据集为例，通过 4 个项目任务系统介绍 sklearn 的使用流程。

1. 任务 1　准备数据集

（1）加载数据集。在 Jupyter Notebook 的编译环境中加载鸢尾花数据集 iris_skl.csv。将 pandas 和 NumPy 导入，利用 pandas 中的 read_csv()方法读取鸢尾花数据集文件，将读取的数据保存为 dataframe，为这个 dataframe 取名为 iris_data，这样就完成了数据的加载。代码如下：

```
#导入包
import pandas as pd
import numpy as np
iris_data= pd.read_csv('./iris_skl.csv')
#预览数据集前 5 行
iris_data.head()
```

在鸢尾花数据集（图 10-10）中，每一行就是一个样本，也就是一朵鸢尾花，我们希望通过机器学习让计算机根据鸢尾花的特征，按照品种对鸢尾花进行分类。在数据集中可以看到每个样本的前四列分别是鸢尾花的花萼长宽和花瓣长宽。鸢尾花是一种很有特色的花卉，根据它的花萼和花瓣的形状，鸢尾花可以分为三个不同的品种，在我们的数据集中，为了后续训练模型方便，将鸢尾花的三个品种的名称做了数值化的处理，将它们分别标注为数值型数据 1、2、3。

对于一个样本，根据这个样本的花萼长宽和花瓣长宽数据，可以将这个样本分为某一种类型的鸢尾花。因此，在鸢尾花数据集中，特征就是鸢尾花的花萼长宽和花瓣长宽这四列数据，而标签就是鸢尾花的品种类型，也就是"label"。

（2）获取特征、标签。在 iris_data 中索引花萼长宽和花瓣长宽这四列数据，筛选出特征列并保存为二维数组，命名为 X，实现特征获取；在 iris_data 中索引 label 列，筛选出标签列并保存为一维数组，命名为 y，实现标签获取。代码如下：

```
#获取特征，保存为二维数组 X
X= iris_data[['sepal_length', 'sepal_width', 'petal_length', 'petal_width']].values
#获取标签，保存为一维数组 y
y=iris_data[['label']].values
```

	sepal_length	sepal_width	petal_length	petal_width	species	label
0	5.1	3.5	1.4	0.2	setosa	1
1	4.9	3.0	1.4	0.2	setosa	1
2	4.7	3.2	1.3	0.2	setosa	1
3	4.6	3.1	1.5	0.2	setosa	1
4	5.0	3.6	1.4	0.2	setosa	1

图 10-10　鸢尾花数据集

2. 任务 2　选择模型

加载完数据并获取了样本数据集的特征和标签之后，需要根据要预测和解决的问题选择适合的模型。在这个例子中，我们希望通过让计算机学习鸢尾花的特征，能够按照不同特征所对应的品种，实现对鸢尾花的分类，这是很典型的分类问题。对于小数据集的分类问题，可以尝试 kNN 模型，这是解决分类问题的最简单、最容易理解的一种算法模型。kNN 即 k 近邻距离算法，图 10-11 中阐述了 kNN 分类的思想，就是选择最近距离的多数类型作为当前的类型。图 10-11 中，在 k=3 这个邻域范围内，有 2 个三角形、1 个方形，那么按照少数服从多数的思想，在 k=3 邻域范围内，判断带问号的圆形的类型为三角形。

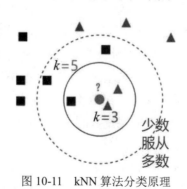

AI_sklearn 的模型选择

图 10-11　kNN 算法分类原理

这个算法如何去实现呢？需要我们一步步从头开始去用代码实现吗？其实，不需要这么复杂。sklearn 库中有已经封装了的 kNN 算法模块，我们只需要导入并实例化出一个具体的 kNN 模型对象就可以。

（1）导入 sklearn 库中的 kNN，选择 k 近邻距离算法。代码如下：

```
from sklearn.neighbors import KNeighborsClassifier
```

（2）利用 k 近邻距离算法实例化创建一个 knn_model 模型，用于后续训练。代码如下：

```
knn_model = KNeighborsClassifier()
```

3. 任务3 训练模型及调参

现在已经有一个 kNN 算法模型对象了，但是这个 knn_model 并没有经过训练，换句话说它还不具备任何学习能力。也就是让这个 knn_model 从鸢尾花数据集中学习到分类的能力，也就是要使用鸢尾花数据集中的特征和标签去训练这个模型对象。所以，我们用特征 X、标签 y 去训练，也就是 fit 模型 knn_model。经过数据集的训练后，knn_model 具备了根据鸢尾花的特征对花朵进行分类的能力。使用数据集训练任务 2 中构建的模型 knn_model.fit(X, y)，用 X 作为训练数据，y 作为目标值拟合模型，其中参数 X 为数据集的"特征"，一般为矩阵（二维数组），y 为数据集的标签。代码如下：

```
knn_model.fit(X,y)
```

4. 任务4 测试模型及评估

训练完成后还需要测试这个 knn_model 是不是真的会分类了，此时需要用一个样本去测试一下，看 knn_model 能不能根据样本特征去正确地分类。用 X_test 表示测试的样本的特征，由于事先已经知道这朵花的类型是 1 号，我们把这个真实的标签记为 y_test。用 X_test 去测试 knn_model，也就是在 knn_model 上使用 predict 方法，在 predict 方法中传入 X_test，得到的结果，就是 knn_model 预测出的标签为 1 号，和真实值比较一下，结果是正确的，由此可证明经过训练 knn_model 获得了分类鸢尾花的能力。代码如下：

```
y_pred1=knn_model.predict([[5.1, 3.5, 1.4, 0.2]])
print(y_pred1)
```

10.2.2 数据集的准备和划分

首先思考一个问题，如果将每一位同学都看作一个实例化的模型对象，经过题库的训练，每一位同学都获得了学习能力，接下来想测试一下大家的学习效果，如果使用题库中同学们已经做过的题目进行测试，那么测试结果能够反映每一位同学的学习能力吗？答案一定是否定的。对于模型训练也一样，如果使用训练模型时用过的数据去测试模型，测试结果是不能反映模型的能力的，而且需要使用模型从未见过的新数据去测试模型。因此，在数据准备阶段，必须合理划分数据集。在加载数据集后，需要把数据集分成训练集和测试集两部分，并且训练集和测试集相交的结果应该为空集。

从 sklearn 的 model_selection 类，也就是模型选择包中导入 train_test_splite()方法，将数据集的特征和标签划分为训练特征、测试特征、训练标签、测试标签，test_size 参数用于划分比例。一般对于大数据集选择用数据集的 1/10 或者 1/5 作为测试数据，剩余的作为训练数据；如果数据集比较小，例如鸢尾花数据集只有 150 个样本，一般选择用数据集的 1/4 或者 1/3 作为测试数据。参数 random_state 可以认为是随机种子，一般当模型需要多次训练的时候这个参数的取值要保持一致，保证参与测试的数据在多次训练时都划分在测试集。数据集划分如图 10-12 所示。

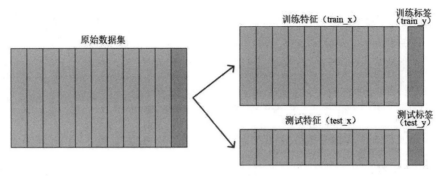

图 10-12　数据集划分

将数据集划分为训练集和测试集的代码如下：

```
from sklearn.model_selection import train_test_split
X_train, X_test, y_train, y_test = train_test_split(X, y, test_size=1/4, random_state=10)
print('原数据集的样本个数：', X.shape[0])
print('训练集的样本个数：', X_train.shape[0])
print('测试集的样本个数：', X_test.shape[0])
```

AI 机器学习流程上（3）

运行结果如下：

```
原数据集的样本个数：  150
训练集的样本个数：   112
测试集的样本个数：   38
```

10.2.3　数据预处理与特征工程

在数据准备阶段，通常还需要对已经进行预处理的数据进行特征工程。从数据中抽取出对预测结果有意义的关键字段作为特征，这个过程就是特征工程。对于鸢尾花数据集这个例子来说，它其实是非常理想的一种情况，在数据集上就可以直观地提取特征；但是，大多数情况下，都需要我们结合业务背景和要解决的问题进行特征工程获取特征，通过特征工程得到的特征除了数值型以外还有很多种其他的类型。

AI_sklearn 的数据
预处理与特征工程

对于数值型特征，为了进一步提高模型的性能，在特征工程阶段经常会对数值范围进行归一化，而最常用的归一化方法就是最大最小归一化。最大最小归一化将原始数据变换映射到 0～1 之间，这样可以消除量纲对训练结果的影响。

在 sklearn 中，从预处理模块中导入 MinMaxScale 类，并实例化出具体的归一化对象 scaler，利用 scaler 在训练集和测试集上进行归一化，需要注意的是在这个过程中，需要 scaler 在训练集和测试集上保持一致。

对鸢尾花数据集的训练集和测试集进行最大最小归一化的代码如下：

```
from sklearn.preprocessing import MinMaxScaler
scaler = MinMaxScaler()
#在训练集特征上进行归一化
X_train_scaled = scaler.fit_transform(X_train)
#在测试集特征上使用相同的 scaler 进行归一化
X_test_scaled = scaler.transform(X_test)
```

从可视化的结果（图 10-13）中可以看到数据集归一化以后的效果，归一化保存了数据集的信息细节，但是去除了数据集上量纲的影响。

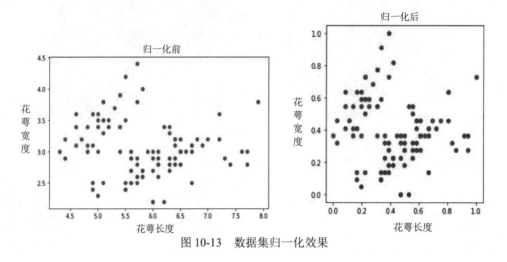

图 10-13   数据集归一化效果

10.2.4   模型参数与调参

模型参数包括两种，一种是模型自身的参数，例如逻辑回归中的权重、神经网络中的偏置，这一类型的参数需要在模型中灌入样本数据，通过样本训练模型才能得到，是不能人为去设定的。另外一种类型的模型参数，例如 kNN 中的 k 值，这个 k 值是可以人为设定的，可以理解为是 kNN 的模型框架，叫作超参数，超参数是可以人工调节的。

对于模型参数的调节问题，对于熟悉的数据集或是熟悉的业务领域，可以依靠经验来进行调节。事实是，在大多数情况下，我们对于数据集或是业务领域不是那么了解，那么这时候就需要更科学、客观的调节方法。通过合理的实验不断地验证、调节超参数，进而获得一个性能最优的模型。最经典的实验方法就是交叉验证，又叫作 k 折交叉验证。

下面，以 5 折交叉验证为例，介绍交叉验证法的基本原理。从图 10-14 中可以看到，把训练数据集划分为相同大小的 5 份，这 5 份数据彼此间是互斥的，并且保持相同的数据分布。每次选择其中的 1 份数据作为训练测试数据集，剩下的 4 份数据作为训练数据（Train），这样我们可以进行 5 次训练和测试，将 5 次训练和测试返回的结果取均值。通过 k 折交叉验证的实验方法，我们对超参数进行实现科学合理的调节，最终找到性能最优的模型。

在鸢尾花数据集中，可尝试对训练集进行 3 折交叉验证，将训练集等分为 3 份，每次取其中 1 份进行训练测试。从 sklearn 的 model_selection 模型选择包中导入 cross_val_score，利用 cross_val_score，对不同 k 值的 kNN 模型进行 3 折交叉验证，从而获得最优的 k 值。首先选择一组 k 值，保存在 k_list 中，然后利用循环结构，对 k_list 中的每一个 k 值，分别实例化出对应的 knn_model 模型对象，对每一个 k 值的 knn_model，利用 cross_val_score 进行 3 折交叉验证，其中参数 cv 就是折数。3 折交叉验证后会得到 3 个测试得分存在变量 val_scores 中，然后对 val scores 取均值。对比每一个 k 值的 3 折交叉验证得分均值，我们发现 $k=1$ 时的测试得分均值是最高的，所以最优的 k 为 1。

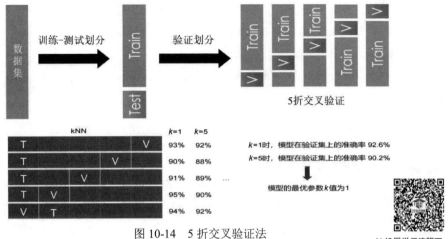

图 10-14　5 折交叉验证法

AI 机器学习流程下（1）

利用 3 折交叉验证获得最优 knn_model 的超参数 k 的代码如下：

```
from sklearn.model_selection import cross_val_score
#不同的 k 近邻距离算法的超参数 k
k_list = [1, 3, 5, 7, 9]
#利用不同的 kNN 参数训练出不同 k 参数的 kNN 模型对象，在训练集上对不同 k 参数的 kNN 模型进行
交 3 折叉验证测试，获得交叉验证得分均值
for k in k_list:
    knn_model = KNeighborsClassifier(n_neighbors=k)
    val_scores = cross_val_score(knn_model, X_train, y_train, cv=3)
    val_score = val_scores.mean()
    print('k={}, acc={}'.format(k, val_score))
```

运行结果如下：

```
k=1, acc=0.929113323850166
k=3, acc=0.9288762446657183
k=5, acc=0.9198672356567094
k=7, acc=0.9198672356567094
k=9, acc=0.9198672356567094
```

对于多个超参数的情况，需要先固定一个超参数，对另一个超参数进行交叉验证。例如，有 2 个超参数 $p1$、$p2$，$p1$ 的取值范围是 1、10、100；$p2$ 的取值范围是 1000(1e3)、10000(1e4)、100000(1e5)，需要先让 $p1$ 固定为 1，在 $p2$ 上进行交叉验证，以此类推，可以发现我们需要进行 9 种组合的交叉验证，很复杂繁琐。2 个超参数的情况如图 10-15 所示。

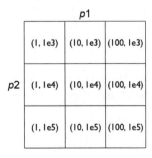

AI_sklearn 的模型调参

图 10-15　2 个超参数

针对这种情况，在 sklearn 中可以使用网格搜索（Grid Search），从而简化代码量，更简便地实现对多个超参数的交叉验证测试。代码如下：

```
from sklearn.model_selection import GridSearchCV

params = {'n_neighbors': [1, 3, 5, 7, 9]}
knn = KNeighborsClassifier()
clf = GridSearchCV(knn, params, cv=3)
clf.fit(X_train,y_train)
```

运行结果如下：

```
GridSearchCv(cv=3,error_score='raise',
    estimator=KNeighborsClassifier (algorithm='auto', leaf_size=30,metric='minkowski' ,
        metric_params=None, n_jobs=1, n_neighbors=5, p=2, weights='uniform'),
    fit_params=None, iid=True, n_jobs=1,
    param_grid={'n_neighbors': [1, 3, 5, 7, 9]},
    pre_dispatch='2*n_jobs', refit=True, return_train_score='warn',
    scoring=None, verbose=0)
```

10.2.5　模型评估

在前面章节中，我们在测试模型的时候使用了准确率这个指标，是不是所有的模型都适合用准确率这个指标进行评价呢？思考下面这个的例子，要利用机器学习去预测使用信用卡人群中的诈骗行为，根据调查可知，使用信用卡进行诈骗的人数是比较少的，例如 10000 个样本中有 1 个或是 3 个，利用 kNN 去进行分类，发现没有欺诈的分类准确率为 99%，那么我们能够用这个准确率来评价模型的性能好坏吗？实际上，这样做是不准确的，对于具有少数子类的分类问题，使用准确率往往并不能真实地反映模型的性能。因此，需要更多的指标来评价模型。利用混淆矩阵（图 10-16）可以实现构建更多的评估指标。例如，对于二分类问题中特别适用的查准率、查全率，利用查准率可以获得在所有预测为正样本的样本中，被预测正确的个数，利用查全率，可以获得在所有正样本中，被预测正确的个数。

预测／实际	yes	no	合计
yes	TP	FN	P
no	FP	TN	N
合计	P′	N′	P + N

混淆矩阵

P：正元组，感兴趣的主要类的元组。

N：负元组，其他元组。

TP：真正例，被分类器正确分类的正元组。

TN：真负例，被分类器正确分类的负元组。

FP：假正例，被错误地标记为正元组的负元组。

FN：假负例，被错误地标记为负元组的正元组。

图 10-16　混淆矩阵

AI_sklearn 的模型评估

从 sklearn 的 metrics 评估包中导入 accuracy_score，利用 accuracy_score 评价预测值与真实值的准确率；类似地，可以从 sklearn 的 metrics 评估包中导入 precision_score，获得模型的查准率；从 sklearn 的 metrics 评估包中导入 recall_score，获得模型的查全率。

评估模型的准确率、查准率、查全率的代码分别如下：

```
from sklearn.metrics import accuracy_score
acc = accuracy_score(y_test, y_pred)
print('准确率：', acc)
```
运行结果：

准确率：0.9421052631578948

```
from sklearn.metrics import precision_score
pre = precision_score(y_test, y_pred)
print('查准率：', pre)
```
运行结果：

查准率：0.9523809523809523

```
from sklearn.metrics import recall_score
recall = recall_score(y_test, y_pred)
print('查全率：', recall)
```
运行结果：

查全率：0.96

10.3 利用 Scikit-learn 实现"波士顿房价预测"

10.3.1 案例描述

本案例主要内容是根据波士顿房价数据集进行房价预测，波士顿房价数据集共有 13 个特征，总共 506 条数据，每条数据包含房屋以及房屋周围的详细信息。其中包含城镇人均犯罪率、一氧化氮浓度、住宅平均房间数，到中心区域的加权距离以及自住房平均房价等。具体见表 10-1。

表 10-1　波士顿房价数据集特征

属性名	解释
CRIM	城镇人均犯罪率
ZN	住宅用地超过 25000 sq.ft. 的比例
INDUS	城镇非零售商用土地的比例
CHAS	查理斯河空变量（如果边界是河流，则为 1；否则为 0）
NOX	一氧化氮浓度
RM	住宅平均房间数
DIS	到波士顿五个中心区域的加权距离
RAD	辐射性公路的接近指数
TAX	每 10000 美元的全值财产税率
PTRATIO	城镇师生比例
B	1000(Bk-0.63)^2，其中 Bk 指代城镇中黑人的比例
LSTAT	人口中地位低下者的比例
target	自住房的平均房价，以千美元计

10.3.2 案例解析

波士顿房价数据集统计的是 20 世纪 70 年代中期波士顿郊区房价的中位数，数据集中一共有 506 个样本，每个样本包含 13 个特征信息以及实际房价，波士顿房价预测问题目标是给定某地区的特征信息，预测该地区房价，是典型的回归问题（房价是一个连续值）。

线性回归是利用数理统计中的回归分析来确定两种或两种以上变量间相互依赖的定量关

AI 机器学习流程 下（2）

系的一种统计分析方法，通过属性的线性组合预测线性模型，其目的是找到一条直线或者一个平面或者更高维的超平面，使得预测值与真实值之间的误差最小化。线性回归分析中，如果只包括一个自变量和一个因变量，且二者的关系可用一条直线近似表示，这种回归分析称为一元线性回归分

析。如果包括两个或两个以上的自变量，且因变量和自变量之间是线性关系，则称为多元线性回归分析。

调用 Scikit-learn 中的相关函数，实现波士顿房价简单预测的主要步骤如下。

- 加载数据。
- 划分训练集和测试集。
- 创建线性回归模型。
- 拟合训练数据，学习模型相关参数。
- 根据学习好的模型，预测测试集中数据结果。
- 根据预测值和真实值，计算相应的评测指标。

10.3.3 代码实现

In [1]:

```
import numpy as np
import matplotlib as mpl
import pandas as pd
import scipy.stats as st
import seaborn as sns
import matplotlib.pyplot as plt
```

In [2]:

```
#防止中文乱码
mpl.rcParams['font.sans-serif']=[u'SimHei']
mpl.rcParams['axes.unicode_minus']=False
```

In [3]:

```
#引入机器学习，预处理、模型选择
from sklearn.preprocessing import StandardScaler
from sklearn.model_selection import train_test_split
from sklearn.model_selection import GridSearchCV        #网格搜索
from sklearn.metrics import r2_score                    #评估模型的性能
```

In [4]:

```
#引入数据集
from sklearn.datasets import load_boston
```

In [5]:

```
from sklearn.linear_model import RidgeCV,LassoCV,LinearRegression,ElasticNet
from sklearn.svm import SVR #引入回归问题的算法
```

In [12]:

```
from sklearn.ensemble import RandomForestRegressor,GradientBoostingRegressor
from xgboost import XGBRegressor
```

In [6]:

```
boston =load_boston()
```

In [7]:

```
x=boston.data
y=boston.target
```

In [8]:

```
x=pd.DataFrame(boston.data,columns=boston.feature_names) x.head()
```

数据集如图 10-17 所示。

	CRIM	ZN	INDUS	CHAS	NOX	RM	AGE	DIS	RAD	TAX	PTRATIO	B
0	0.00632	18.0	2.31	0.0	0.538	6.575	65.2	4.0900	1.0	296.0	15.3	396.90
1	0.02731	0.0	7.07	0.0	0.469	6.421	78.9	4.9671	2.0	242.0	17.8	396.90
2	0.02729	0.0	7.07	0.0	0.469	7.185	61.1	4.9671	2.0	242.0	17.8	392.83
3	0.03237	0.0	2.18	0.0	0.458	6.998	45.8	6.0622	3.0	222.0	18.7	394.63
4	0.06905	0.0	2.18	0.0	0.458	7.147	54.2	6.0622	3.0	222.0	18.7	396.90

图 10-17   数据集

In [13]:

```
x.info()
```

运行结果如下：

```
<class 'pandas.core.frame.DataFrame'>
RangeIndex: 506 entries, 0 to 505
Data columns (total 13 columns):
CRIM          506 non-null float64
ZN            506 non-null float64
INDUS         506 non-null float64
CHAS          506 non-null float64
NOX           506 non-null float64
RM            506 non-null float64
AGE           506 non-null float64
DIS           506 non-null float64
RAD           506 non-null float64
TAX           506 non-null float64
PTRATIO       506 non-null float64
B             506 non-null float64
```

LSTAT   506 non-null float64

dtypes: float64(13)

memory usage: 51.5 KB

标准正态分布代码如下：

In [9]:

sns.distplot(y,kde=False,fit=st.norm) #st scipy st.norm 标准正态分布

运行结果如下，标准正态分布如图 10-18 所示。

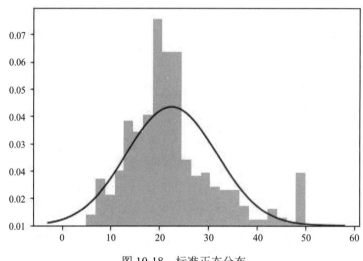

图 10-18　标准正态分布

分割数据集并进行预处理代码如下：

In [10]:

```
#分割数据集，并进行预处理
x_train,x_test,y_train,y_test=train_test_split(x,y,test_size=0.2,random_state=28)
ss=StandardScaler()
x_train=ss.fit_transform(x_train)
x_test=ss.transform(x_test)
x_train[0:100]
```

运行结果如下：

```
array([[-0.35703125, -0.49503678, -0.15692398, ..., -0.01188637,
         0.42050162, -0.29153411],
       [-0.39135992, -0.49503678, -0.02431196, ..., 0.35398749,
         0.37314392, -0.97290358],
       [ 0.5001037 , -0.49503678, 1.03804143, ..., 0.81132983,
         0.4391143 , 1.18523567],
       ...,
       [-0.34697089, -0.49503678, -0.15692398, ..., -0.01188637,
         0.4391143 , -1.11086682],
       [-0.39762221, 2.80452783, -0.87827504, ..., 0.35398749,
```

```
         0.4391143 , -1.28120919],
       [-0.38331362, 0.41234349, -0.74566303, ..., 0.30825326,
         0.19472652, -0.40978832]]])
```

利用各类回归模型对数据进行建模代码如下：

In [13]:

```
#利用各类回归模型对数据进行建模
#model name names=['LinerRegression',
      'Ridge',
      'Lasso',
      'Random Forrest',
      'GBDT',
      'Suppor Vector Regression',
      'ElastcNet',
      'XgBoost']

#model
#cv 交叉验证

models=[LinearRegression(),
       RidgeCV(alphas=(0.001,0.1,1),cv=3),
       LassoCV(alphas=(0.001,0.1,1),cv=5),
       RandomForestRegressor(n_estimators=10),
       GradientBoostingRegressor(n_estimators=30),
       SVR(),
       ElasticNet(alpha=0.001,max_iter=10000),
       XGBRegressor()]
```

In [14]:

```
#R2

def R2(model,x_train,x_test,y_train,y_test):

    model_fitted=model.fit(x_train,y_train)
    y_pred=model_fitted.predict(x_test)
    score=r2_score(y_test,y_pred)
    return score
```

遍历代码如下：

In [15]:

```
#遍历
for name,model in zip(names,models):
    score=R2(model,x_train,x_test,y_train,y_test)
    print("{}:{:.6f},{:.4f}".format(name,score.mean(),score.std()))
```

运行结果如下：

```
LinerRegression:0.564115,0.0000
Ridge:0.563673,0.0000 Lasso:0.564049,0.0000
Random Forrest:0.672019,0.0000
```

GBDT:0.727598,0.0000
Suppor Vector Regression:0.517260,0.0000
ElastcNet:0.563992,0.0000
XgBoost:0.761123,0.0000

网格搜索调节超参数代码如下：

In [16]:

```python
#网格搜索调节超参数
parameters={
    'kernel':['linear','rbf'],
    'C':[0.1,0.9,1.5],
    'gamma':[0.001,0.01,0.1,1]
}

model=GridSearchCV(SVR(),param_grid=parameters,cv=3)
model.fit(x_train,y_train)
```

运行结果如下：

```
/home/ma-user/anaconda3/envs/XGBoost-Sklearn/lib/python3.6/site-packages/sklearn/
m odel_selection/_search.py:841: DeprecationWarning: The default of the `iid` parame ter will change
from True to False in version 0.22 and will be removed in 0.24. Th is will change numeric results when
test-set sizes are unequal.
    DeprecationWarning)
GridSearchCV(cv=3, error_score='raise-deprecating',
    estimator=SVR(C=1.0, cache_size=200, coef0=0.0, degree=3, epsilon=0.1,
    gamma='auto_deprecated', kernel='rbf', max_iter=-1, shrinking=True,
    tol=0.001, verbose=False),
    fit_params=None, iid='warn', n_jobs=None,
    param_grid={'kernel': ['linear', 'rbf'], 'C': [0.1, 0.9, 1.5], 'gamma': [0. 001, 0.01, 0.1, 1]},
    pre_dispatch='2*n_jobs', refit=True, return_train_score='warn',
    scoring=None, verbose=0)
```

可视化代码如下：

In [18]:

```python
#可视化

ln_x_test=range(len(x_test))
y_predict=model.predict(x_test)

plt.figure(figsize=(16,8),facecolor='w')

plt.plot(ln_x_test,y_test,'r-',lw=2,label=u'真实值')

plt.plot(ln_x_test,y_predict,'g-',lw=3,label=u'SVR 算法估计值,$R^2$=%.3f'%(model.best_score_))

plt.legend(loc='upper left')
```

```
plt.grid(True)
plt.title(u"波士顿房屋价格预测(SVM)")
plt.xlim(0,101)
plt.show()
```

可视化结果如图 10-19 所示。

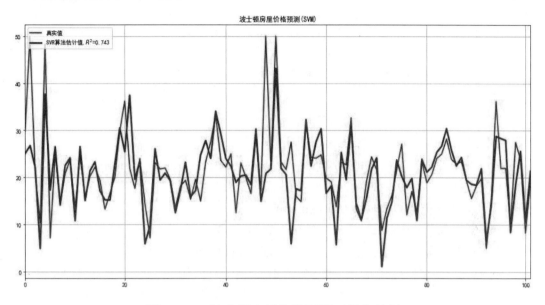

图 10-19　波士顿房屋价格预测可视化结果

本章小结

本章利用机器学习实现"波士顿房价预测"经典案例，讲解了机器学习的概念、算法分类、机器学习的流程等，介绍了利用 Scikit-learn 实现机器学习一般流程的步骤环节。

（1）机器学习就是让计算机模拟人类学习过程，利用历史数据去训练得到一个模型，然后再利用模型去处理新的数据。机器学习本质上是一个计算机程序，可以让计算机对学习算法的理解随着数据的训练而自我完善。

（2）机器学习能够解决的最典型的三类问题分别为分类、回归和聚类。分类和回归是机器学习中，特别是在处理预测问题时，主要的两种类型；分类的输出是离散的类别，而回归的输出是连续的数值。与分类问题不同，聚类问题是对大量没有标注的数据进行处理，根据数据内在的相似性，将数据划分为多种类。

（3）Scikit-learn，是面向 Python 的免费机器学习库，在 sklearn 中包含了分类、回归、聚类等多种算法以及多种数据预处理、数据降维的算法，利用 sklearn 可以方便快速地建立模型。sklearn 的使用流程一般包含 4 个主要环节：准备数据集、选择模型、训练模型及调参以及测试模型及评估。

练习 10

选择题

1. 下面关于人工智能与机器学习的关系描述正确的是（　　）。
    A. 机器学习是深度学习的一种方法
    B. 人工智能是机器学习的一个分支
    C. 人工智能就是深度学习
    D. 深度学习是一种机器学习的方法

2. 下列关于有监督学习的描述错误的是（　　）。
    A. 有标签
    B. 核心是分类
    C. 所有数据都互相独立分布
    D. 分类原因不透明

3. 下面关于验证集和测试集的描述正确的是（　　）。
    A. 样本来自同一分布
    B. 样本来自不同分布
    C. 样本之间有一一对应关系
    D. 拥有相同数量的样本

4. sklearn 的使用流程一般包含准备数据集、选择模型、（　　）以及测试模型及评估。
    A. 数据清洗　　　　B. 数据分割　　　C. 特征工程　　　　D. 训练模型及调参

5. 以下不可以人工调节的是（　　）。
    A. kNN 中的 k 值
    B. 超参数
    C. 逻辑回归中的权重
    D. 在开始学习过程之前设置的参数值

二、简单题

1. 请简述 Scikit-learn 实现机器学习的一般流程。
2. 请简述为什么说回归问题是有监督学习。
3. 请简述什么是 k 折交叉验证以及其使用场景。

第 11 章　实现深度学习

本章导读

机器学习是人工智能技术的一个重要的分支，深度学习是一种实现机器学习的技术。相比于传统的机器学习方法，深度学习更容易处理海量数据。传统机器学习困难的领域，如无人驾驶汽车、预防性医疗保健、棋牌竞技等，在近几年能取得突破，深度学习功不可没。本章利用深度学习实现"MNIST 手写数字识别"案例，讲解深度学习的概念、深度学习的流程等，以"MNIST 手写数字识别"为例，介绍了实现深度学习一般流程的步骤环节。

- 理解深度学习的概念
- 理解深度学习常用模型和方法
- 理解 TensorFlow 构建卷积神经网络的方法
- 掌握深度学习的一般流程

11.1　深度学习

深度学习是机器学习研究中的一个新的领域，它模仿人脑的机制来解释如图像、声音和文本等数据。深度学习通过组合低层特征形成更加抽象的高层表示属性类别或特征，以发现数据的分布式特征表示。

11.1.1　深度学习概述

深度学习（Deep Learning，DL）是一种机器学习的形式，使计算机能够从经验中学习并以概念层次结构的方式理解世界。

深度学习的概念来源于对人工神经网络的研究，其动机在于建立、模拟人脑进行分析学习的神经网络。

爱丁堡大学人工智能博士杰弗里·辛顿、蒙特利尔大学教授约书亚·本吉奥和纽约大学教授杨立昆（号称深度学习三巨头）在神经网络概念和工程上取得了巨大突破，使得深度神经网络成为计算的关键元素。鉴于深度学习三巨头在人工智能领域的贡献，2018 年他们共同获得图灵奖。

传统神经网络采用的是反向传播法（Back Propagation），如图 11-1 所示，简单来讲就是采

用迭代的算法来训练整个网络，随机设定初值，计算当前网络的输出，然后根据当前输出和标签之间的差去改变前面各层的参数，直到网络收敛（整体是一个梯度下降法）。对于一个深度神经网络（7层以上）而言，利用反向传播法训练网络，残差传播到最前面的层会变得太小，误差校正信号也越来越小，因此这种训练方法不能用在深度神经网络中。

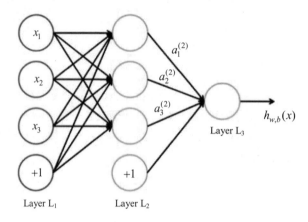

图 11-1　反向传播法神经网络

深度学习采用了与神经网络相似的分层结构，由输入层、隐层（多层）、输出层组成多层网络，只有相邻层节点之间有连接，同一层以及跨层节点之间相互无连接，这种分层结构是比较接近人类大脑的结构的。深度学习整体上采用逐层（Layer-wise）训练机制，方法是首先逐层构建单层神经元，每次训练一个单层网络，当所有层训练完后，将除最顶层的其他层间的权重变为双向的，向上的权重用于"认知"，向下的权重用于"生成"，然后使用算法调整所有的权重，让认知和生成达成一致，也就是保证生成的最顶层表示能够尽可能正确地复原底层的结点。图 11-2 为含多个隐层的深度学习模型。

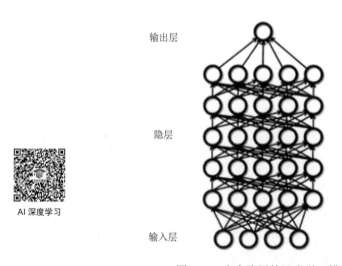

AI 深度学习

图 11-2　多个隐层的深度学习模型

深度学习常用模型和方法有自动编码器（Auto Encoder）、稀疏编码（Sparse Coding）、限制波尔兹曼机（Restricted Boltzmann Machine）、深度置信网络（Deep Belief Networks，DBN）、卷积神经网络（Convolutional Neural Networks，CNN）、循环神经网络（Recurrent Neural Network，RNN）、生成对抗网络（Generative Adversarial Network，GAN）等。本章将介绍 CNN、RNN、GAN 这 3 种常用的神经网络及应用场景。

11.1.2 卷积神经网络

卷积神经网络（CNN）是机器视觉和图像识别领域的研究热点。它采用权值共享网络结构，类似于生物神经网络，降低了网络模型的复杂度，减少了权值的数量。当网络的输入是多维图像时，其优点体现得更为明显，避免了传统识别算法中复杂的特征提取和数据重建过程。卷积神经网络是为识别二维形状而设计的一个多层感知器，这种网络结构对平移、比例缩放、倾斜或者其他形式的变形具有高度不变性。

卷积神经网络主要由输入层、卷积层、激活函数（ReLU）层、池化（Pooling）层和全连接层组成。通过将这些层叠加起来，就可以构建一个完整的卷积神经网络。在实际应用中往往将卷积层与 ReLU 层共同称为卷积层，卷积层是构建 CNN 的核心层。

图像识别中提到的卷积是二维卷积，即离散二维滤波器（也称作卷积核）与二维图像做卷积操作，简单地讲是二维滤波器滑动到二维图像上所有位置，并在每个位置上与该像素点及其领域像素点作内积。

图 11-3 给出了一个卷积计算过程的示例图，输入图像为 5×5（像素）的 3 通道（RGB，也称作深度）彩色图像。这个示例图中包含两组卷积核，即图中滤波器 $W0$ 和 $W1$。在卷积计算中，通常对不同的输入通道采用不同的卷积核，如图中每组卷积核包含 3×3 大小的卷积核。另外，这个示例中卷积核在图像的水平方向和垂直方向的滑动步长为 2；对输入图像周围各填充 0，即图中输入层原始数据为中间 5×5 部分，四周用 0 进行边缘扩充，形成 7×7 的大小。经过卷积操作得到输出为 3×3 大小的 2 通道特征图，输出特征图中的每个像素是由每组滤波器与输入图像每个特征图的内积再求和，再加上偏置（$b0$、$b1$）得到的，其中偏置通常对于每个输出特征图是共享的。输出特征图 $o[:,:,0]$ 中的计算如图 11-3 右下角公式所示。

卷积操作中卷积核是可学习的参数，卷积层的参数是由卷积层的主要特性即局部连接和共享权重所决定的。

（1）局部连接。每个神经元仅与输入神经元的一块区域连接，这块局部区域称作感受野（Receptive Field）。在图像卷积操作中，神经元在空间维度（Spatial Dimension）是局部连接，但在深度上是全部连接。这种局部连接保证了学习后的过滤器能够对于局部的输入特征有最强的响应。

（2）权重共享。计算同一个深度切片的神经元时采用的滤波器是共享的。例如图 11-3 中计算 $o[:,:,0]$ 的每个神经元的滤波器均相同，都为 $W0$，这样可以在很大程度上减少参数。请注意权重只是对于同一深度切片的神经元是共享的，在卷积层通常采用多组卷积核提取不同特征，即对应不同深度切片的特征，不同深度切片的神经元权重不共享。

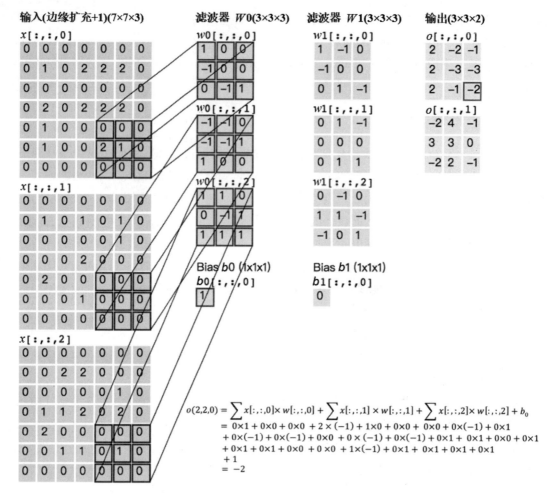

图 11-3　卷积计算过程示意图

池化（Pool）层即下采样（Downsamples），目的是减少特征图，主要作用是通过减少网络的参数来减小计算量，并且能够在一定程度上控制过拟合。通常在卷积层的后面会加上一个池化层。池化操作对每个深度切片独立，规模一般为 2×2，相对于卷积层进行卷积运算，池化层进行的运算一般有以下几种：

（1）最大池化（Max Pooling）：取 4 个点的最大值，这是最常用的池化方法。

（2）均值池化（Mean Pooling）：取 4 个点的均值。

（3）高斯池化：借鉴高斯模糊的方法，不常用。

（4）可训练池化：使用训练函数 $y=f(x)$，不常用。

最常见的池化层是规模为 2×2，步幅为 2，对输入的每个深度切片进行下采样。最大池化示例如图 11-4 所示。

全连接层实质上就是一个分类器，将前面经过卷积层与池化层所提取的特征放到全连接层中，输出结果并分类，把所有局部特征结合变成全局特征。完整的 CNN 的网络结构如图 11-5 所示。

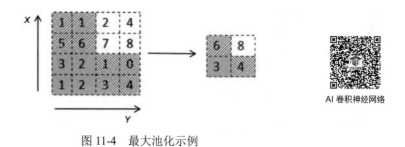

图 11-4　最大池化示例

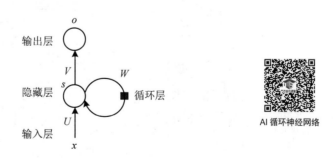

图 11-5　CNN 的网络结构

11.1.3　循环神经网络

循环神经网络（RNN）与卷积神经网络（CNN）类似，是由神经元组合而成的神经网络。CNN 的核心结构是卷积核，主要功能是提取图像的特征；RNN 的核心结构是循环单元，主要功能是记录输入之间的时序关系。卷积核和循环单元都通过权重共享的机制减少全连接的权重的数量。CNN 主要应用于机器视觉、图像处理等领域，RNN 主要应用于语言识别、机器翻译等领域。

循环神经网络是一类以序列（Sequence）数据为输入，在序列的演进方向进行递归（Recursion）且所有节点（循环单元）按链式连接的神经网络。RNN 网络结构如图 11-6 所示。

图 11-6　循环神经网络结构

给定输入时序序列 $X=(X_1, X_2, \ldots X_t, \ldots X_T)$，$X$ 表示一段时序数据，T 为时间长度。以一段英文

段落为例，其时序数据示例如下：

I　　love　　you
[1 0 0]', [0 1 0]', [0 0 1]'

将图 11-6 按照时间线展开，如图 11-7 所示。

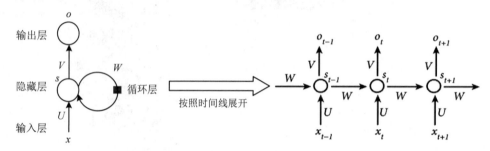

图 11-7　按时间线展开的循环神经网络结构

图 11-7 中的 x_{t-1} 代表的就是 I 这个单词的向量，x_t 代表的是 love 这个单词的向量，x_{t+1} 代表的是 you 这个单词的向量，循环神经网络通过公式 $s_t = f(W \cdot s_{t-1}, U \cdot x_t)$ 更新隐藏层的活性值 s，通过公式 $o_t = g(V \cdot s_t)$ 更新输出层的 o。

RNN 展开后，W 一直没有变（W 是每个时间点之间的权重矩阵），RNN 之所以可以解决序列问题，是因为它可以记住每一时刻的信息，每一时刻的隐藏层不仅由该时刻的输入层决定，还由上一时刻的隐藏层决定。

RNN 在每个时刻都会把隐藏层的值存下来，到下一时刻的时候再拿出来用，我们把存每一时刻信息的地方叫作存储单元（Memory Cell）。普通 RNN 所有信息都存下来，因为它没有挑选的能力，在存储单元容量有限的情况下，RNN 会丢失长时间间隔的信息。

LSTM 是 Long Short-term Memory 的缩写，翻译过来就是长短期记忆，是 RNN 的一种。LSTM 和普通 RNN 相比，多了三个 Gate，就是三个门，LSTM 门控装置如图 11-8 所示。

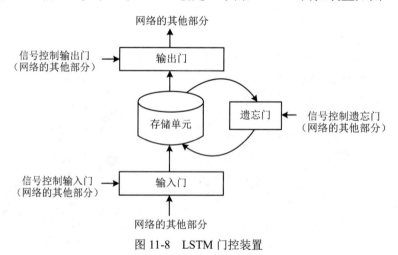

图 11-8　LSTM 门控装置

输入门（Input Gate）：在每一时刻从输入层输入的信息会首先经过输入门，输入门的开关会决定这一时刻是否会有信息输入到存储单元（Memory Cell）。

输出门（Output Gate）：每一时刻是否有信息从存储单元输出取决于这一道门。

遗忘门（Forget Gate）：每一时刻存储单元里的值都会经历一个是否被遗忘的过程，就是由该门控制的，如果遗忘，将会把存储单元里的值清除。

按照图 11-8 的顺序，信息传递的顺序是先经过输入门，看是否有信息输入，再判断遗忘门是否选择遗忘存储单元里的信息，最后再经过输出门，判断是否将这一时刻的信息进行输出。LSTM 的内部结构如图 11-9 所示。

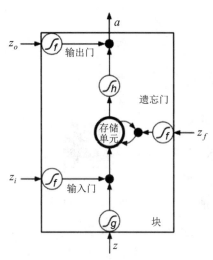

图 11-9 LSTM 的内部结构

图 11-9 中的存储单元用来存储隐藏层的信息 h_t，类似于普通 RNN 的 s_t；a 是这一时刻的输出，类似于普通 RNN 里的 o_t；⨍g 代表激活函数。LSTM 的计算步骤如下。

$$z=\tanh(W[x_t, h_{t-1}])$$

该公式表示通过该时刻的输入 x_t 和上一时刻存储在隐藏层的信息 h_{t-1} 向量拼接，再与权重参数向量 W 点积，得到的值经过激活函数 $\tanh$ 最终会得到一个数值，也就是 z，注意只有 z 是真正作为输入的，其他三个都是门控装置。

$$z_i=\sigma(W_t[x_t, h_{t-1}])$$

z_i 是输入门的门控装置，得到的值经过激活函数 Sigmoid 后最终会得到一个 0～1 之间的一个数值，用来作为输入门的控制信号。

$$z_f=\sigma(W_f[x_t, h_{t-1}])$$

z_f 是遗忘门的门控装置，原理与输入门的门控装置类似。

$$z_o=\sigma(W_o[x_t, h_{t-1}])$$

z_o 是输出门的门控装置，原理与输入门的门控装置类似。

11.1.4 生成对抗网络

生成对抗网络（GAN）是由伊恩·古德费洛（Ian Goodfellow）于 2014 年首次提出的，GAN 的初衷是生成不存在于真实世界的数据。生成对抗网络（GAN）由 2 个重要的部分构成，具体如下。

生成器（Generator）：通过机器生成数据（大部分情况下是图像），目的是"骗过"判别器。

判别器（Discriminator）：判断数据是真实的还是机器生成的，目的是找出生成器做的"假数据"。

GAN 可以简单看作两个网络的对抗过程，如图 11-10 所示。

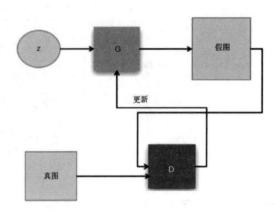

图 11-10　生成器 G 和判别器 D 对抗过程

图 11-10 中，z 是随机噪声（随机生成的一些数，也是 GAN 生成图像的源头）。D 通过真图和假图的数据，进行一个二分类神经网络训练。G 根据一串随机数就可以捏造出一个"假图像"出来，用这些假图像去欺骗 D，D 负责辨别这是真图还是假图，并给出一个评分。例如，G 生成了一张图，在 D 这里评分很高，说明 G 生成能力是很成功的；若 D 给出的评分不高，可以有效区分真假图，则 G 的效果还不太好，需要调整参数。

GAN 训练过程如下：

第一阶段：固定判别器 D，不断调整参数训练生成器 G，随着不断地训练，最终骗过 D。

第二阶段：固定生成器 G，不断训练判别器 D，最终可以准确判断出所有的假图片。

循环阶段一和阶段二，生成器 G 和判别器 D 的能力都越来越强。最终得到了一个效果非常好的生成器 G，就可以用它来生成想要的图片。

GAN 的应用已经进入我们的生活，例如把卫星照片转换为百度地图的图片、生成老年人年轻时的照片、把草稿转换成照片、文字到图像的转换等。

11.1.5　强化学习

强化学习使无数据机器学习成为可能，DeepMind 的 AlphaZero 是强化学习的现代无数据方法的典型代表 AlphaZero 起源于 AlphaGo。2016 年 AlphaGo 击败了围棋顶尖棋手李世石，李世石只赢得了其中一场比赛，这也是人类在对抗顶级 AI 的比赛中赢得的最后一场严肃的围棋比赛。2017 年，当世界排名第一的柯洁与升级的 AlphaGo 模型对战时，他承认了自己在任何时候都没有机会。因为 AlphaGo 的学习非常依赖于人类围棋棋手的经验，DeepMind 决意开发一种白板式的新版 AI，让其完全通过自学来开发自己的棋路。2017 年 10 月，AlphaZero 面世，AlphaZero 的特点是在没有教科书或棋谱的情况下，只要知道游戏法则，就具备掌握所有棋类游戏的能力。AlphaGo 使用了大量专业游戏数据库的预训练步骤，而 AlphaZero 不需要训练数据，它仅从知道游戏规则开始，并通过自我游戏来获得最高成绩，其实际上是将非常简单的损失函数与树形搜索相结合。AlphaZero 在围棋比赛中击败了 AlphaGo 及其更高版本。

强化学习是机器学习的一个分支，机器学习的学习方式有四种：监督学习、无监督学习、半监督学习和强化学习。从学习方式层面上来说，深度学习属于上述四种方式的子集，而强化学习是独立存在的。

强化学习基于环境的反馈而行动，通过不断与环境交互、试错，最终完成特定目的或者使得整体行动收益最大化。强化学习不需要训练数据的标签，但是它需要环境对每一步行动给予反馈，即是奖励还是惩罚，反馈可以量化，基于反馈不断调整训练对象的行为。

强化学习和其他三种学习方式主要不同点在于，强化学习训练时需要环境给予反馈以及对应具体的反馈值。强化学习主要是指导训练对象每一步如何决策，采用什么样的行动可以完成特定的目的或者使收益最大化。

AlphaZero 就是强化学习的训练对象，AlphaZero 走的每一步不存在对错之分，但是存在"好坏"之分，例如对当前的棋面，下的"好"，这是一步好棋。下的"坏"，这是一步臭棋。强化学习的训练基础在于对于 AlphaZero 的每一步，行动环境都能给予明确的反馈，是"好"是"坏"，"好""坏"具体是多少，可以量化。强化学习在 AlphaZero 这个场景中最终训练目的就是让棋子占领棋面上更多的区域，赢得最后的胜利。

强化学习就是训练对象如何在环境给予的奖励或惩罚的刺激下，逐步形成对刺激的预期，产生能获得最大利益的习惯性行为。

强化学习的主要特点有四个，具体如下：

（1）试错学习。强化学习通过试错的方式去总结出每一步的最佳行为决策，所有的学习基于环境反馈，训练对象根据反馈调整自己的行为决策。

（2）延迟反馈。强化学习训练对象的"试错"行为获得环境的反馈，有时需要等到整个训练结束才会得到。当然在这种情况下，训练时一般都是进行拆解的，即尽量将反馈分解到每一步。

（3）时间是强化学习的一个重要因素。强化学习的一系列环境状态的变化和环境反馈等都和时间强关联。

（4）当前的行为影响后续接收到的数据。强化学习当前状态以及采取的行动将会影响下一步接收到的状态，数据与数据之间存在一定的关联性。

强化学习主要由智能体（Agent）、环境（Environment）、状态（State）、动作（Action）、奖励（Reward）组成。智能体执行了某个动作后，环境将会转换到一个新的状态，对于这个新状态，环境会给出奖励信号（正奖励或者负奖励）。随后，智能体根据新的状态和环境反馈的奖励，按照一定的策略执行新的动作。上述过程为智能体和环境通过状态、动作、奖励进行交互的方式，如图 11-11 所示。

智能体通过强化学习可以知道自己在什么状态下应该采取什么样的动作使得自身获得最大奖励。由于智能体与环境的交互方式与人类与环境的交互方式类似，可以认为强化学习是一套通用的学习框架，可用来解决通用人工智能的问题。因此强化学习也被称为通用人工智能的机器学习方法。

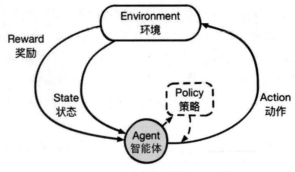

图 11-11　智能体和环境交互过程

11.2　深度学习的一般流程

深度学习整体流程包括数据预处理、定义网络架构、编译模型、拟合模型、评估模型和部署模型。

深度学习需要编写大量的重复代码，为了提高工作效率，有些研究者将这些代码写成了一个框架让所有研究者一起使用，也就是深度学习框架。TensorFlow 是全世界使用人数最多、社区最为庞大的一个框架，因此本章将结合 TensorFlow 框架介绍深度学习的一般流程。除 TensorFlow 外，PyTorch 是另一个流行的深度学习框架，它能够实现强大的 GPU 加速，同时还支持动态神经网络，这是很多主流深度学习框架如 TensorFlow 等都不支持的。

11.2.1　数据预处理

在深度学习中，数据可划分为训练数据、测试数据和验证数据。相应地，数据集分为训练集、测试集和验证集。深度学习数据集的准备与数据预处理方法与机器学习基本相同。

11.2.2　定义网络结构

深度学习是解决复杂任务的最优方法之一，例如图像分类或分割、人脸识别、目标检测、聊天机器人等。构建深度学习模型的第一步，也是最重要的一步就是成功定义网络结构。

网络结构就是通常所说的深度学习算法中的网络框架，如卷积神经网络、循环神经网络、生成对抗网络等，不同的网络结构通常有各自最优的处理场景，所以在处理具体问题时选择合适的网络结构是十分重要的。

通常，对于计算机视觉任务，如图像分割、图像分类、面部识别和其他类似项目，首选卷积神经网络（CNN）；而对于自然语言处理和与文本数据相关的问题，长短期记忆（LSTM）网络更为可取。

11.2.3　编译模型

定义网络结构完成后，将对模型进行编译，编译之前需要配置模型，以便成功完成拟合/训练过程。配置模型通常包含定义损失函数、选择优化器和定义模型评价指标。

编译步骤通常是 TensorFlow 深度学习框架中的一行代码，可以采用 model.compile()函数进行编译，基本语法如下：

```
model.compile(loss='损失函数',
              optimizer='优化器',
              metrics=['评价指标'])
```

损失函数（Loss）是模型优化的目标，用于在众多的参数取值中识别出最优的参数。损失函数的相关知识参考第 3 章，不同的深度学习任务需要有各自适宜的损失函数。其中回归问题用得最多的损失函数是均方根误差（MSE），分类问题用得最多的损失函数是交叉熵（Cross Entropy）。TensorFlow2.0 中均方根误差损失函数的名称是 mse，交叉熵损失函数通常用 categorical_crossentropy。

优化器（Optimizer）用来确定参数更新的方式以及快慢，使用优化器可以逐渐减小损失函数中预测值与真实值之间的误差。常用的优化算法有四个，具体如下。

（1）随机梯度下降（SGD）：每次训练少量数据，抽样偏差导致参数收敛过程中震荡，如图 11-12 所示。

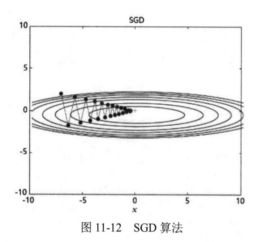

图 11-12　SGD 算法

（2）动量（Momentum）：引入物理"动量"的概念，累积速度，减少震荡，使参数更新的方向更稳定。如图 11-13 所示。

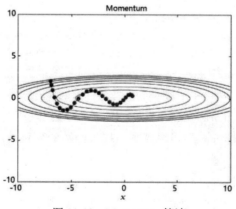

图 11-13　Momentum 算法

（3）自适应学习率（AdaGrad）：根据不同参数距离最优解的远近，动态调整学习率，学习率逐渐下降，如图 11-14 所示。

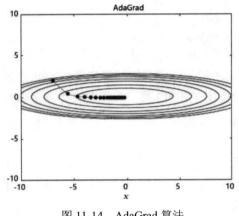

图 11-14   AdaGrad 算法

（4）自适应动量（Adam）：由于动量和自适应学习率两个优化思路是正交的，因此可以将两个思路结合起来，这就是 Adam 算法，也是当前广泛应用的算法，如图 11-15 所示。

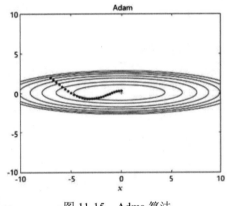

图 11-15   Adma 算法

TensorFlow2.0 可以字符串形式给出优化器名字，也可以采用函数形式，使用函数形式可以设置学习率、动量和超参数，示例如下：

```
"sgd"或者 tf.optimizers.SGD(lr = 学习率,decay = 学习率衰减率,momentum = 动量参数)
"adam"或者 tf.keras.optimizers.Adam(lr = 学习率,decay = 学习率衰减率)
```

学习率代表参数更新幅度的大小，即步长。当学习率最优时，模型的有效容量最大，最终能达到的效果最好。学习率和深度学习任务类型有关，合适的学习率往往需要大量的实验和调参经验。探索学习率最优值时需要注意如下两点：

（1）学习率不是越小越好。学习率越小，损失函数的变化速度越慢，意味着需要花费更长的时间进行收敛。

（2）学习率不是越大越好。只根据总样本集中的一个批次计算梯度，抽样误差会导致计算出的梯度不是全局最优的方向，且存在波动。在接近最优解时，过大的学习率会导致参数在

最优解附近震荡，损失难以收敛，

模型评价指标（Metrics）主要有 accuracy、sparse_accuracy 和 sparse_categorical_ accuracy，区别如下。

（1）accuracy：y_和 y 都是数值，示例如下：

y_ = [1]，y = [1]　　#y_为真实值，y 为预测值

（2）sparse_accuracy：y_和 y 都以独热码和概率分布表示，示例如下：

y_ = [0, 1, 0], y = [0.256, 0.695, 0.048]

（3）sparse_categorical_accuracy：y_以数值形式给出，y 以独热码形式给出，示例如下：

y_ = [1], y = [0.256 0.695, 0.048]

11.2.4　拟合模型

成功定义整体架构并编译模型后，下一个步骤是在训练数据集上拟合模型。拟合功能可在固定数量的周期（数据集上的迭代）内训练模型。借助拟合功能，可以确定训练周期的数量、输入和输出数据、验证数据等重要参数。拟合功能可用于计算和估算这些基本参数。

在训练过程中，必须持续评估拟合步骤。重要的是要确保所训练的模型在提高准确性和减少整体损失的同时运行良好。为此，需要绘制和分析各种图表，了解模型是否有可能过拟合。

过拟合是指只能拟合训练数据，但不能很好地拟合不包含在训练数据中的其他数据的状态。对原始数据进行三个数据集的划分，是为了防止模型过拟合。使用所有的原始数据去训练模型，得到的模型拟合了所有原始数据，但当新的样本出现时，再使用该模型进行预测，效果可能还不如用一部分数据训练的模型。

深度学习中抑制过拟合的方法统称为正则化，其具体方法如下。

（1）数据增强：如翻转、旋转、加噪等。

（2）权值衰减：权值衰减是经常被使用的一种抑制过拟合的方法。该方法通过在学习的过程中对大的权重进行惩罚来抑制过拟合，因为很多过拟合原本就是因为权重参数取值过大才发生的。

（3）剪枝：权重衰减某种程度上能够抑制过拟合，但是如果网络的模型变得很复杂，只用权值衰减就很难应付了。这种情况下，经常会用剪枝（Dropout）方法。剪枝是一种在学习的过程中随机删除神经元的方法。训练时，随机选出隐藏层的神经元，然后将其删除。

（4）提前终止：对于较大的模型，通常会观察到训练集上的误差不断减小，但验证集上的误差会在某个点之后反而逐渐增大，这意味着为了减小泛化误差，可以在训练过程中不断地记录验证集上的误差及对应的模型参数，最终返回验证集上误差最小所对应的模型参数，这个简单直观的方法就是提前终止，如图 11-16 所示。

TensorFlow 可以采用 model.fit() 函数进行训练并拟合模型。一旦训练完成并对固定数量的周期进行分析后，就可以评估模型并使用训练好的模型进行预测。

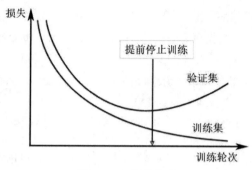

图 11-16　提前终止

11.2.5　评估模型

评估深度学习模型是检验构建模型是否按预期工作的一个十分重要的步骤。其中一个主要方法是用测试数据去验证训练模型的有效性。除测试数据外，还必须用可变数据和随机测试对模型进行测试，以查看其在未经训练的数据上的有效性以及其性能效率是否符合预期要求。

假设建立了一个简单的人脸识别模型，考虑到该模型已使用图像训练过，须尝试在测试数据和实时视频录制中使用不同面孔评估这些图像，以确保训练的模型运行良好。

11.2.6　部署模型

部署阶段是构建任何模型的最后一步。一旦成功完成模型构建后，如果想要保留模型或进行部署，以面向更广泛的受众，这便是一个可选的步骤。部署方法各不相同，可以将其部署为跨平台传输的应用程序，也可以使用亚马逊提供的 AWS 云平台进行部署，或者使用嵌入式系统部署。

如果想要部署监控摄像头，则可以考虑使用类似树莓派（RPi）的嵌入式设备与摄像头模块共同执行此功能。带有人工智能的嵌入式系统是部署物联网项目的常用方法。

AI 深度学习的整体流程

使用 flask、Django 或任何其他类似框架构建深度学习模型后，也可以选择在网站上部署这些深度学习模型。另一个有效部署模型的方法是为智能手机用户开发一个 Android 或 iOS 应用程序，以覆盖更广泛的用户。

11.3　利用 TensorFlow 实现"MNIST 手写数字识别"

当使用手写输入法在微信中输入文字时，你是否发现使用手写输入法的时间越长，识别准确率就越高？你可能会感慨，程序员太厉害了，各种潦草文字都能预先写好识别算法。实际上这是深度学习在起作用，深度学习的机器不需要程序员告诉他们如何处理数据，而是通过收集和消费大量数据，进行训练拟合，最后输出拟合结果。

11.3.1　案例描述

本案例将学会如何利用 TensorFlow 构建一个简单的卷积神经网络（准确来说是利用 Keras

API），并对 MNIST 数据集进行训练和测试。

MNIST 数据集是一个经典的手写数字数据集，它包含了 60000 个训练样本和 10000 个测试样本。每个样本包含一张分辨率为 28×28（像素）的手写数字图片以及与图片对应的标签。该标签用于表示图片中的数字是哪一个。

11.3.2 案例解析

本案例的任务就是给出手写数字的图片（图 11-17），然后识别这是什么数字。

图 11-17 手写数字图片

本案例通过构建 Kears 实现手写数字识别，Keras 是一个用 Python 编写的高级神经网络 API，它能够以 TensorFlow、CNTK 或者 Theano 作为后端运行。Keras 的开发重点是支持快速的实验，能够以最小的时延把开发者的想法转换为实验结果。

本案例实现的步骤如下：①安装 TensorFlow；②导入库和模块；③从 MNIST 加载图像数据；④Keras 预处理；⑤定义模型架构；⑥训练模型；⑦在训练数据上拟合模型；⑧根据测试数据评估模型。

11.3.3 代码实现

下面通过五个任务，系统介绍本案例的代码实现过程。

1. 任务 1 基于 Anaconda 安装 TensorFlow

（1）安装 TensorFlow。在开始菜单中选择"Anaconda Prompt(anaconda3)"选项，进入命令行状态，输入命令配置 pip（安装使用豆瓣镜像），代码如下：

```
pip config set global.index-url https://pypi.douban.com/simple
```

安装 TensorFlow，如图 11-18 所示，代码如下：

```
pip install tensorflow
```

```
(base) C:\Users\DELL>pip install tensorflow
Looking in indexes: https://pypi.douban.com/simple
Collecting tensorflow
  Downloading https://pypi.doubanio.com/packages/fe/36/7c7c9f106e3026646aa17d599b817525
orflow-2.8.0-cp37-cp37m-win_amd64.whl (437.9 MB)
                                          437.9 MB 43 kB/s
Collecting tensorflow-io-gcs-filesystem>=0.23.1
```

图 11-18 安装 TensorFlow

安装时如果遇到如图 11-19 所示错误，则分别单独安装出错组件。

```
ERROR: pytest-astropy 0.8.0 requires pytest- cov >=2.0, which is not installed.
ERROR: pytest-astropy 0.8.0 requires pytest -filter-subpackage >=0.1, which is not installed.
```

图 11-19 安装 TensorFlow 出错

单独安装出错软件的代码如下：

```
pip install --user    pytest-cov==2.8.1
pip install --user pytest-filter-subpackage==0.1.1
```

（2）检测 TensorFlow 是否成功。在开始菜单中选择"Jupter Notebook (anaconda3)"选项，导入 TensorFlow 库，查看 TensorFlow 版本号，如果成功显示版本号则安装成功。

```
#查看安装的 tensorflow 版本
import tensorflow as tf
print(tf.__version__)
```

2. 任务2　导入 MNIST 数据集

（1）导入需要的库。在 jupyter notebook 的编译环境中，导入需要的库，代码如下：

```
from __future__ import absolute_import, division, print_function, unicode_literals

#导入 TensorFlow 和 tf.keras
import tensorflow as tf
from tensorflow import keras as keras

from tensorflow.keras.models import Sequential
from tensorflow.keras.layers import Dense, Dropout, Flatten
from tensorflow.keras.layers import Conv2D, MaxPooling2D

#导入辅助库
import numpy as np
import matplotlib.pyplot as plt
%matplotlib inline
```

（2）导入数据集。使用 Keras 的 datasets 包，可以很方便地导入 MNIST 数据集。MNIST 数据文件有两种，一种是图片文件，一种是标签文件（0~9），在变量命名方面，此处以 x 开头的变量表示图像数据，y 开头的变量表示标签数据。代码如下：

```
mnist = keras.datasets.mnist
(x_train_orig, y_train_orig), (x_test_orig, y_test_orig) = mnist.load_data()
```

在构建网络之前，需要了解数据集的数据结构是什么样的，代码如下：

```
print("训练集一共有{}个样本".format(x_train_orig.shape[0]))
print("测试集一共有{}个样本".format(y_test_orig.shape[0]))
print("x_train_orig shape: {}".format(x_train_orig.shape))
print("y_train_orig shape: {}".format(y_train_orig.shape))
print("x_test_orig shape: {}".format(x_test_orig.shape))
print("y_test_orig shape: {}".format(y_test_orig.shape))
```

结果如下：

```
index = 6
print("y = {}".format(y_test_orig[index]))
plt.imshow(x_test_orig[index], cmap = 'gray')
```

如果要查看测试集中的一个样本是什么样的，可以修改 index 的数值，来观察其他样本，代码如下：

```
#训练集一共有 60000 个样本
#测试集一共有 10000 个样本
x_train_orig shape: (60000, 28, 28)
y_train_orig shape: (60000,)
x_test_orig shape: (10000, 28, 28)
y_test_orig shape: (10000,)
```

结果如图 11-20 所示。

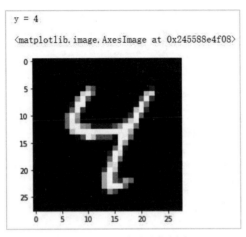

图 11-20　查看测试集样本

3. 任务 3　创建模型

（1）预处理。执行以下代码将每个样本增加一维。

```
x_train = np.expand_dims(x_train_orig, axis=-1)
x_test = np.expand_dims(x_test_orig, axis=-1)

print("x_train_orig -> x_train: {} -> {}".format(x_train_orig.shape,x_train.shape))
print("x_test_orig -> x_test: {} -> {}".format(x_test_orig.shape,x_test.shape))
```

结果如下：

```
x_train_orig -> x_train: (60000, 28, 28) -> (60000, 28, 28, 1)
x_test_orig -> x_test: (10000, 28, 28) -> (10000, 28, 28, 1)
```

将像素值压到 0～1 之间，方便训练，代码如下：

```
x_train = x_train.astype('float32')
x_test = x_test.astype('float32')
x_train /= 255
x_test /= 255
```

将标签值转为 one-hot 编码，代码如下：

```
index = 5
print("原来的标签值是：{}\n 现在变为：{}".format(y_test_orig[index], y_test[index]))
```

结果如下：

```
原来的标签值是：1
现在变为：[0. 1. 0. 0. 0. 0. 0. 0. 0. 0.]
```

（2）构建模型。下面的代码构建了一个简单的顺序（Sequential）模型，每一层网络只需

要通过.add()添加即可。通过 model.summary()可快速查看模型结构，代码如下：

```
model.summary()
```

构建简单的顺序模型的代码如下：

```
def my_model(input_shape):
    model =    Sequential()
    model.add(Conv2D(32, kernel_size=(3, 3),          #输出 32 维
                    activation='relu',
                    input_shape=input_shape))
    model.add(Conv2D(64, (3, 3), activation='relu'))  #输出 64 维
    model.add(MaxPooling2D(pool_size=(2, 2)))
    model.add(Dropout(0.25))
    model.add(Flatten())
    model.add(Dense(128, activation='relu'))          #输出 128 维
    model.add(Dropout(0.5))
    model.add(Dense(num_classes, activation='softmax'))
    return model

input_shape = (28, 28, 1)
model = my_model(input_shape)
```

结果如图 11-21 所示。

```
Model: "sequential_1"

Layer (type)                 Output Shape              Param #
=================================================================
conv2d_2 (Conv2D)            (None, 26, 26, 32)        320

conv2d_3 (Conv2D)            (None, 24, 24, 64)        18496

max_pooling2d_1 (MaxPooling  (None, 12, 12, 64)        0
2D)

dropout_2 (Dropout)          (None, 12, 12, 64)        0

flatten_1 (Flatten)          (None, 9216)              0

dense_2 (Dense)              (None, 128)               1179776

dropout_3 (Dropout)          (None, 128)               0

dense_3 (Dense)              (None, 10)                1290

=================================================================
Total params: 1,199,882
Trainable params: 1,199,882
Non-trainable params: 0
```

图 11-21　构建模型结果

4. 任务 4　训练模型

在训练模型之前，需要配置学习过程，这是通过 compile()方法完成的。它接收三个参数，具体如下：

（1）优化器 optimizer：它可以是现有优化器的字符串标识符，如 rmsprop 或 adagrad，也可以是 optimizer 类的实例。

（2）损失函数 loss：模型试图最小化的目标函数。它可以是现有损失函数的字符串标识符，如 categorical_crossentropy 或 mse，也可以是一个目标函数。

（3）评估标准 metrics：对于任何分类问题，开发者都希望将其设置为 metrics = ['accuracy']。评估标准可以是现有的标准的字符串标识符，也可以是自定义的评估标准函数。

配置学习过程代码如下：

```
model.compile(loss='categorical_crossentropy',
              optimizer='Adam',
              metrics=['accuracy'])
```

Keras 模型在输入数据和标签的 NumPy 矩阵上进行训练。为了训练一个模型，通常会使用 fit 函数，代码如下：

```
batch_size = 32
epochs = 5

history = model.fit(x_train, y_train,
            batch_size=batch_size,
            epochs=epochs,
            verbose=1,
            validation_data=(x_test, y_test))
```

上述代码需要运行较长时间，模型训练过程如图 11-22 所示。

```
Epoch 1/5
1875/1875 [==============================] - 60s 32ms/step - loss: 0.1907 - accuracy: 0.9424 - val_loss: 0.0427 - val_accuracy: 0.9859
Epoch 2/5
1875/1875 [==============================] - 61s 33ms/step - loss: 0.0799 - accuracy: 0.9761 - val_loss: 0.0348 - val_accuracy: 0.9878
Epoch 3/5
1875/1875 [==============================] - 63s 34ms/step - loss: 0.0607 - accuracy: 0.9821 - val_loss: 0.0317 - val_accuracy: 0.9893
Epoch 4/5
1875/1875 [==============================] - 62s 33ms/step - loss: 0.0503 - accuracy: 0.9852 - val_loss: 0.0308 - val_accuracy: 0.9897
Epoch 5/5
1875/1875 [==============================] - 62s 33ms/step - loss: 0.0419 - accuracy: 0.9866 - val_loss: 0.0291 - val_accuracy: 0.9914
```

图 11-22　模型训练过程

绘制学习模型的训练损失和验证损失图形，绘制训练精度和验证精度图形，代码如下：

```
#绘制训练损失和验证损失图形
plt.title('Keras model loss')
plt.plot(history.history['loss'])            #训练损失
plt.plot(history.history['val_loss'])        #验证损失
plt.ylabel('loss')
plt.xlabel('epoch')
plt.legend(['training', 'validation'], loc='upper right')
plt.show()

#绘制训练精度和验证精度图形
plt.title('Keras model accuracy')
plt.ylabel('accuracy')
plt.xlabel('epoch')
plt.plot(history.history['accuracy'])        #训练精度
plt.plot(history.history['val_accuracy'])    #验证精度
plt.legend(['training', 'validation'], loc='lower right')
plt.show()
```

结果如图 11-23 所示。

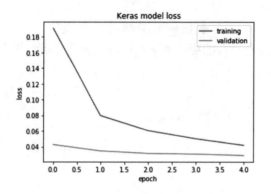

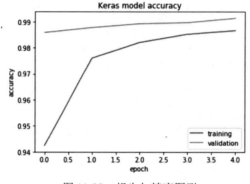

图 11-23　损失与精度图形

在模型训练完成后，通常还需要保存训练好的模型。利用 Keras API，执行下面的代码即可保存模型。

```
model.save('tf_mnist_model.h5')
```

当想再次使用之前保存的模型时，执行下面的代码：

```
model = keras.models.load_model('tf_mnist_model.h5')
```

5. 任务 5　使用模型进行预测

（1）使用测试集中的图片进行测试。执行以下代码可以测试指定 index 的样本，可以修改 index 的值来选择其他测试样本。

```
index = 3
out = model.predict(np.expand_dims(x_test[index], axis=0))
p = np.argmax(out, axis=-1)
print("预测值为：{}，大约有{:.4f}%的可能性".format(p.item(), out[0][p].item()*100))
plt.imshow(x_test_orig[index], cmap='gray')
```

运行结果如图 11-24 所示。

（2）使用自己的图片进行测试。

上面测试用的图片都是来自于 MNIST 数据集的，也可以自己准备一些图片进行测试，但要注意，图片的尺寸必须为 28×28（像素），并且只能是灰度图，即黑底白字。这里使用 OpenCV 来读取自己的图片，所以先安装并导入 OpenCV，如图 11-25 所示，代码如下：

```
pip install opencv-python
```

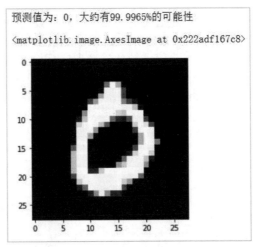

图 11-24　使用测试集的图片进行测试

```
(base) C:\Users\DELL>pip install opencv-python
Looking in indexes: https://pypi.douban.com/simple
Collecting opencv-python
  Downloading https://pypi.doubanio.com/packages/48/c3/798bd7b8f78430f82ec0660b753106717e4e4bb8032ce56f77d85
cv_python-4.5.5.64-cp36-abi3-win_amd64.whl (35.4 MB)
                                    31.4 MB 1.1 MB/s eta 0:00:04
```

图 11-25　安装 OpenCV

导入 OpenCV 代码如下：

```
import cv2
```

接着定义一个辅助函数，它可以对图片进行预处理，并将模型的输出结果变得更加易读，代码如下：

```
def run_inference(model, imgs):
    """
    参数：
    model: Keras 模型
    imgs: 图片列表，每幅图像的形状为(28 x 28)（像素）

    返回：
    scores: 模型输出结果中最大的值
    predicts: 模型输出结果中最大的值对应的索引号
    """

    #预处理，训练模型时是怎样处理的，这里就怎样处理
    imgs = np.asarray(imgs, dtype=np.float32)
    imgs = imgs.reshape(-1, 28, 28, 1)
    imgs /= 255
    #将图像送进模型进行预测
    out = model.predict(imgs)

    #获取预测值和相应的分数
    predicts = np.argmax(out, axis=-1)
```

```
        scores = np.amax(out, axis=-1)
        return scores, predicts
```

也可以通过文件浏览器上传自己的图片到开发板上，并修改下面的路径来读取自己的图片。本案例准备一张如图 11-26 所示 28×28（像素）的图片，上传之后文件名为 img.bmp。

用 OpenCV 读取图片，并用 matplotlib 显示出来，代码如下：

```
test_img = cv2.imread('img.bmp', cv2.IMREAD_GRAYSCALE)
plt.imshow(test_img, cmap='gray')
```

运行结果如图 11-27 所示。

图 11-26   上传自己的图片

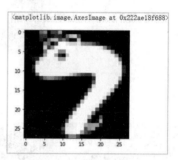

图 11-27   读取自己的图片

运行下面的代码将会得到模型的预测值。

```
score, predict = run_inference(model, [test_img])
print("score: {:.4f}, predict: {}".format(score[0], predict[0]))
```

运行结果如下：

```
score: 0.9926, predict: 7
```

以上便是一个简单的 TensorFlow 的 Keras API 的使用案例，使用该案例可实现手写数字识别，关于 Keras 的更多使用帮助，可查看其中文或英文文档。

本章小结

本章介绍了深度学习的概念、深度学习常用的模型和方法，通过"MINIST 手写数字识别"经典案例实现用 TensorFlow 构建卷积神经网络。在完成本章的学习后，可尝试用其他的网络模型完成"MINIST 手写数字识别"实验，观察并思考实验结果存在差异的原因。

练习 11

一、选择题

1. 深度学习常用模型和方法有（   ）。

    A．CNN   B．RNN   C．DBN   D．GAN

2. 构建 CNN 的核心层是（   ）。

    A．输入层   B．卷积层   C．池化层   D．全连接层

3. LSTM 和普通 RNN 相比，多了哪些 Gate（　　）。

    A．Input Gate   B．Output Gate   C．Memory Gate   D．Forget Gate

4. 对于自然语言处理和与文本数据处理，首选神经网络架构是（　　）。

    A．CNN   B．DBN   C．LSTM   D．GAN

二、填空题

1. 深度学习整体上采用_____训练机制，当所有层训练完后，将除_____层的其他层间的权重变为双向。

2. RNN 的核心结构是_____，主要功能是记录输入之间的_____。

3. GAN 由_____和_____两个重要的部分构成。

4. 深度学习抑制过拟合的方法统称为_____。

三、设计题

1. 图 11-28 为卷积计算过程的示例图，请写出输出特征图 $o(2,0,1)$（图中 $o[:,:,1]$ 中左下角 -1）的计算公式和计算过程。

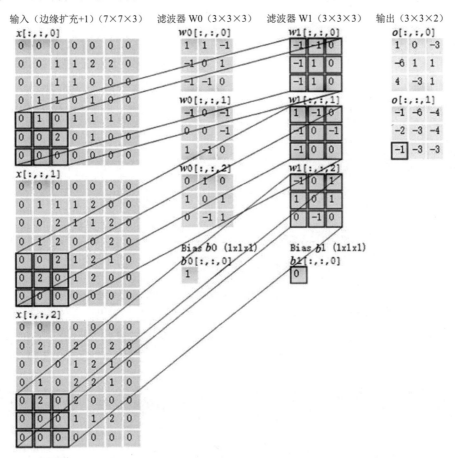

图 11-28　卷积计算过程

2．对图 11-29 所示深度切片进行下采样，池化层是规模为 2×2，步幅为 2，请写出最大池化结果。

25	8	9	48
56	1	5	6
35	255	0	4
12	2	32	2

图 11-29　深度切片

3．结合现实生活例子，举例说明强化学习过程。